ALMANAQUE das CURIOSIDADES MATEMÁTICAS

Ian Stewart

ALMANAQUE das CURIOSIDADES MATEMÁTICAS

Tradução:
Diego Alfaro

Revisão técnica:
Samuel Jurkiewicz
Coppe-UFRJ

11ª reimpressão

ZAHAR

Copyright © 2008 by Joat Enterprises

Tradução autorizada da primeira edição inglesa, publicada em 2008 por Profile Books, de Londres, Inglaterra

Grafia atualizada segundo o Acordo Ortográfico da Língua Portuguesa de 1990, que entrou em vigor no Brasil em 2009.

Título original
Professor Stewart's Cabinet of Mathematical Curiosities

Capa
Sérgio Campante

Projeto gráfico
Mari Taboada

CIP-Brasil. Catalogação na fonte
Sindicato Nacional dos Editores de Livros, RJ

S871a	Stewart, Ian, 1945- Almanaque das curiosidades matemáticas / Ian Stewart; tradução Diego Alfaro; revisão técnica Samuel Jurkiewicz. — 1ª ed. — Rio de Janeiro: Zahar, 2009. Tradução de: Professor Stewart's Cabinet of Mathematical Curiosities. ISBN 978-85-378-0162-8 1. Matemática – Obras populares. I. Título.
09-3438	CDD: 510 CDU: 510

Todos os direitos desta edição reservados à
EDITORA SCHWARCZ S.A.
Praça Floriano, 19, sala 3001 — Cinelândia
20031-050 — Rio de Janeiro — RJ
Telefone: (21) 3993-7510
www.companhiadasletras.com.br
www.blogdacompanhia.com.br
facebook.com/editorazahar
instagram.com/editorazahar
twitter.com/editorazahar

Sumário

Comece aqui 9

Encontro alienígena 11
Aponte o animal 12
Cálculos curiosos 13
Triângulo de cartas 13
Dodecaedro automático 14
Dedos cortados 15
Na boa safra 16
O teorema das quatro cores 17
História para cão dormir 23
Quem não tem cão soma com gato 26
Coelhos na cartola 26
Cruzando o rio 1 – Produtos da fazenda 28
Mais cálculos curiosos 28
Extraindo a cereja 30
Transforme-me em um pentágono 30
O que é π? 31
Legislando sobre o valor de π 32

Se tivesse sido aprovada... 33
Copos vazios 34
Quantas...? 35
Três rapidinhas 35
Passeios do cavalo 36
Nós, vós, eles 37
Gatos de rabo branco 39
Encontrando a moeda falsa 40
Calendário perpétuo 44
Piadas matemáticas 1 44
Dados enganadores 45
Um velho problema de idade 45
Por que menos com menos dá mais? 46
Fantasia de garça 47
Como desfazer uma cruz grega 47
As pontes de Königsberg 48
Como fazer muita matemática 50
O passeio pentagonal de Euler 51
Anéis uróboros 51

O urótoro 52

Quem foi Pitágoras? 53

Provas de Pitágoras 55

Uma grande furada 57

O último teorema de Fermat 58

Triplas pitagóricas 65

Curiosidades primas 66

Uma curiosidade pitagórica pouco conhecida 68

Século digital 69

A quadratura do quadrado 69

Quadrados mágicos 71

Quadrados de quadrados 73

Andando em círculos 74

Pura × aplicada 76

Hexágono mágico 76

Pentalfa 77

Padrões de parede 78

Qual era a idade de Diofanto? 79

Se você achava que os matemáticos eram bons em aritmética... 80

A esfinge é um réptil 80

Seis graus de separação 81

Trissectores, cuidado! 84

Cubos de Langford 86

Duplicando o cubo 87

Estrelas mágicas 88

Curvas de largura constante 89

Conectando cabos 90

Troca de moedas 90

O carro roubado 91

Espaço preenchido por curvas 91

Compensando erros 92

A roda quadrada 93

Por que não se pode dividir por zero? 94

Cruzando o rio 2 – Desconfiança conjugal 95

Por que és tu, Borromeu? 96

Jogo de percentagens 97

Tipos de pessoas 97

A conjectura da salsicha 97

Nó mágico 99

Newmerologia 100

Feitiço numérico 102

Erros de grafia 103

Universo em expansão 103

Qual é o número áureo? 104

Quais são os números de Fibonacci? 107

O número plástico 111

Festa de família 113

Não solte! 113

Teorema: todos os números são interessantes 114

Teorema: todos os números são chatos 114
O algarismo mais provável 114
Por que chamá-la de bruxa? 117
Möbius fazendo fita 119
Piada velha 122
Mais três rapidinhas 122
Ladrilhos aos montes 122
Teoria do caos 125
Après-le-Ski 133
O teorema de Pick 133
Prêmios matemáticos 135
Por que não há um Nobel de Matemática? 137
Existe um cuboide perfeito? 138
Paradoxo perdido 139
Quando o meu tocador de MP3 vai repetir uma música? 140
Seis currais 143
Números primos patenteados 144
A conjectura de Poincaré 144
Lógica hipopotâmica 150
A formiga de Langton 150
Porco amarrado 153
Prova surpresa 153
Cone antigravidade 154
Piadas matemáticas 2 155
Por que Gauss decidiu ser matemático 156

Qual é a forma da Lua crescente? 159
Matemáticos famosos/famosos matemáticos 159
O que é um primo de Mersenne? 160
A conjectura de Goldbach 163
Tartarugas até lá embaixo 165
Hotel Hilbert 166
Ônibus Contínuos 169
Uma divisão intrigante 171
Uma divisão realmente intrigante 172
Nada nesta manga... 176
Nada nesta perna... 176
Duas perpendiculares 176
Você consegue ouvir a forma de um tambor? 178
O que é e, e por quê? 181
Questão de casal 182
Muitos joelhos, muitos assentos 183
A fórmula de Euler 186
Que dia é hoje? 188
Estritamente lógico 189
Lógico ou não? 189
Uma questão de criação 189
Divisão justa 190
O sexto pecado capital 190
Estranha aritmética 191
Qual é a profundidade do poço? 192
Quadrados de McMahon 192

Qual é a raiz quadrada de −1? *193*

A mais bela fórmula *196*

Por que a bela fórmula de Euler é verdadeira? *196*

A sua chamada poderá ser monitorada por motivo de treinamento *198*

Arquimedes, seu velho embusteiro! *198*

Fractais: a geometria da natureza *199*

O símbolo que faltava *205*

Pedra sobre pedra *205*

Constantes até 50 casas decimais *206*

O paradoxo de Richard *207*

Conectando serviços *208*

Os problemas difíceis são fáceis? ou Como ganhar US$1 milhão provando o óbvio *209*

Fuja do bode *211*

Todos os triângulos são isósceles *212*

Ano quadrado *213*

Teoremas de Gödel *214*

Se π não é uma fração, como podemos calculá-lo? *218*

Riqueza infinita *220*

Deixe a sorte decidir *221*

Quantos(as) são... *222*

Qual é a forma de um arco-íris? *223*

Abdução alienígena *224*

A hipótese de Riemann *225*

Antiateísmo *230*

Refutação da hipótese de Riemann *231*

Assassinato no parque *231*

O cubo de queijo *232*

O jogo da vida *233*

Corrida de dois cavalos *239*

Desenhando uma elipse — e mais? *240*

Piadas matemáticas 3 *241*

O problema de Kepler *242*

O problema do caixote de leite *246*

Direitos iguais *246*

Rede de estradas *247*

Ciência da complexidade *247*

A curva do dragão *253*

Contragiro *254*

Pão esférico fatiado *255*

Teologia matemática *256*

A cola do malandro professor Stewart *259*

Comece aqui

Há três tipos de pessoas no mundo:
As que sabem contar e as que não sabem.

Quando eu tinha 14 anos, comecei a fazer um caderno de anotações. Anotações sobre matemática. Antes que você me considere um caso perdido, apresso-me em dizer que não eram notas sobre matemática escolar. Mas sobre tudo que eu pudesse encontrar de interessante em relação à matemática que *não* era ensinada na escola. O que, como descobri, era bastante coisa, pois logo tive que comprar um segundo caderno.

OK, *agora* você pode me considerar um caso perdido. Mas antes de fazê-lo, pense: você se deu conta da mensagem contida em minha historinha triste? *A matemática não se resume ao que você aprendeu na escola.* Melhor ainda: *a matemática que você não aprendeu na escola é interessante.* Na verdade, boa parte dela é divertida – especialmente se você não precisar fazer uma prova ou acertar cálculos.

No fim das contas, meu caderno se transformou em seis, que ainda guardo comigo – e depois acabou dando em um almanaque, quando descobri as virtudes da fotocópia. Este *Almanaque* é um apanhado daquele, uma miscelânea de jogos, quebra-cabeças, histórias e curiosidades matemáticas que atraíram minha atenção. A maior parte das seções é completamente independente, portanto você pode começar por onde quiser. Algumas delas formam breves minisséries. Sou partidário da ideia de que uma miscelânea deve ter um certo grau de desordem, e esta aqui certamente tem.

Entre os jogos e quebra-cabeças estão alguns velhos conhecidos, que tendem a reaparecer de tempos em tempos e frequentemente provocam um entusiasmo renovado quando o fazem – o carro e os bodes, assim como o problema da pesagem das 12 bolas, já causaram grande alvoroço na mídia: um deles nos EUA, o outro na Grã-Bretanha. Mas boa parte do material é coisa nova, preparada especialmente para este livro. Procurei trazer temas variados, portanto temos quebra-cabeças lógicos, geométricos, numéricos e probabilísticos, elementos esquisitos da cultura matemática, coisas para fazer e coisas para construir.

Uma das vantagens de saber um pouquinho de matemática é a possibilidade de deixar os seus amigos extremamente impressionados. (Meu conselho, porém, é que você seja modesto a esse respeito. Você também poderá deixar os seus amigos extremamente irritados.) Uma boa maneira de atingir esse desejável objetivo é estar antenado com os termos que andam ou andaram na moda ultimamente. Para isso, espalhei alguns breves "ensaios" aqui e ali, escritos em um estilo informal, nada técnico. Essas explanações explicam alguns dos recentes avanços que ganharam destaque na mídia. Coisas como o último teorema de Fermat, que teve direito a um programa inteiro na televisão britânica, o teorema das quatro cores, a conjectura de Poincaré, a teoria do caos, os fractais, a ciência da complexidade e os ladrilhos de Penrose. Ah, e também temos algumas questões ainda não resolvidas, só para mostrar que a matemática não está toda *concluída*. Alguns itens são recreativos, outros são mais sérios – como o problema P = NP?, cuja solução vale um prêmio de US$1 milhão. Você talvez não tenha ouvido falar do problema, mas é bom que saiba sobre o prêmio.

Alguns itens mais curtos e engraçados revelam fatos e descobertas interessantes sobre tópicos já batidos, mas ainda assim fascinantes: π, o teorema de Pitágoras, permutações, mosaicos. Contos divertidos sobre matemáticos famosos dão uma dimensão histórica ao livro e nos permitem rir um pouquinho de suas tocantes fraquezas.

Bem, eu disse que você poderia começar por onde quisesse – e pode, acredite –, mas para ser terrivelmente sincero, provavelmente é melhor que você comece pelo início e siga mesmo a ordem das páginas. Você verá que alguns dos tópicos iniciais ajudam na compreensão dos seguintes. E os primeiros tendem a ser um pouco mais fáceis, enquanto alguns dos últimos são uma espécie de, digamos... *desafio*. Ainda assim, tentei deixar uma boa dose de tópicos mais fáceis misturados por toda parte, para que seu cérebro não se canse muito rápido.

O que quero fazer é instigar a sua imaginação, mostrando muitos aspectos divertidos e intrigantes dessa ciência. Quero que você se divirta, mas eu ficarei exultante se, ao ler o *Almanaque*, você sentir vontade de "meter a mão" na matemática, vivenciar a emoção da descoberta e se manter informado sobre avanços importantes – sejam eles de dois mil anos atrás, da semana passada ou de amanhã.

IAN STEWART

Encontro alienígena

A espaçonave *Indefensible* orbita o planeta Noncomposmentis, quando o capitão Quirk e o sr. Crock são teletransportados para a superfície.

– Segundo o *Guia turístico intergaláctico*, há duas espécies de extraterrestre neste planeta – diz Quirk.

– Correto, capitão. Veracitors e tagarelix. Todos falam galáxico, e podemos distingui-los pelo modo como respondem às perguntas. Os veracitors sempre dizem a verdade, e os tagarelix sempre mentem.

– Mas, fisicamente...

– ...São indistinguíveis, capitão.

Quirk ouve um barulho e se vira, encontrando três alienígenas que se aproximam furtivamente. Parecem idênticos.

– Bem-vindos a Noncomposmentis – diz um dos ETs.

– Obrigado. Meu nome é Quirk. E vocês são... – Ele faz uma pausa. – Não faz sentido perguntar os nomes deles – murmura. – Pelo que sabemos, não serão os nomes certos.

– Isso é lógico, capitão – diz Crock.

– Como não sabemos falar galáxico muito bem – improvisa Quirk –, espero que não se importem se eu os chamar de Alfy, Betty e Gemma. – Vira-se então para Crock e sussurra: – Não que saibamos o sexo deles, além de tudo.

– São todos hermandrofemíginos – diz Crock.

– Que seja. Agora, Alfy: a que raça pertence Betty?

– Tagarelix.

– Ah. Betty: Alfy e Gemma pertencem a raças diferentes?

– Não.

– Certo... Como são faladores, hein? Hmm... Gemma: a que raça pertence Betty?

– Veracitor.
Quirk faz que sim, com um ar de entendido.
– Muito bem, está resolvido, então!
– O que está resolvido, capitão?
– A que raça cada um pertence.
– Entendo. E as raças são...?
– Não faço a menor ideia, Crock. *Você é* que deveria ser o lógico aqui!

Resposta na p.261

Aponte o animal

Este é um ótimo truque matemático para festas de criança. Elas se revezam na escolha de um animal. Depois, soletram o nome do bicho enquanto você, ou outra criança, aponta sucessivamente para cada uma das 10 pontas da estrela abaixo. Você deve começar na ponta chamada *Passarinho* e avançar pelas linhas em sentido horário. Milagrosamente, quando elas disserem a última letra, você apontará para o animal certo.

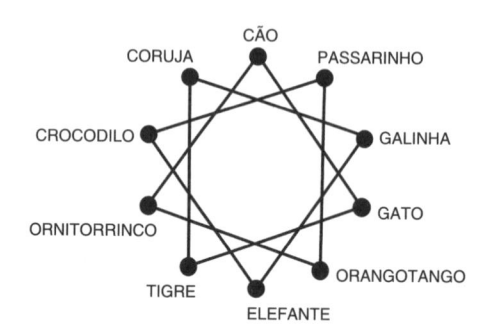

Soletre o nome para encontrar o animal.

Como o truque funciona? Bem, a terceira palavra ao longo da estrela é *Cão*, que tem três letras, a quarta é *Gato*, que tem quatro, e assim por diante. Para ajudar a esconder o truque, os animais das posições 0, 1 e

2 têm 10, 11 e 12 letras. Como depois de percorrer 10 pontas da estrela voltamos ao lugar de partida, tudo funciona perfeitamente bem.

Para camuflar, use *desenhos* de animais – na figura, usei os nomes para esclarecer melhor a mágica.

Cálculos curiosos

Sua calculadora pode fazer truques.

(1) Experimente estas multiplicações. Notou alguma coisa?

1×1
11×11
111×111
1.111×1.111
11.111×11.111

O padrão continua se você usar séries mais longas de 1s?

(2) Digite o número

142.857

(preferencialmente na memória) e o multiplique por 2, 3, 4, 5, 6 e 7. O que você percebe?

Respostas na p.261

Triângulo de cartas

Tenho 15 cartas, numeradas consecutivamente de 1 a 15. Quero dispô-las em um triângulo. Escrevi os números em cima das primeiras três, como referência.

No entanto, não quero uma disposição qualquer. Quero que cada carta seja igual a diferença entre as 2 cartas logo abaixo dela, à esquerda ou à

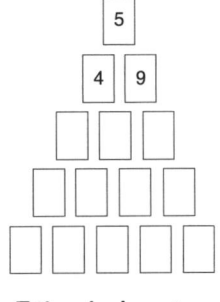

Triângulo de cartas.

direita. Por exemplo, 5 é a diferença entre 4 e 9 (a subtração é sempre calculada de modo que o resultado seja positivo). Perceba que essa condição não se aplica às cartas da última fileira.

As primeiras três cartas já estão em seus lugares corretos. Você consegue descobrir o modo de colocar as 12 cartas restantes?

Os matemáticos já encontraram "triângulos de diferença" como este com 2, 3 ou 4 fileiras de cartas, usando números inteiros consecutivos a partir de 1. Foi provado que nenhum "triângulo de diferença" poderá ter 6 ou mais fileiras.

Resposta na p.262

Dodecaedro automático

O *dodecaedro* é um sólido formado por 12 pentágonos e é um dos 5 sólidos regulares (p.184).

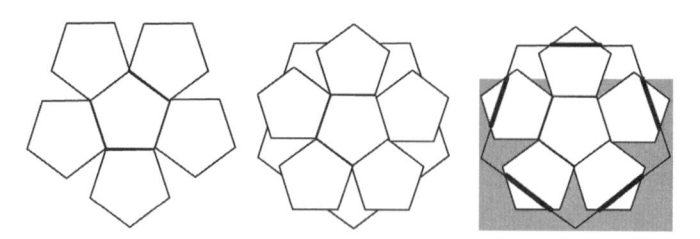

Três etapas na construção de um dodecaedro automático.

Pegue uma cartolina e nela recorte duas cópias idênticas da figura da esquerda – de 10cm de largura. Marque bem as dobras, de modo que as 5 abas pentagonais fiquem bastante móveis e soltas. Coloque uma cópia em cima da outra, como na figura do meio. Passe um elástico alternadamente por cima e por baixo das pontas, como na figura da direita (as linhas sólidas e grossas mostram os lugares por onde o elástico passará por cima) enquanto mantém os dois pedaços apoiados na mesa, segurando-os com o dedo.

Agora solte.

Se você tiver um elástico de tamanho e tensão apropriados, a coisa vai se armar sozinha, formando um dodecaedro tridimensional.

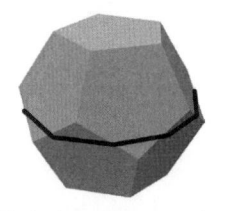

O dodecaedro armado.

Dedos cortados

Veja como enroscar um pedaço de barbante ao redor dos dedos de alguém – os seus próprios ou os de um "voluntário" – de modo que, quando for puxado com força, o barbante pareça cortar os dedos. O truque é impressionante porque sabemos, por experiência própria, que se o barbante estiver realmente amarrado em volta dos dedos, ele não deveria poder se soltar. Mais precisamente, imagine que todos os seus dedos estão em contato com uma superfície fixa – impedindo assim que o barbante se solte pelas pontas. O truque é equivalente a remover o laço pelos buracos criados entre seus dedos e a superfície. Se o barbante estivesse realmente ligado aos dedos, dando a volta por trás deles, jamais poderíamos removê-lo, portanto ele precisa dar a impressão de que está ligado, quando na verdade não está.

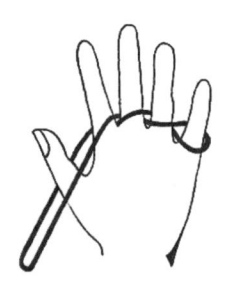

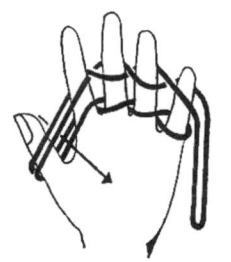

Como (não) cortar seus dedos fora.

Se estiver ligado por engano, ele realmente precisará cortar os seus dedos para se soltar, portanto tenha cuidado.

Por que dizemos que este é um truque matemático? A conexão é com a topologia, um ramo da matemática surgido nos últimos 150 anos e que hoje constitui um tema central da disciplina. A topologia trata de estruturas como os nós e elos – formações geométricas que resistem a transformações bastante drásticas. Os nós continuam formados mesmo que o barbante seja entortado ou esticado, por exemplo.

Apanhe 1m de barbante e o amarre, formando um círculo. Prenda uma extremidade no dedo mínimo da mão esquerda, dê a volta com o barbante, prenda-o no próximo dedo, gire novamente na mesma direção e continue até passar por trás do polegar (figura p.15, à esquerda). Agora o enrosque pela frente do polegar e o prenda ao redor dos dedos, na ordem inversa (figura p.15, à direita). Assegure-se de que, no retorno, todas as voltas sejam feitas na direção *oposta* à da primeira vez.

Dobre o polegar sobre a palma da mão, soltando o barbante. Puxe com força pela ponta que sobrou do dedo mínimo... e você poderá *ouvir* os dedos sendo cortados. Ainda assim, milagrosamente, todos saem ilesos.

A menos que você tenha dado alguma das voltas na direção errada.

• •

Na boa safra

– Tá sendo um ano e tanto pros nabo – disse o fazendeiro Hogswill ao seu vizinho.

– Pois é, foi mesmo – respondeu o outro. – Quantos que tu colheu?

– Vixe... Num me alembro muito bem, mas sei que quando levei os nabo no mercado, vendi 6/7 deles, mais 1/7 de um nabo, na primeira hora.

– Deve tê sido compricado di cortá eles todo.

– Não, eu vendi foi um número inteiro deles. Eu nunca corto eles não.

– Se tu tá dizendo, Hogswill. E aí?

– Vendi 6/7 do que restou, mais 1/7 de um nabo, na segunda hora. Dispois vendi 6/7 do que restou, mais 1/7 de um nabo, na terceira hora. E pra acabá, vendi 6/7 do que restou, mais 1/7 de um nabo na quarta hora. Dispois voltei pra casa.

– Por quê?

– Porque vendi a colheita toda.
Quantos nabos Hogswill levou ao mercado?

Resposta na p.262

O teorema das quatro cores

Alguns problemas são fáceis de enunciar, mas muito difíceis de resolver. O teorema das quatro cores é um exemplo notável. Tudo começou em 1852, com Francis Guthrie, estudante de pós-graduação do University College, em Londres. Ele escreveu uma carta a Frederick, seu irmão mais novo, descrevendo o que pensava ser um simples enigmazinho. Guthrie vinha tentando colorir um mapa dos condados ingleses e descobriu que conseguia fazê-lo usando 4 cores, de modo que condados vizinhos jamais tivessem a mesma cor. Ele se perguntou se esse fato seria uma peculiaridade do mapa da Inglaterra, ou algo mais geral. "Será que é possível colorir qualquer mapa no plano com 4 cores (ou menos) de modo que as regiões que possuem fronteiras comuns jamais tenham a mesma cor?", escreveu.

Passaram-se 124 anos até que essa pergunta fosse respondida, e mesmo agora, a resposta depende de uma grande quantidade de cálculos feitos por computadores. Não se conhece nenhuma prova conceitual do teorema das quatro cores – ou seja, uma prova cujas etapas possam ser verificadas uma a uma por um ser humano em um espaço de tempo menor que o de uma vida.

Colorindo os condados da Inglaterra com quatro cores – uma dentre muitas soluções.

Frederick Guthrie não conseguiu responder à pergunta do irmão, mas "conheceu um homem que conseguia", o famoso matemático Augustus De Morgan. No entanto, logo se soube que De Morgan *não conseguia*, como confessou em outubro do mesmo ano em uma carta ao seu colega irlandês ainda mais famoso, sir William Rowan Hamilton.

É fácil provar que *ao menos* 4 cores são necessárias em alguns mapas, porque há mapas com 4 regiões, todas adjacentes a todas as outras. Quatro condados do mapa da Inglaterra (mostrados aqui de maneira ligeiramente simplificada) formam um desses arranjos, o que prova que no mínimo 4 cores são necessárias neste caso. Você consegue encontrá-los?

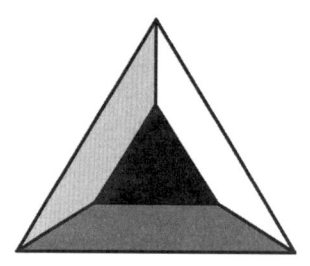

Um mapa simples que precisa de quatro cores.

De Morgan fez de fato algum progresso: provou que não era possível encontrar um mapa análogo com 5 regiões em que cada uma delas seja adjacente a todas as outras 4. No entanto, isso não prova o teorema das quatro cores. A única coisa que isso prova é que a maneira mais simples pela qual o teorema poderia falhar não ocorre de fato. Nada impede a existência de um mapa muito complexo com, digamos, 100 regiões, que não possa ser colorido usando-se apenas 4 cores em virtude do modo como longas cadeias de regiões se conectam às regiões vizinhas. Não temos nenhum motivo para supor que um mapa "ruim" teria apenas 5 regiões.

A primeira referência impressa ao problema data de 1878, quando Arthur Cayley escreveu uma carta para a revista *Proceedings of the London Mathematical Society* (que pertencia a uma sociedade fundada por De Morgan), perguntando se alguém já teria resolvido esse problema. Ninguém o resolvera, mas no ano seguinte, um advogado chamado Arthur Kempe publicou uma prova, e a história pareceu terminar por aí.

A prova de Kempe era inteligente. Primeiro, ele provou que qualquer mapa contém ao menos 1 região com 5 vizinhos ou menos. Se uma região possui 3 vizinhos, podemos eliminá-la, ficando com um mapa mais simples, e se o mapa mais simples puder ser colorido com 4 cores, o mapa original também poderá. Basta darmos à região eliminada alguma cor diferente das de seus 3 vizinhos. Kempe encontrou um método mais elaborado para se livrar de regiões com 4 ou 5 vizinhos. Após estabelecer esse fato fundamental, o resto da prova foi bastante direto: para colorir um mapa com quatro cores, basta eliminarmos região por região, até que haja 4 regiões ou menos. Colorimos agora essas regiões com cores diferentes e revertemos o procedimento, restaurando as regiões uma a uma e as colorindo conforme as regras de Kempe. Fácil!

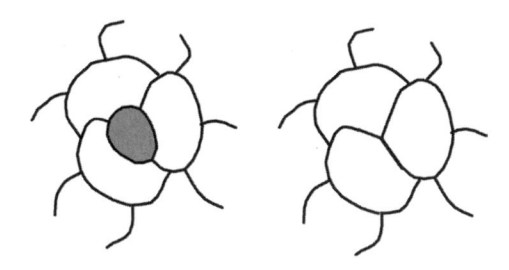

Se o mapa da direita puder ser colorido com 4 cores, o da esquerda também poderá.

Parecia bom demais para ser verdade. E era. Em 1890, Percy Heawood descobriu que as regras de Kempe nem sempre funcionavam. Se eliminarmos uma região que tenha 5 vizinhos e depois tentarmos colocá-la de volta, poderemos ter grandes problemas. Em 1891, Peter Guthrie Tait pensou ter corrigido esse erro, mas Julius Petersen descobriu que também havia um erro no método de Tait.

Heawood observou que o procedimento de Kempe poderia ser adaptado para provar que 5 cores sempre seriam suficientes para colorir qualquer mapa. Mas ninguém conseguiu encontrar um mapa que *precisasse* de mais de 4. Era uma dúvida interessante, e logo se transformou em uma desgraça para os matemáticos. Quando a resposta de um problema matemático é ou 4 ou 5, temos um problema: certamente deveríamos ser capazes de decidir qual dos dois números é o correto!

Mas... ninguém conseguiu.

Eis então que veio aquele costumeiro progresso parcial. Em 1922, Philip Franklin provou que qualquer mapa com 26 regiões ou menos poderia ser colorido com 4 cores. Essa não foi, por si só, uma descoberta lá muito construtiva, mas o método de Franklin abriu o caminho para a solução final ao introduzir a ideia da *configuração redutível*. Uma configuração é qualquer conjunto interligado de regiões no mapa, além de algumas informações sobre o número de vizinhos de cada região nela incluída. Dada alguma configuração, podemos removê-la do mapa, obtendo um mapa mais simples – com menos regiões. A configuração é redutível se houver uma maneira de colorir o mapa original com 4 cores, desde que possamos colorir o mapa mais simples também com 4 cores. Com efeito, deve haver uma maneira de "preencher" as cores nessa configuração, uma vez que todo o resto já tenha sido colorido com quatro cores.

Uma região única que tenha apenas 3 vizinhos, por exemplo, forma uma configuração redutível. Basta removê-la e colorir o resto com 4 cores – se pudermos. Depois recolocamos a região e lhe damos uma cor que *não* tenha sido usada para nenhum de seus 3 vizinhos. A prova falha de Kempe de fato determinava que uma região com 4 vizinhos era uma configuração redutível. Seu erro foi afirmar o mesmo para regiões com 5 vizinhos.

Franklin descobriu que algumas configurações contendo diversas regiões às vezes dão certo quando regiões únicas não dão. Muitas configurações com múltiplas regiões acabam sendo redutíveis.

A prova de Kempe teria funcionado se todas as regiões com 5 vizinhos fossem redutíveis, e o motivo pelo qual teria funcionado é bastante instrutivo. Basicamente, Kempe provou duas coisas. Primeiro, que todo mapa contém 1 região com 3, 4 ou 5 regiões adjacentes. Segundo, que cada uma das configurações associadas àquela é redutível. Agora, esses dois fatos, em conjunto, determinam que *todo* mapa contém uma configuração redutível. Em particular, quando removemos uma configuração redutível, o mapa simplificado resultante também contém uma configuração redutível. Se removermos mais essa, a situação se repetirá. Assim, passo a passo, podemos nos livrar de configurações redutíveis até simplificarmos o mapa a ponto de que tenha no máximo 4 regiões. Agora, basta colorirmos essas regiões como quisermos – serão necessárias no máximo 4 cores. Restauramos então a configuração removida previamente; como ela era redutível, o mapa resultante também poderá ser colorido com 4 cores... e assim por diante. Trabalhando de trás para frente, acabamos por colorir o mapa original com 4 cores.

Esse argumento funciona porque *todos* os mapas contêm uma das nossas configurações redutíveis: elas formam um "conjunto inevitável".

Entretanto, a prova de Kempe falhou. Isso porque uma de suas configurações, uma região com 5 vizinhos, não é redutível. Porém, a mensagem do trabalho de Franklin é: não se preocupe. Procure uma lista maior, usando muitas configurações mais complicadas. Esqueça a região com 5 vizinhos; substitua-a por diversas configurações com 2 ou 3 regiões. A lista pode ser tão grande quanto necessário. Se você conseguir encontrar *algum* conjunto inevitável de configurações redutíveis, por maior e mais complicado que seja, terá encontrado a resposta.

Na verdade – e isto é importante na versão final da prova – podemos nos safar com uma noção mais fraca de inevitabilidade, aplicando-a apenas aos "contraexemplos minimais": mapas hipotéticos que precisam de 5 cores e que possuem a bela característica de que qualquer mapa menor precisaria de apenas quatro cores. Essa condição facilita a prova de que um certo conjunto é inevitável. Ironicamente, uma vez provado o teorema, descobrimos que tais contraexemplos minimais não existem. Não importa: essa é a estratégia da prova.

Em 1950, Heinrich Heesh, que inventou um método inteligente para provar que muitas configurações são redutíveis, afirmou acreditar que o teorema das quatro cores poderia ser provado encontrando-se um conjunto inevitável de configurações redutíveis. A única dificuldade era encontrar um – não seria fácil, pois alguns cálculos elementares sugeriam que tal conjunto deveria conter cerca de 10 mil configurações.

Vinte anos depois, em 1970, Wolfgang Haken conseguiu aprimorar ligeiramente o método de Heesch para provar que certas configurações eram redutíveis, e assim começou a sentir que uma prova auxiliada por computadores estaria a seu alcance. Deveria ser possível criar um programa para verificar se todas as configurações de algum conjunto proposto eram redutíveis. Poderíamos desenhar muitos milhares de configurações à mão, se realmente fosse necessário. Provar sua inevitabilidade levaria um bom tempo, mas não era algo que estivesse necessariamente fora de alcance. Porém, com os computadores disponíveis na época, seria necessário cerca de um século para lidar com um conjunto inevitável de 10 mil configurações. Os computadores modernos conseguem resolver a questão em algumas horas, mas Haken teria que trabalhar com o que tinha à mão. Isso significava que ele precisaria aprimorar os métodos teóricos e reduzir o cálculo a um tamanho factível.

Trabalhando em conjunto com Kenneth Appel, Haken começou uma "conversa" com seu computador. Ele pensava em métodos possíveis para atacar o problema; o equipamento fazia então muitos cálculos com o intuito de lhe dizer se tais métodos tinham alguma chance de ser bem-sucedidos. Em 1975, o tamanho do conjunto inevitável foi reduzido a apenas 2 mil configurações, e os dois matemáticos já haviam encontrado testes de irredutibilidade muito mais rápidos. Havia agora a forte perspectiva de que uma colaboração entre homens e máquinas resolveria a questão. Em 1976, Appel e Haken embarcaram na fase final do projeto: encontrar um conjunto inevitável adequado. Eles diziam ao computador o que tinham em mente, e a máquina testava cada configuração para descobrir se era redutível. Se uma configuração falhasse no teste, era removida e substituída por uma ou mais alternativas, e o computador repetia o teste de irredutibilidade. Foi um processo delicado, e não havia nenhuma garantia de que um dia chegaria ao fim – mas, se isso algum dia acontecesse, os matemáticos teriam encontrado um conjunto inevitável de configurações redutíveis.

Em junho de 1976, o processo foi interrompido. O computador informou que o conjunto corrente de configurações – que, àquela altura, continha 1.936 casos, número posteriormente reduzido a 1.405 – era inevitável, e cada uma delas era irredutível. A prova estava completa.

A computação levou cerca de mil horas naquela época, e o teste de redutibilidade continha 487 regras diferentes. Hoje em dia, com computadores mais rápidos, podemos repetir todo o processo em cerca de uma hora. Outros matemáticos encontraram conjuntos inevitáveis menores e aprimoraram os testes de redutibilidade. Mas ninguém ainda conseguiu reduzir o conjunto inevitável a um tamanho pequeno o suficiente para que um ser humano, sem o auxílio da máquina, consiga verificar que o conjunto é adequado. E mesmo que alguém o faça, esse tipo de prova não fornecerá uma explicação satisfatória sobre por que o teorema é verdadeiro. Essa prova nos diz apenas: "Faça muitos cálculos, que o resultado final vai funcionar." As contas são inteligentes e trazem algumas ideias perspicazes, mas a maior parte dos matemáticos gostaria de compreender a situação com um pouco mais de profundidade. Uma abordagem possível é inventar uma certa noção de "curvatura" para os mapas e interpretar a redutibilidade como um processo de "achatamento". Mas ninguém encontrou ainda uma maneira adequada de fazê-lo.

Ainda assim, sabemos agora que o teorema das quatro cores é verdadeiro, o que responde à pergunta aparentemente inocente de Guthrie. E isso é uma conquista maravilhosa, mesmo que dependa de alguma ajuda de um computador.

Resposta na p.263

• •

História para cão dormir

O valente sir Lanchealote viajava por terras estrangeiras. De repente viu-se um relâmpago e se ouviu o estrondo ensurdecedor do trovão, e a chuva começou a cair a cântaros. Preocupado em não enferrujar sua armadura, ele se encaminhou ao abrigo mais próximo, o castelo do duque Ethelfred. Ao chegar, encontrou a esposa do duque, lady Gingerbere, que chorava desconsolada.

Sir Lanchealote gostava de moças jovens e bonitas, e por um breve momento, entre as lágrimas de Gingerbere, notou um brilho em seu olhar. Ele viu que Ethelfred estava muito velho e frágil... e, assim, jurou que só uma coisa o impediria de ter um encontro secreto com a dama – a única coisa, no mundo inteiro, que ele era incapaz de suportar.

Trocadilhos.

Após saudar o duque, Lanchealote perguntou por que a moça estava tão triste.

– É o meu tio, lorde Elpus – explicou a moça. – Ele morreu ontem.

– Permita que eu lhe ofereça as minhas mais sinceras condolências – disse Lanchealote.

– Não é por isso que eu choro tão... tão desconsolada, senhor cavaleiro – respondeu ela. – Meus primos Gord, Evan e Liddell não podem cumprir os termos do testamento de meu tio.

– E por que não?

– Ao que parece, lorde Elpus investiu toda a fortuna da família em uma raça rara de cães-de-montaria gigantes. Ele possuía 17 deles.

Lanchealote jamais ouvira falar de cães-de-montaria, mas não quis expor sua ignorância diante de uma dama tão graciosa. Entretanto, esse temor, ao que parecia, podia ser abandonado, pois ela disse:

– Embora eu tenha ouvido falar bastante desses animais, jamais deitei os olhos em um deles.

– Não são uma imagem própria para uma dama – disse Ethelfred com firmeza.

– E os termos do testamento...? – perguntou Lanchealote, para mudar o rumo da conversa.

– Ah, lorde Elpus deixou tudo para seus três filhos. Decretou que Gord deveria receber a metade dos cães, Evan receberia apenas 1/3, e Liddell, 1/9.

– Hum... Isso pode ser complicado.

– Nenhum cão deverá ser dividido, ó, nobre tão bom!

Lanchealote ficou tenso ao ouvir as palavras "nobre tão", mas disse a si mesmo que elas haviam sido pronunciadas de maneira inocente, e não como uma ridícula tentativa de fazer graça com sua nacionalidade bretã.

– Bem... – começou o cavaleiro.

– Arre! É um problema tão antigo quanto aqueles montes! – disse Ethelfred, severo. – Basta levar um dos teus próprios cães-de-montaria até o castelo. Então haverá 18 dessas malditas criaturas!

— Sim, meu marido, compreendo os números, mas...

— Assim, o primeiro filho fica com a metade desse número, que é nove; o segundo fica com um terço, que é seis; o terceiro fica com um nono, que é dois. Isso soma 17, e o teu próprio cão poderá ser trazido de volta para cá!

— Sim, meu marido, mas não há ninguém aqui suficientemente viril para montar tal animal.

Sir Lanchealote aproveitou a oportunidade.

— Senhor, *eu* montarei o cão! — O olhar de admiração nos olhos de Gingerbere lhe mostrou o quão perspicaz fora seu galante gesto.

— Muito bem — disse Ethelfred. — Chamarei meu guarda-cães e ele trará o animal ao pátio, onde nos encontraremos.

Esperaram sob um arco, enquanto a chuva continuava a cair. Quando o cão foi trazido, Lanchealote ficou de queixo tão caído que se sentiu aliviado por estar usando seu elmo. O animal tinha duas vezes o tamanho de um elefante, com pelo grosso e listrado, garras como sabres, olhos vermelhos e flamejantes do tamanho do escudo do cavaleiro, enormes orelhas caídas que balançavam até o chão e cauda como a de um porco — só que com mais voltas e coberta de espinhos afiados. A chuva lhe escorria da pele como cachoeiras. O cheiro era indescritível.

Em suas costas apoiava-se uma improvável sela. O pobre guarda-cães, tentando arrastar o animal pela enorme coleira, quase teve um braço arrancado quando a besta se enfezou e tentou mordê-lo. Por sorte conseguiu desviar a tempo, e o bicho apenas lhe arrancou a manga do casaco.

Gingerbere pareceu ainda mais chocada que ele ao avistar aquela terrível cena. No entanto, sir Lanchealote se manteve inabalável. *Nada* poderia limitar sua confiança. *Nada* poderia impedi-lo de um encontro secreto com a dama, quando retornasse montado no cão gigante, tendo executado plenamente o testamento. Nada, a não ser...

Pois bem, o fato é que sir Lanchealote *não* montou o cão monstruoso até o castelo de lorde Elpus, e se depender dele, o testamento jamais será executado. Em vez disso, ele montou em seu cavalo e galopou furioso dali rumo à escuridão tempestuosa, mortalmente ofendido, deixando Gingerbere a sofrer a agonia da luxúria insatisfeita.

Mas a causa não foi a aritmética evasiva de Ethelfred. Foi o que a dama disse a seu marido em um sussurro teatral, após ver o guarda-cães ser atacado e perder sua camisa.

O que ela disse?

Resposta na p.263

Quem não tem cão soma com gato

Quantos gatos têm 8 rabos? Zero.
Um gato tem um rabo.
Soma: um gato tem 9 rabos.

Coelhos na cartola

O Grande Whodunni, famoso ilusionista, coloca sua cartola na mesa.

– Nesta cartola há 2 coelhos – anuncia. – Cada um deles é preto ou branco, com igual probabilidade. Vou agora convencer o distinto público, com a ajuda da minha adorável assistente Grumpelina, de que sou capaz de deduzir suas cores sem olhar dentro da cartola!

Vira-se para a assistente e retira um coelho preto da fantasia da moça.

– Por favor, coloque este coelho na cartola.

A moça obedece.

Coloque-o na cartola e deduza o que já está ali dentro.

Whodunni vira-se então para a plateia.

– Antes que Grumpelina colocasse o terceiro coelho, havia quatro combinações igualmente prováveis de coelhos. – O ilusionista escreve uma lista em um pequeno quadro-negro: PP, PB, BP e BB. – Todas as combinações são igualmente prováveis; a probabilidade de cada uma é de 1/4. Mas então acrescentei 1 coelho preto. Portanto, as possibilidades agora são PPP, PBP, PPB e PBB; novamente, todas com probabilidade igual a 1/4. Suponham (não vou fazê-lo, é hipotético), *suponham* que eu decidisse tirar 1 coelho da cartola. Qual é a probabilidade de que seja preto? Se os coelhos forem PPP, a probabilidade é igual a 1. Se forem PBP ou BBP, é igual a 2/3. Se forem PBB, é igual a 1/3. Portanto, a probabilidade geral de que eu puxe um coelho preto é de

$$\frac{1}{4} \times 1 + \frac{1}{4} \times \frac{2}{3} + \frac{1}{4} \times \frac{1}{3}$$

que é exatamente 2/3. *Porém*, se há 3 coelhos em uma cartola, dos quais exatamente *r* são pretos e o restante é branco, a probabilidade de que eu extraia um coelho preto é de *r*/3. Portanto *r* = 2, já que há 2 coelhos pretos na cartola. – Mete a mão na cartola e tira um coelho preto. – Como acrescentei este coelho preto, o par original deve ter sido formado por um coelho preto e um branco!

O Grande Whodunni se curva sob aplausos tumultuosos. Então, puxa mais 2 coelhos da cartola – um deles lilás claro e o outro, rosa-choque.

Parece evidente que não podemos deduzir o conteúdo de um chapéu sem investigar o que há dentro. Acrescentar o coelho adicional e depois removê-lo (seria o *mesmo* coelho preto? Quem se importa?) é uma artimanha inteligente. *Mas onde está o erro no cálculo?*

Resposta na p.264

Cruzando o rio 1 – Produtos da fazenda

Alcuin de Northumbria, também conhecido como Flaccus Albinus Alcuinus, ou Ealhwine, era um acadêmico, clérigo e poeta. Viveu no século VIII e se tornou uma das principais lideranças na corte do imperador Carlos Magno. Ele incluiu o seguinte quebra-cabeça em uma carta enviada ao imperador, como exemplo da "sutileza da *Arithmetick*, para seu divertimento". O quebra-cabeça tem ainda um significado matemático, como explicarei ao final. Seu enunciado é o seguinte:

Um fazendeiro está levando um lobo, uma cabra e um cesto de repolhos ao mercado, quando chega a um rio em que se encontra um pequeno bote. Ele só pode levar no bote 1 dos 3 itens de cada vez. Não pode deixar o lobo com a cabra, nem a cabra com os repolhos, por motivos bastante óbvios. Felizmente, o lobo detesta repolhos. Como o fazendeiro poderá transportar os 3 itens para o outro lado do rio?

Resposta na p.265

Mais cálculos curiosos

As próximas curiosidades a serem exploradas na calculadora são variações de um mesmo tema.
(1) Digite um número de três algarismos – digamos, 471. Repita-o, obtendo 471.471. Agora divida esse número por 7, divida o resultado por 11 e divida o resultado por 13. Neste caso, temos:

471.471/7 = 67.353
67.353/11 = 6.123
6.123/13 = 471

Que é o primeiro número no qual pensamos inicialmente!
Tente o mesmo com outros números de 3 algarismos – você verá que o truque sempre funciona.

Porém, a matemática não consiste apenas em notarmos propriedades curiosas. Também é importante descobrirmos *por que* elas acontecem. Neste caso, isso pode ser feito invertendo-se todo o cálculo. A operação inversa da divisão é a multiplicação, portanto – como você poderá verificar –, o procedimento inverso começa com o resultado de 3 algarismos, 471, e gera

471 × 13 = 6.123
6.123 × 11 = 67.353
67.353 × 7 = 471.471

Vista assim, a inversão não parece incrivelmente útil... mas o que ela nos diz é que

471 × 13 × 11 × 7 = 471.471

Portanto, pode ser uma boa ideia descobrir quanto é 13 × 11 × 7. Pegue sua calculadora e faça a conta. O que você descobriu? Isso explica o truque?

(2) Uma outra coisa que os matemáticos gostam de fazer é "generalizar". Isto é, eles tentam encontrar ideias relacionadas que funcionam de maneiras semelhantes. Suponha que comecemos com um número de 4 algarismos, digamos, 4.715. Por quanto devemos multiplicá-lo para encontrar 47.154.715? Será possível obter esse resultado em diversas etapas, multiplicando-o por uma série de números menores?
Para começar, divida 47.154.715 por 4.715.

(3) Se sua calculadora comportar 10 algarismos (hoje em dia, muitas calculadoras são assim), qual seria o truque correspondente com números de 5 algarismos?

(4) Se a sua calculadora comportar números de 12 algarismos, retorne ao número de 3 algarismos, digamos, 471. Desta vez, em vez de multiplicá-lo por 7, 11 e 13, tente multiplicá-lo por 7, depois 11, depois 13, depois 101, depois 9.901. O que aconteceu? Por quê?

(5) Pense em um número de 3 algarismos, como 128. Agora, multiplique-o repetidamente por 3, 3, 3, 7, 11, 13 e 37 (sim, são *três* multiplicações por 3). O resultado é 127.999.872 – nada de especial até aqui. Agora, some o número em que você pensou no começo. Que resultado você obteve *agora*?

Resposta na p.266

Extraindo a cereja

Este quebra-cabeça é um velho conhecido, com uma resposta simples, porém um tanto imprecisa.

A cereja do coquetel está dentro da taça, que é formada por 4 fósforos. Sua tarefa é mover no máximo 2 palitos, fazendo com que a cereja termine fora da taça. Se quiser, você pode virar a taça para o lado ou de cabeça para baixo, mas a forma deve se manter.

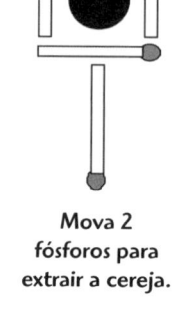

Resposta na p.267

Mova 2 fósforos para extrair a cereja.

Transforme-me em um pentágono

Você tem uma fita de papel fina e longa, em formato retangular. O desafio é transformá-la em um pentágono regular (uma figura de 5 lados, com todos os lados de mesmo comprimento e todos os cantos de mesmo ângulo).

Resposta na p.267

Transforme isto...

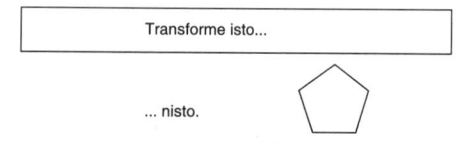

... nisto.

Geometria não ortodoxa.

O que é π?

O número π, que é aproximadamente 3,14159, é a medida do perímetro de uma circunferência cujo diâmetro é exatamente 1. Em termos mais gerais, uma circunferência de diâmetro d tem perímetro de πd. Uma aproximação simples de π é $3\frac{1}{7}$ ou 22/7, mas este não é um valor exato. O valor $3\frac{1}{7}$ é aproximadamente 3,14285, que está errado a partir da terceira casa decimal. Uma aproximação melhor é 355/113, que é 3,1415929 até a 7ª casa, enquanto π é igual a 3,1415926 até a 7ª casa.

Como sabemos que π não é uma fração exata? Por mais que aperfeiçoemos a aproximação x/y usando números cada vez maiores, jamais chegaremos a π propriamente dito, teremos apenas aproximações cada vez melhores. Um número que não pode ser escrito exatamente como uma fração é chamado *irracional*. A prova mais simples de que π é irracional utiliza o cálculo, e foi descoberta por Johann Lambert em 1770. Embora não possamos escrever uma representação numérica exata de π, podemos anotar diversas fórmulas que o definem precisamente, e a prova de Lambert utiliza uma dessas fórmulas.

Mais que isso, π é *transcendental* – não satisfaz a nenhuma equação algébrica que o relacione aos números racionais. Isso foi provado por Ferdinand Lindemann em 1882, também utilizando o cálculo. O fato de que π seja transcendental implica que o clássico problema geométrico da "quadratura do círculo" é impossível. Esse problema consiste em encontrar uma construção euclidiana de um quadrado cuja área seja igual à de um dado círculo (o que acaba por ser equivalente a construir uma reta cujo comprimento seja igual à circunferência do círculo). Uma construção é chamada euclidiana se puder ser feita usando-se uma régua sem marcações e um compasso. Ou, se eu quiser ser preciosista, um "par de compassos", que é um instrumento único, assim como um "par de tesouras" também constitui um único apetrecho.

Legislando sobre o valor de π

Um mito persistente diz que a Assembleia Legislativa do Estado de Indiana, nos EUA (alguns dizem que foi na de Iowa, outros na de Idaho), aprovou certa vez uma lei, declarando o valor correto de π – bem, as pessoas às vezes dizem 3, às vezes $3\frac{1}{6}$...

De qualquer forma, o mito é falso.

No entanto, quase ocorreu algo desconfortavelmente próximo. Não se sabe ao certo qual era o valor em questão: o documento parece implicar ao menos nove valores diferentes, todos eles errados. A lei não foi aprovada: foi "adiada indefinidamente", e sua situação aparentemente não se alterou. A lei em questão era a de número 246 na Assembleia Legislativa de Indiana no ano de 1897; ela dava ao Estado o poder de utilizar exclusivamente uma "nova verdade matemática", com custo zero. Esta lei *foi* aprovada – não havia nenhum motivo para que não fosse, pois não incumbia o Estado de nenhuma obrigação. Na verdade, a votação foi unânime.

A nova verdade, porém, era uma tentativa um tanto complicada, além de incorreta, de encontrar a "quadratura do círculo" – ou seja, de construir π geometricamente. Um jornal de Indianápolis publicou um artigo que ressaltava ser impossível encontrar a quadratura do círculo. Então a lei chegou ao Senado para ser confirmada.* E os políticos – ainda que a maioria não soubesse nada sobre π – já sentiam que haveria dificuldades (os esforços do professor C.A. Waldo, da Academia de Ciências de Indiana, um matemático que calhou de visitar a Assembleia enquanto a lei era discutida, provavelmente ajudou a concentrar suas mentes). Eles não debateram a validade da matemática em questão; apenas decidiram que não se tratava de uma questão sobre a qual pode-

---

* Os Estados Unidos possuem um sistema legislativo bicameral também em nível estadual. Assim, as leis dos estados são aprovadas primeiro na Assembleia Legislativa e, depois, no Senado Estadual. (N.E.)

riam legislar. E assim, postergaram a votação... e enquanto escrevo, 111 anos depois, a situação continua a mesma.

A geometria envolvida foi quase certamente obra de Edwin J. Goodwin, um médico que brincava com matemática. Goodwin viveu em um vilarejo chamado Solitude, no Condado Posey, Indiana, e muitas vezes alegou ter trissectado o ângulo e duplicado o cubo – dois outros feitos famosos e igualmente impossíveis, além de ter encontrado a quadratura do círculo. De qualquer forma, a Assembleia Legislativa não tentou *conscientemente* dar um valor incorreto a π por força de lei – embora haja um argumento convincente segundo o qual, se a lei tivesse sido aprovada, a abordagem de Goodwin teria sido "promulgada", o que implicaria sua precisão na lei, ainda que não na matemática. É uma questão jurídica delicada.

Se tivesse sido aprovada...

Se a Assembleia Legislativa do Estado de Indiana tivesse aprovado a Lei 246, e se essa situação improvável demonstrasse ser legalmente válida, isto é, se o valor de π segundo a lei fosse diferente de seu valor matemático, as consequências teriam sido particularmente interessantes. Suponha que o valor legal seja $p \neq \pi$, mas a legislação afirme que $p = \pi$. Então

$$\frac{p - \pi}{p - \pi} = 1 \quad \text{matematicamente}$$

mas

$$\frac{p - \pi}{p - \pi} = 0 \quad \text{legalmente}$$

Como as verdades matemáticas são legalmente válidas, a lei estaria então afirmando que 1 = 0. Portanto, todos os assassinos teriam uma defesa perfeita: confessar um assassinato, e depois argumentar que, legalmente, trata-se de zero assassinatos. E isso não é tudo. Multiplique por um bilhão, deduzindo que um bilhão é igual a zero. Agora, qualquer cidadão encontrado de posse de zero drogas estará portando drogas em um valor de US$1 bilhão.

Na verdade, poderíamos provar legalmente qualquer afirmação que queiramos.

É provável que a lei não viesse a ser assim *tão* lógica, a ponto de permitir que esse tipo de argumento se sustentasse em uma corte. Porém, argumentos legais ainda mais tolos, frequentemente baseados em um abuso da estatística, fizeram exatamente isso, resultando no longo encarceramento de pessoas inocentes. Assim, os legisladores de Indiana poderiam ter aberto a caixa de Pandora.

Copos vazios

Tenho 5 copos em fila. Os 3 primeiros estão cheios, e os outros 2, vazios. Como posso dispô-los de modo que estejam alternadamente cheios e vazios, movendo apenas *1* copo?

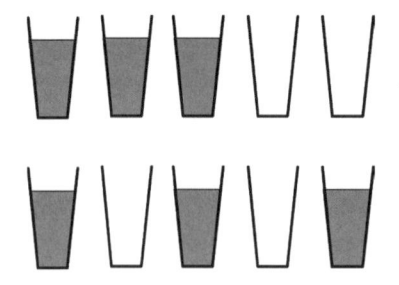

Comece assim...

...e termine assim, movendo apenas um copo.

Resposta na p.267

Quantas...?

Maneiras existem de rearrumar as letras do alfabeto? (com 26 letras)
403.291.461.126.605.635.584.000.000

Maneiras existem de embaralhar um maço de cartas?
80.658.175.170.943.878.571.660.636.856.403.766.975.289.505.440.883.277.824.000.000.000.000

Posições diferentes pode ter um cubo mágico?
43.252.003.274.489.856.000

Configurações diferentes pode ter um jogo de sudoku?
6.670.903.752.021.072.936.960
(Calculado por Bertram Felgenhauer e Frazer Jarvis, em 2005.)

Sequências diferentes de 100 zeros e uns existem?
1.267.650.600.228.229.401.496.703.205.376

Três rapidinhas

(1) Depois de distribuídas as cartas em um jogo de buraco, o que é mais provável: que você e seu parceiro tenham todas as espadas, ou que você e seu parceiro não tenham nenhuma espada?

(2) Se você pegar 3 bananas de um prato que contém 13 bananas, com quantas bananas você fica?

(3) Uma secretária imprime 6 cartas do computador e endereça 6 envelopes aos destinatários desejados. Seu chefe, apressado, interfere e enfia as cartas nos envelopes aleatoriamente, uma carta em cada envelope. Qual é a probabilidade de que exatamente 5 cartas estejam no envelope correto?

Respostas na p.267

Passeios do cavalo

O cavalo tem um movimento pouco comum no xadrez. Pode caminhar 2 casas em sentido horizontal ou vertical, seguidas por 1 única casa em ângulos retos, e salta por cima de qualquer peça que esteja no caminho. A geometria do movimento do cavalo gerou muitas recreações matemáticas, das quais a mais simples é o passeio do cavalo. O cavalo deverá fazer uma série de movimentos, visitando todas as casas de um tabuleiro de xadrez (ou qualquer outra grade de quadrados) exatamente uma vez. A figura mostra um passeio em um tabuleiro de 5 × 5 e os tipos de movimentos possíveis. Este passeio não é "fechado" – ou seja, as casas de partida e de chegada não estão a uma jogada de distância, segundo o movimento do cavalo. Você consegue encontrar um passeio fechado no tabuleiro de 5 × 5?

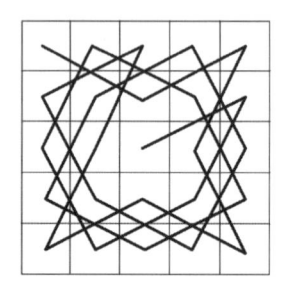

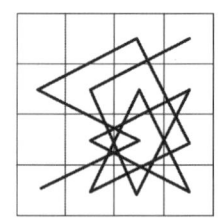

(À esquerda) **Um passeio do cavalo de 5 × 5** e (à direita) **um passeio parcial de 4 × 4.**

Tentei encontrar um passeio em um tabuleiro de 4 × 4, mas empaquei depois de visitar 13 casas. Você consegue encontrar um passeio que visite todas as 16 casas? Se não, qual é o maior número de casas que o cavalo poderá visitar?

Há uma ampla literatura sobre o tema. Posso citar duas boas páginas na internet:
www.ktn.freeuk.com
mathworld.wolfram.com/KnightsTour.html

Respostas na p.268

Nós, vós, eles

O nó de um matemático é como um nó comum em um pedaço de barbante, mas ele é feito em um fio de pontas unidas, de modo que o nó não possa se desfazer. Mais precisamente, um nó é uma volta fechada no espaço. A volta mais simples é um círculo, que é chamado de *nó trivial*. O seguinte é o *trevo*.

Nó trivial e trevo.

Os matemáticos consideram que dois nós são "o mesmo" – o jargão é *topologicamente equivalentes* – se um deles puder ser transformado continuamente no outro. "Continuamente" significa que o barbante tem que permanecer íntegro – não pode ser cortado – e não pode passar através de si mesmo. A teoria dos nós se torna interessante quando descobrimos que um nó realmente complicado, como o *nó górdio*, de Haken, é na verdade um nó trivial disfarçado.

O nó górdio, de Haken.

O trevo é um nó genuíno – não pode ser desfeito. A primeira prova desse fato aparentemente óbvio foi encontrada nos anos 1920.

Os nós podem ser listados de acordo com sua complexidade, que é medida pelo *número de cruzamentos* – o número de cruzamentos que observamos no desenho de um nó, quando o desenhamos usando o menor número possível de cruzamentos. O número de cruzamentos do trevo é 3.

O número de nós topologicamente distintos com um certo número de cruzamentos cresce rapidamente. Até 16 cruzamentos, os números são:

Nº DE CRUZAMENTOS	3	4	5	6	7	8	9	10
Nº DE NÓS	1	1	2	3	7	21	49	165

Nº DE CRUZAMENTOS	11	12	13	14	15	16
Nº DE NÓS	552	2.176	9.988	46.972	253.293	1.338.705

(Para os detalhistas: esses números se referem a *nós primos*, que não podem ser transformados em dois nós separados atados um após o outro, e as imagens em espelho são ignoradas.)

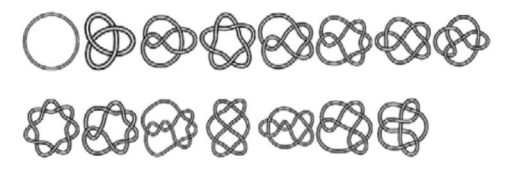

Nós com 7 cruzamentos ou menos.

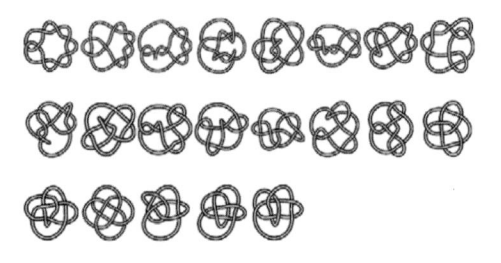

Nós com 9 cruzamentos.

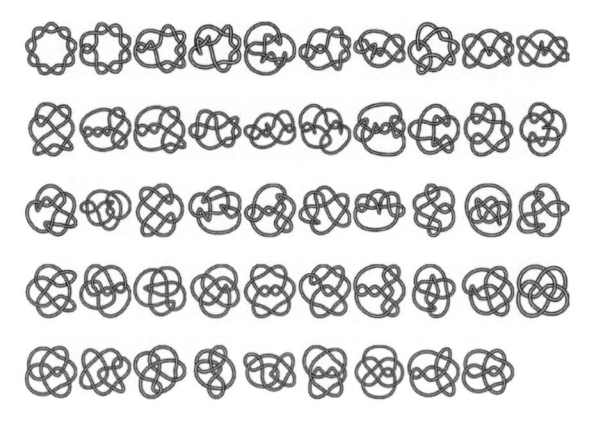

Nós com 8 cruzamentos.

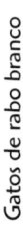

A teoria dos nós é usada na biologia molecular, para entender os nós do DNA, e na física quântica. Digo isso caso você esteja pensando que os nós só servem para amarrar pacotes.

• •

Gatos de rabo branco

– Vejo que você tem um gato – diz a sra. Jones à sra. Smith. – O rabinho branco dele é muito bonitinho! Quantos gatos você tem?

– Não muitos – diz a sra. Smith. – A sra. Brown, minha vizinha, tem 20, muito mais que eu.

– Você ainda não me disse quantos gatos tem!

– Bem... vou colocar a coisa da seguinte maneira: se você escolher 2 dos meus gatos ao acaso, a probabilidade de que ambos tenham rabo branco é de exatamente 50%.

– Isso não me diz quantos gatos você tem!

– Diz sim.

Quantos gatos tem a sra. Smith? E quantos deles têm o rabo branco?

Respostas na p.268

Encontrando a moeda falsa

Em fevereiro de 2003, Harold Hopwood, de Gravesend, Inglaterra, escreveu uma breve carta ao jornal britânico *Daily Telegraph*, dizendo que havia resolvido as palavras cruzadas do jornal todos os dias desde 1937, mas que uma charada estivera dando voltas em sua cabeça desde os tempos do colégio, e então, aos 82 anos, finalmente decidira pedir ajuda.

O problema era este: você recebe 12 bolas. Todas têm o mesmo peso, a não ser por uma, que pode ser mais leve ou mais pesada que as demais. Você tem que descobrir qual delas é a diferente, e se é mais leve ou mais pesada, usando no máximo 3 pesagens em uma balança. A balança não tem graduação de peso; tem apenas dois pratos, o que permite verificar se estão equilibrados, ou se o prato mais pesado desceu e o mais leve subiu.

Apenas uma bola é mais pesada ou mais leve; descubra-a com três pesagens.

Antes de continuar a leitura, tente decifrar o problema. É bem viciante.

Alguns dias depois, o jornal já havia recebido 362 cartas e ligações sobre o problema, quase todas perguntando a resposta, e então eles me telefonaram. Reconheci a questão como um dos quebra-cabeças clássicos, típico do gênero dos "pesos e balanças", mas eu havia esquecido a resposta. Porém, meu amigo Marty, que calhou de estar ao meu lado quando atendi o telefone, também o reconheceu. O mesmo quebra-cabeça também o havia inspirado quando adolescente, e ao encontrar a solução, ele decidiu se tornar um matemático.

Ele naturalmente também tinha se esquecido da solução, mas acabamos encontrando um método no qual pesamos vários conjuntos de moedas em comparação a vários outros e o enviamos por fax ao jornal.

Na verdade, há muitas respostas, entre elas uma particularmente inteligente, que finalmente recordei no dia em que o *Telegraph* imprimiu nosso método menos elegante. Eu o tinha visto 20 anos antes, na revista *New Scientist*, e o problema havia sido reproduzido no livro *Puzzles and Paradoxes*, de Thomas H. O'Beirne, que eu tinha na prateleira.

Problemas como este parecem ressurgir aproximadamente a cada duas décadas mais ou menos, supostamente quando uma nova geração passa a conhecê-los, um bocado como uma epidemia que ganha nova força quando a população perde toda a imunidade. O'Beirne conseguiu rastrear sua origem até Howard Grossman, em 1945, mas é quase certo que o problema seja muito mais velho, surgido no século XVII. Eu não me surpreenderia se, algum dia, fosse encontrado em uma tábua cuneiforme babilônica.

O'Beirne sugeriu uma solução do tipo "árvore de decisões", seguindo a linha que Marty e eu havíamos bolado. Ele também recordou a elegante solução publicada em 1950 por "Blanche Descartes", em *Eureka*, o jornal dos Arquimedianos, a associação dos alunos de graduação em matemática na Universidade de Cambridge. A sra. Descartes, na verdade, era Cedric A.B. Smith, e sua solução foi uma obra-prima da perspicácia. É apresentada na forma de um poema em inglês sobre um certo professor Felix Fiddlesticks, e a ideia geral é a seguinte:

> F set the coins out in a row
>   And chalked on each a letter, so,
> To form the words "F AM NOT LICKED"
> (An idea in his brain had clicked.)

And now his mother he'll enjoin:
MA DO LIKE
ME TO FIND
FAKE COIN*

Uma enigmática série de 3 pesagens em que se comparam conjuntos de 4 moedas resolve o problema, como explica *Eureka*, também em verso. Para que você se convença, vou listar todos os resultados das pesagens, informando se cada moeda é pesada ou leve. Nesta tabela, E significa que o prato esquerdo desceu, D que o prato direito desceu e = que ficaram em equilíbrio.

Moeda falsa	1ª PESAGEM	2ª PESAGEM	3ª PESAGEM
F pesada	=	D	E
F leve	=	E	D
A pesada	E	=	E
A leve	D	=	D
M pesada	E	E	=
M leve	D	D	=
N pesada	=	D	D
N leve	=	E	E
O pesada	E	E	D
O leve	D	D	E
T pesada	=	E	=
T leve	=	D	=
L pesada	D	=	=

---

* F deitou as moedas em uma fila
E rabiscou em cada uma delas uma letra, assim,
Formando as palavras "F NÃO ESTOU LAMBIDO"
(Uma ideia estalou em sua cabeça.)
E agora ele convence sua mãe:
MA QUER QUE
EU ENCONTRE
A MOEDA FALSA (N.T.)

Moeda falsa	1ª pesagem	2ª pesagem	3ª pesagem
L leve	E	=	=
I pesada	D	D	D
I leve	E	E	E
C pesada	=	=	D
C leve	=	=	E
K pesada	D	=	E
K leve	E	=	D
E pesada	D	E	E
E leve	E	D	D
D pesada	E	D	=
D leve	D	E	=

Observe que não há duas possibilidades que gerem o mesmo resultado.

A publicação de uma resposta válida no *Telegraph* não encerrou a questão. Os leitores escreveram para se queixar da nossa resposta, usando argumentos absurdos. Escreveram para aperfeiçoá-la, nem sempre com métodos válidos. Escreveram para citar a solução da sra. Descartes, ou outras semelhantes. Contaram-nos de outros problemas sobre pesagens. Agradeceram-nos por finalmente poderem parar de quebrar a cabeça com o problema. Amaldiçoaram-nos por reabrir uma velha ferida. Foi como se um amplo reservatório secreto de sabedoria popular tivesse sido subitamente aberto. Um correspondente relembrou que o problema fora apresentado no canal BBC na década de 1960, que apresentou a solução na noite seguinte. Como que anunciando um mau presságio, a carta continuou: "Não me lembro por que motivo surgiu na mídia, nem se foi a primeira vez que ouvi falar dele, *mas tenho a sensação de que não foi.*"

Calendário perpétuo

Em 1957, John Singleton patenteou um calendário de mesa que representava qualquer data de 1º a 31 usando dois cubos, mas deixou a patente vencer em 1965. Cada cubo traz 6 algarismos, um em cada face.

Um calendário feito com dois cubos, e dois dos dias que pode representar.

A figura mostra como o calendário representa os dias 5 e 25 de cada mês. Omiti intencionalmente os números presentes nas outras faces. Você pode colocar os cubos em qualquer posição, e também pode invertê-los, com o cinza na esquerda e o branco na direita.

Quais são os números presentes nos dois cubos?

Resposta na p.269

Piadas matemáticas 1[*]

Um biólogo, um estatístico e um matemático estão sentados em frente a um restaurante, vendo a vida passar. Um homem e uma mulher entram em um prédio do outro lado da rua. Dez minutos depois, saem acompanhados de uma criança.

– Eles se reproduziram – diz o biólogo.

– Não – diz o estatístico. – Isso é um erro de observação. Em média, duas pessoas e meia entraram ou saíram do prédio.

– Não, não, não – diz o matemático. – É perfeitamente óbvio. Se alguém entrar ali agora, o prédio estará vazio.

---

[*] O objetivo principal dessas piadas não é provocar o riso. A ideia é mostrar o que faz com que os *matemáticos* riam e dar a você um vislumbre de um recanto obscuro da subcultura mundial da matemática.

Dados enganadores

Os Gêmeos Geniosos, Analfamáticus e Matematófila, estão entediados.
– Já sei! – diz Matematófila, animada. – Vamos jogar dados!
– Não gosto de dados.
– Ah, mas estes são dados *especiais* – diz Matematófila, apanhando-os em uma velha caixa de chocolates. Um deles é vermelho, um outro amarelo, e um terceiro, azul.
Analfamáticus apanha o dado vermelho.
– Este aqui é engraçado – diz. – Tem dois 3s, dois 4s e dois 8s.
– São todos assim – diz Matematófila, indiferente. – O amarelo tem dois 1s, dois 5s e dois 9s; e o azul tem dois 2s, dois 6s e dois 7s.
– Para mim, parecem dados viciados – diz Analfamáticus, profundamente desconfiado.
– Não, são perfeitamente balanceados. Têm igual probabilidade de cair em cada uma das faces.
– Enfim... Como jogamos?
– Cada um de nós escolhe um dado. Então os rolamos simultaneamente, e ganha quem tirar o maior número. Podemos apostar alguns trocados.
Analfamáticus pareceu receoso, então sua irmã acrescentou rapidamente:
– Para que o jogo seja justo, eu te deixo escolher primeiro! Assim, você pode pegar o melhor dado!
– Beeem... – disse Analfamáticus, hesitante.
Ele deveria jogar? Se não, por quê?

Resposta na p.269

Um velho problema de idade

O imperador Delicius nasceu em 35 a.C. e morreu no dia de seu aniversário, em 35 d.C. Com quantos anos ele morreu?

Resposta na p.271

Por que menos com menos dá mais?

Quando somos apresentados pela primeira vez aos números negativos, dizem-nos que ao multiplicarmos dois números menores que zero encontramos um número positivo, de modo que, por exemplo, $(-2) \times (-3) = +6$. Isso muitas vezes parece bastante intrigante.

O primeiro ponto que devemos notar é que, partindo das convenções habituais da aritmética sobre os números positivos, temos a liberdade de definir $(-2) \times (-3)$ como bem entendermos. Poderia ser -99, ou 127π, se desejarmos. Portanto, a principal questão não é quanto ao valor real, e sim quanto ao valor adequado. Diversas linhas de pensamento convergem para o mesmo resultado – isto é, que $(-2) \times (-3) = +6$. Incluí aqui o sinal + para enfatizar.

Mas *por que* isto é adequado? Eu gosto da ideia de interpretar um número negativo como uma dívida. Se minha conta no banco contém $-3, então eu devo $3 ao banco. Suponha que minha dívida seja multiplicada por 2 (positivo): nesse caso, ela certamente se transformará em uma dívida de $6. Portanto, faz sentido insistir que $(+2) \times (-3) = -6$, e a maioria de nós ficaria satisfeita com isso. No entanto, o que seria $(-2) \times (-3)$? Bem, se o banco cancelar amavelmente duas dívidas de $3 cada uma, eu terei $6 a mais – minha conta se alterou exatamente como se alteraria se eu tivesse depositado $+6. Portanto, em termos bancários, queremos que $(-2) \times (-3)$ seja igual a $+6$.

O segundo argumento é que $(+2) \times (-3)$ e $(-2) \times (-3)$ não podem ser ambos iguais a $+6$. Se fosse assim, poderíamos eliminar o -3 e deduzir que $+2 = -2$, o que é bastante tolo.

O terceiro argumento se inicia ressaltando uma premissa não declarada no segundo argumento: de que as leis habituais da aritmética devem continuar válidas para os números negativos. E prossegue, acrescentando que esse é um objetivo razoável, ainda que seja apenas pela elegância matemática. Se quisermos que as leis habituais continuem válidas, então

$$(+2) \times (-3) + (-2) \times (-3) = (2 - 2) \times (-3) = 0 \times (-3) = 0$$

Portanto
−6 + (−2) × (−3) = 0

Somando 6 a ambos os lados, vemos que
(−2) × (−3) = +6

De fato, um argumento semelhante justifica que (+2) × (−3) é igual a −6.

Juntando todas as ideias: a elegância matemática nos leva a definir que menos vezes menos é igual a mais. Em aplicações como nas finanças, essa escolha se adapta diretamente à realidade. Assim, além de mantermos a simplicidade da aritmética, acabamos com um bom modelo para certos aspectos importantes do mundo real.

Poderíamos fazer a coisa de um jeito diferente, mas acabaríamos complicando a aritmética e reduzindo sua aplicabilidade. Basicamente, essa é a melhor solução. Ainda assim, "menos com menos dá mais" é uma convenção humana consciente, e não um fato inevitável da natureza.

Fantasia de garça

Nenhum gato fantasiado de garça é antissocial.
Nenhum gato sem rabo brinca com gorilas.
Gatos com bigodes sempre se fantasiam de garça.
Nenhum gato sociável tem garras rombudas.
Nenhum gato tem rabo a menos que tenha bigodes.
Portanto:
Nenhum gato com garras rombudas brinca com gorilas.
A dedução é logicamente correta?

Resposta na p.271

Como desfazer uma cruz grega

Desenhar uma cruz grega é bastante fácil. Mas neste caso, o que queremos é *desfazer* uma cruz grega. Nesta região da Quebra-Cabeçolândia, uma cruz grega é formada por 5 quadrados iguais, unidos na forma de um sinal de +. Quero que você a transforme em um quadrado, cortando-a em pedaços e depois os redispondo. Apresento aqui uma solução, usando 5 pedaços. Mas você consegue encontrar uma solução alternativa, usando quatro pedaços, *todos do mesmo formato*?

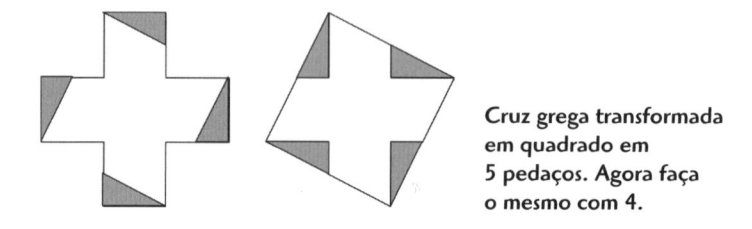

Cruz grega transformada em quadrado em 5 pedaços. Agora faça o mesmo com 4.

Resposta na p.271

As pontes de Königsberg

Às vezes, um simples quebra-cabeça inicia todo um novo campo na matemática. Tais acontecimentos são raros, mas consigo me lembrar de ao menos três. O mais famoso deles é conhecido como as pontes de Königsberg, que levou Leonhard Euler[*] a inventar um ramo da teoria dos grafos, em 1735. Königsberg, que naquele tempo ficava na Prússia, é cortada pelo rio Pregelarme. Havia duas ilhas, ligadas às margens e entre elas próprias por 7 pontes. O problema era: seria possível encontrar um caminho que atravesse cada ponte exatamente uma vez?

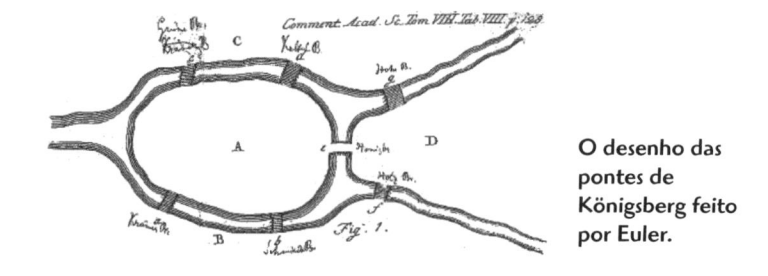

O desenho das pontes de Königsberg feito por Euler.

---

[*] Sinto-me obrigado a assinalar que seu nome se pronuncia "Óiler", e não "Êuler".

Euler resolveu o problema provando não existir nenhuma solução. Em termos mais gerais, ele apresentou um critério para que qualquer problema do gênero tenha uma solução e observou que o critério não se aplicava àquele exemplo em particular. Euler percebeu que a geometria exata é irrelevante – o que importa é a forma como as coisas estão interligadas. Assim, o problema se reduz a uma simples rede de pontos unidos por linhas, mostrados aqui em sobreposição ao mapa. Cada ponto corresponde a uma porção de terra, e dois pontos estão unidos por linhas se houver uma ponte ligando as porções de terra correspondentes.

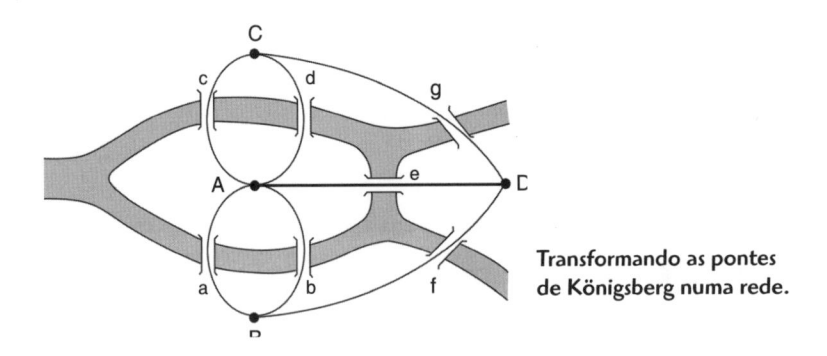

Transformando as pontes de Königsberg numa rede.

Assim, temos 4 pontos, A, B, C e D, e 7 arestas, a, b, c, d, e, f, g, uma para cada ponte. Podemos agora simplificar o problema para o seguinte: será possível encontrar um trajeto que atravesse a rede passando por cada aresta exatamente uma vez? Você talvez queira tentar antes de continuar a leitura.

Para descobrir se tais problemas têm solução ou não, Euler distinguiu dois tipos de trajeto. Um *caminho aberto* começa e termina em pontos diferentes; um *caminho fechado* começa e termina no mesmo ponto. Ele provou que, nesta rede em particular, nenhum dos dois tipos de caminho é possível. A principal ideia teórica é a da *valência* de cada ponto, ou seja, quantas linhas se encontram ali. Por exemplo, 5 linhas se encontram no ponto A, portanto a valência de A é 5.

Suponha que exista um caminho fechado em alguma rede. Sempre que uma das linhas de um caminho entra em um ponto, a linha seguinte deverá sair desse ponto. Portanto, se for possível encontrar um caminho fechado, o número de linhas de cada ponto deverá ser par: todos os pontos deverão ter a mesma valência. Isso já descarta qualquer caminho fechado pelas pontes de Königsberg, porque essa rede tem 3 pontos de valência 3 e 1 ponto de valência 5 – que são todos números ímpares.

Um critério semelhante funciona com caminhos abertos, mas nesse caso deverá haver exatamente 2 pontos com valência ímpar: um no início do caminho, outro ao final. O diagrama de Königsberg tem 4 vértices de valência ímpar, portanto tampouco poderemos encontrar um caminho aberto.

Euler também provou que essas condições são suficientes para que exista um caminho, desde que o diagrama esteja conectado – quaisquer 2 pontos devem estar ligados *por algum* caminho. A prova de Euler para isso é bastante extensa. Hoje em dia, podemos escrever uma prova para isso em poucas linhas, graças a novas descobertas inspiradas em seus esforços pioneiros.

Como fazer muita matemática

Leonhard Euler foi o matemático mais prolífico de todos os tempos. Nasceu em 1707 em Basileia, na Suíça, e morreu em 1783, em São Petersburgo, na Rússia. Escreveu mais de 800 artigos científicos e uma longa lista de livros. Euler teve 13 filhos e muitas vezes trabalhou em sua matemática com um dos filhos sentado no colo. Perdeu a visão de um olho em 1735, provavelmente em virtude de catarata, e a do outro em 1766. A cegueira aparentemente não afetou em nada sua produtividade. Sua família fazia anotações, e ele tinha uma incrível capacidade mental – certa vez, fez um cálculo com 50 casas decimais para decidir qual de seus dois alunos estava certo.

Euler passou muitos anos na corte da Rainha Catarina, a Grande. Conta-se que, para não se meter nos imbróglios políticos da corte – que poderiam facilmente se mostrar fatais –, ele passava quase todo o tempo trabalhando na matemática, só parando

Leonhard Euler.

para dormir. Dessa forma, é claro que não sobraria muito tempo para fazer intriga.

O que me faz lembrar de uma piada matemática: por que um matemático deve ter uma amante além de uma esposa (por questões de igualdade de gêneros, sinta-se livre para mudar a frase para "um amante além de um marido")? Resposta: quando a esposa pensa que você está com a amante e a amante pensa que você está com a esposa, você tem tempo para se dedicar à matemática.

O passeio pentagonal de Euler

Aqui está sua chance de testar as descobertas de Euler sobre passeios em redes. (a) Encontre um caminho aberto para a rede abaixo. (b) Encontre um caminho que tenha o mesmo aspecto quando refletido em um espelho, invertendo-se os lados direito e esquerdo.

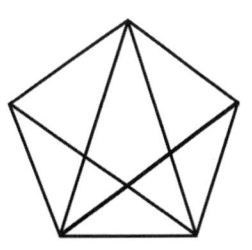

Uma rede com um caminho aberto.

Resposta na p.272

Anéis uróboros

Por volta de 1960, o matemático americano Sherman K. Stein descobriu um padrão curioso na palavra sânscrita *yamátárájabhánasalagám*, que não tem nenhum sentido definido. O compositor George Perle disse a Stein que as sílabas acentuadas (á) e as não acentuadas (a) formam um mnemônico de ritmos e correspondem a batidas longas e curtas. Assim, as 3 primeiras sílabas, *ya má tá* trazem um ritmo de batidas: respectivamente, curta, longa, longa. Da 2ª à 4ª temos *má tá rá*, longa, longa, longa – e assim por diante. Há 8 possíveis trios de batidas, longas ou curtas, e cada um deles ocorre exatamente uma vez nessa palavra sem sentido.

Stein reescreveu a palavra usando um 0 para as batidas curtas e um 1 para as longas, obtendo 0111010001. A seguir, notou que os 2 primeiros algarismos são iguais aos 2 últimos, e com isso a série de algarismos pode ser transformada em uma sequência circular, engolindo a própria cauda. Agora, podemos gerar todos os trios possíveis com os algarismos 0 e 1, caminhando um espaço de cada vez ao longo do círculo.

```
0  1  1  1  0  1  0  0...
0  1  1
   1  1  1
      1  1  0
         1  0  1
            0  1  0
               1  0  0
                  0  0  0
                     0  0  1
```

Chamo essas sequências de *anéis uróboros*, em referência ao uróboro, a serpente mítica que come a própria cauda.

Existe um anel uróboro para os pares: 0011. É uma sequência única, a não ser por suas rotações. A sua tarefa agora é encontrar uma sequência para grupos de quatro algarismos. Isto é, disponha oito 0s e oito 1s em um anel, de modo que todas as sequências possíveis de quatro algarismos, de 0000 a 1111, apareçam como uma série de símbolos consecutivos. (Cada sequência de quatro algarismos deve ocorrer exatamente uma vez.)

Resposta na p.272

• •

O urótoro

Existem análogos dos anéis uróboros em maiores dimensões?

Por exemplo, há 16 quadrados de 2 × 2 com entradas 0 ou 1. Será possível escrever 0s e 1s em um quadrado de 4 × 4 de modo que todas as possibilidades ocorram exatamente como um subquadrado? Você deve fingir que os lados opostos do quadrado estão unidos, de modo que ele se enrosque formando um *urótoro*.

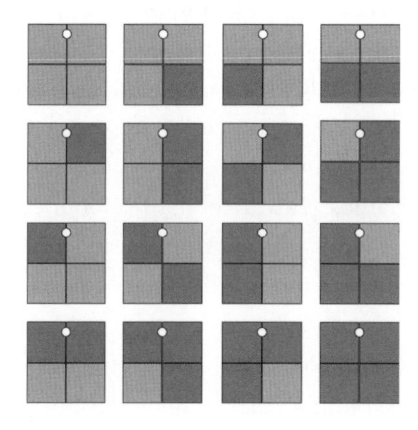

As 16 peças do quebra-cabeça do urótoro.

Você pode transformar esse problema em um jogo. Corte as 16 peças mostradas – o pontinho na parte superior indica qual lado da peça deve ficar para cima. Você consegue dispô-las em uma grade de 4 × 4, mantendo os pontinhos para cima, de modo que os quadrados adjacentes apresentem as mesmas cores em seus lados comuns? Essa regra também se aplica aos quadrados que se tornam adjacentes se as partes de cima e de baixo da grade estiverem "enroscadas", unindo-se, e o mesmo vale para os lados direito e esquerdo.

Resposta na p.273

Quem foi Pitágoras?

Reconhecemos o nome "Pitágoras" porque está ligado ao teorema com o qual a maioria de nós já teve que lidar na escola. "O quadrado da hipotenusa de um triângulo retângulo é igual à soma dos quadrados dos catetos." Isto é, se tomarmos qualquer triângulo retângulo, o quadrado do lado mais longo será igual à soma dos quadrados dos outros dois lados. Ainda que seu teorema seja bem conhecido, a imagem da pessoa em si se mostra um tanto nebulosa, embora saibamos mais sobre Pitágoras como figura histórica do que sabemos sobre, digamos, Euclides. O que não sabemos é se ele provou o teorema que traz seu nome, e temos bons motivos para acreditar que se ele o fez, não foi o primeiro.

Mas voltaremos a essa história mais tarde.

Pitágoras era grego, nascido por volta de 569 a.C. na ilha de Samos, no nordeste do mar Egeu (a data exata é controversa, mas está errada por, no máximo, 20 anos). Seu pai, Mnesarco, era um comerciante de Tiro; sua mãe, Pitaís, vinha de Samos. Talvez tenham se conhecido quando Mnesarco levou milho para Samos durante um período de escassez de alimentos, tendo então recebido um agradecimento público e sendo transformado em cidadão.

Pitágoras estudou filosofia com Ferécides. Ele provavelmente visitou outro filósofo, Tales de Mileto. Assistiu a aulas ministradas por Anaximandro, um pupilo de Tales, e absorveu muitas de suas ideias sobre cosmologia e geometria. Visitou o Egito, foi capturado por Cambises II, rei da Pérsia, e levado como prisioneiro para a Babilônia. Ali, aprendeu a matemática e a teoria musical babilônica. Mais tarde, fundou a escola pitagórica na cidade italiana de Cróton (atualmente Crotona), e é por esse feito que costuma ser lembrado. Os pitagóricos formavam um culto místico. Acreditavam que o universo era matemático, e que diversos símbolos e números possuíam um profundo significado espiritual.

Vários escritores da Antiguidade atribuíram diversos teoremas matemáticos aos pitagóricos, e, por extensão, a Pitágoras – o mais notável é seu famoso teorema sobre os triângulos retângulos. No entanto, não temos ideia quanto à matemática criada pelo próprio Pitágoras. Não sabemos se os pitagóricos conseguiram provar o teorema ou se apenas acreditavam que fosse verdadeiro. E há indícios, obtidos a partir da placa de argila conhecida como Plimpton 322, de que os antigos babilônios talvez já tivessem compreendido o teorema 1.200 anos antes – embora provavelmente não possuíssem uma prova, já que, de qualquer forma, os babilônios não se preocupavam muito com ela.

Provas de Pitágoras

O método de Euclides para provar o teorema de Pitágoras é bastante complicado; utiliza uma figura chamada de "as cuecas de Pitágoras", porque se parece com roupas de baixo pendurada de um varal. Esta prova em particular se encaixava no modo de Euclides de desenvolver a geometria, e é por isso que ele a utilizou. No entanto, existem muitas outras provas, dentre as quais algumas que tornam o teorema muito mais óbvio.

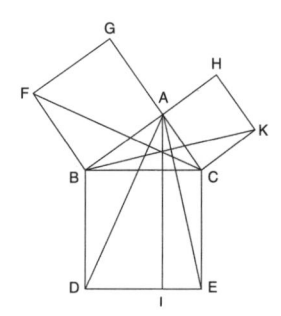

"As cuecas de Pitágoras".

Uma das mais simples é uma espécie de quebra-cabeça matemático. Tome qualquer triângulo retângulo, faça 4 cópias e as monte dentro de um quadrado cuidadosamente escolhido. Em um dos arranjos, vemos o quadrado na hipotenusa; no outro, vemos o quadrado nos 2 catetos. Vê-se claramente que as áreas em questão são iguais, pois representam a diferença entre a área do quadrado maior e as áreas das 4 cópias do triângulo.

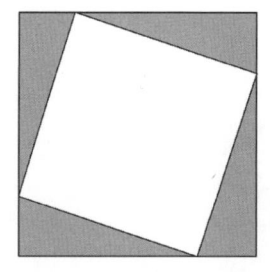

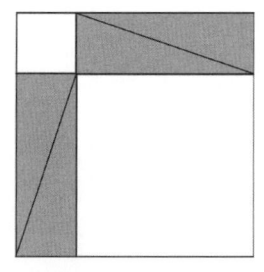

(À esquerda) **O quadrado da hipotenusa (mais quatro triângulos).**
(À direita) **A soma dos quadrados dos catetos (mais quatro triângulos).**
Elimine os triângulos... e provamos o teorema de Pitágoras.

Existe ainda uma prova que utiliza um inteligente mosaico. Nesse caso, a grade inclinada é formada por cópias do quadrado da hipotenusa, e a outra grade traz os dois quadrados menores. Se você observar o modo como o quadrado inclinado se sobrepõe aos outros dois, verá que podemos cortar o quadrado maior em pedaços que podem ser remontados, formando os dois quadrados menores.

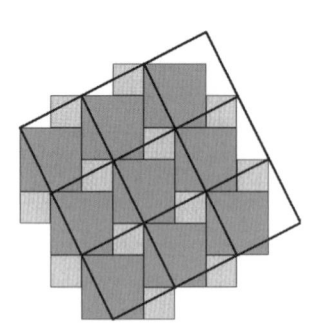

Prova por mosaico.

Outra prova é uma espécie de "filme" geométrico que mostra como dividir o quadrado da hipotenusa em dois paralelogramos, que então deslizam, separando-se – sem alterar a área – de modo a formar os dois quadrados menores.

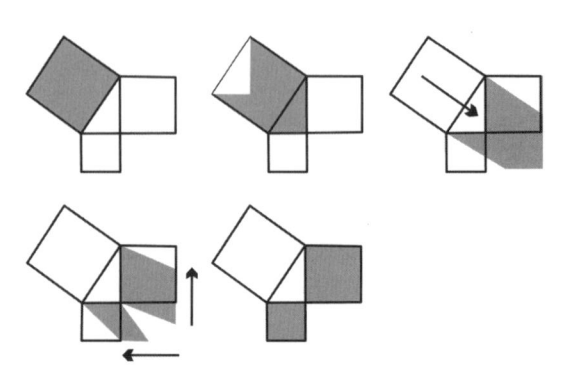

Prova por "filme".

Uma grande furada

– Veja bem, este componente é uma esfera sólida de cobre com um furo cilíndrico que a atravessa exatamente pelo centro – diz Rusty Nail, o engenheiro. Ele abre um modelo na tela do laptop:

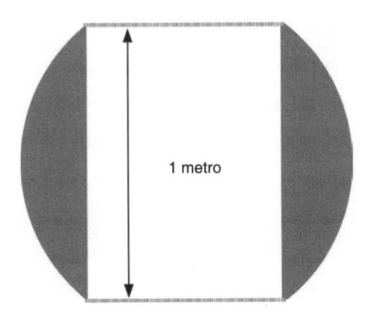

1 metro

Corte transversal de uma esfera com um furo cilíndrico.

– Parece bem simples – diz o mestre de obras, Lewis Bolt. – É um bocado de cobre.

– Por coincidência, é exatamente isso o que quero que você descubra – diz Rusty. – Que volume de cobre vamos ter que usar?

Lewis fita o modelo.

– Não diz o tamanho da esfera. – Faz uma pausa. – Não tenho como descobrir a resposta a menos que você me diga o raio da esfera.

– Hmmm – diz Rusty. – Devem ter esquecido de especificar essa parte. Mas tenho certeza de que você vai conseguir descobrir. Preciso da resposta até a hora do almoço.

Qual é o volume de cobre necessário? Ele depende do tamanho da esfera?

Resposta na p.273

O último teorema de Fermat

A grande virtude do último teorema de Fermat é que seu significado é muito fácil de entender. O problema se tornou famoso por ser incrivelmente difícil encontrar sua prova. De fato, tão difícil que, para resolvê-lo, foram necessários cerca de 350 anos de esforços, por parte de muitos dos maiores matemáticos do mundo. E para fazê-lo, esses matemáticos tiveram que inventar teorias matemáticas inteiramente novas e provar outras coisas que pareciam muito mais difíceis.

Tudo começou por volta de 1650, quando Pierre de Fermat fez uma anotação misteriosa na margem de sua cópia do livro *Aritmética*, de Diofanto: "De cujo fato eu encontrei uma prova notável, mas esta margem é pequena demais para contê-la." Prova do quê? Deixe-me retroceder um pouco no tempo.

Diofanto era provavelmente grego, tendo vivido na antiga Alexandria. Em algum momento em torno de 250 d.C., escreveu um livro sobre a solução de equações algébricas – com um pequeno detalhe: era necessário que as soluções fossem frações ou, melhor ainda, números inteiros. Tais equações são chamadas *equações diofantinas* até os dias de hoje. Um típico problema diofantino é o seguinte: encontre dois quadrados cuja soma seja um quadrado (usando apenas números inteiros). Uma resposta possível é 9 e 16, cuja soma é 25. Neste caso, 9 é o quadrado de 3, enquanto 16 é o quadrado de 4 e 25 é o quadrado de 5. Outra resposta é 25 (o quadrado de 5) e 144 (o quadrado de 12), cuja soma é 169 (o quadrado de 13). Essas soluções são apenas a ponta do iceberg.

Esse problema em particular está ligado ao teorema de Pitágoras, e Diofanto seguia uma longa tradição de procurar *triplas pitagóricas* – números inteiros que formam os lados de um triângulo retângulo. Diofanto escreveu uma regra geral para encontrar todas as triplas pitagóricas. Não foi o primeiro a descobri-la, mas ela se adequava muito

Pierre de Fermat.

naturalmente a seu livro. Fermat, no entanto, não era um matemático profissional – ele nunca teve um cargo acadêmico. Em seu tempo, trabalhava como conselheiro jurídico. Mas sua paixão era a matemática, especialmente o que chamamos atualmente de *teoria dos números*, as propriedades dos números inteiros comuns. Essa área utiliza os ingredientes mais simples de toda a matemática; paradoxalmente, é uma das áreas em que o progresso é mais difícil. Quanto mais simples os ingredientes, mais difícil é fazer algo com eles.

Fermat praticamente criou a teoria dos números. Ele assumiu o comando no ponto em que Diofanto o deixara, e quando terminou, o tema já estava praticamente irreconhecível. E em algum momento por volta de 1650 – não sabemos a data exata –, ele devia estar pensando nas triplas pitagóricas quando se perguntou: "Será que conseguimos fazer o mesmo com cubos?."

Assim como o quadrado de um número é o resultado da multiplicação de 2 cópias do mesmo número, o cubo é o resultado do produto de 3 cópias. Ou seja, o quadrado de 5, por exemplo, é $5 \times 5 = 25$, e o cubo de 5 é $5 \times 5 \times 5 = 125$. Podemos escrever esses números de maneira compacta nas formas 5^2 e 5^3, respectivamente. Sem dúvida, Fermat testou algumas possibilidades. Por exemplo, a soma dos cubos de 1 e 2 forma um cubo? Nesse caso, os cubos são 1 e 8, portanto sua soma é 9. Trata-se de um quadrado, mas não de um cubo: nada feito.

Ele certamente notou que podemos chegar bem perto. O cubo de 9 é 729; o cubo de 10 é 1 mil; sua soma é 1.729. Isso é *muito próximo* do cubo de 12, que é 1.728. Errou por um! Ainda assim, nada feito.

Como qualquer matemático, Fermat teria testado números maiores e usado quaisquer atalhos que conseguisse bolar. Nada disso funcionou. Ele finalmente desistiu: não havia encontrado nenhuma solução, e a esta altura já suspeitava de que não haveria nenhuma. A não ser pelo cubo de 0 (que também é 0) e outro cubo qualquer, cuja soma será igual ao cubo qualquer – porém, o que sabemos é que somar zero não faz diferença nenhuma, portanto isso é "trivial", e ele não estava interessado em trivialidades.

Tudo bem, então os cubos não nos levam a nenhuma parte. E quanto ao próximo tipo de número, as 4as potências? Obtemos esses números multiplicando 4 cópias do mesmo número, por exemplo, 3 × 3 × 3 × 3 = 81 é a 4ª potência de 3, escrita como 3^4. Ainda nada a ser feito. De fato, Fermat encontrou uma prova lógica de que não havia soluções para as 4ª potências, a não ser pelas triviais. Muito poucas provas de Fermat sobreviveram, e dentre elas, poucas foram anotadas, mas sabemos como se deu esta prova em particular, que é ao mesmo tempo inteligente e correta. Ela utiliza algumas partes do método de Diofanto para encontrar triplas pitagóricas.

Quintas potências? 6ªˢ potências? Nada, ainda. A esta altura, Fermat estava pronto para fazer uma declaração ousada: "Resolver um cubo na soma de 2 cubos, uma 4ª potência na de duas 4ªˢ potências ou, generalizando, qualquer potência maior que a 2ª em duas potências do mesmo tipo, é impossível". Isto é: a única situação em que podemos encontrar duas n-ésimas potências cuja soma seja igual a uma n-ésima potência é quando n é igual a 2 e estamos procurando triplas pitagóricas. Foi isso o que ele escreveu na margem do livro, causando tanto alvoroço nos seguintes 350 anos.

A cópia de *Aritmética* em cujas margens Fermat escreveu suas anotações se perdeu. Só o que temos é uma edição do livro preparada posteriormente por seu filho, na qual foram impressas as anotações de Fermat.

O matemático incluiu vários outros trechos da teoria dos números, fascinantes, mas não provados, em cartas e anotações marginais publicadas por seu filho, e os especialistas do mundo assumiram o desafio. Em pouco tempo, todas as declarações de Fermat acabaram por ser provadas – exceto uma, que foi refutada, mas nesse caso, Fermat jamais chegou a afirmar que conhecia uma prova. A única restante foi seu "último teorema" (não o último escrito por ele, apenas o último que restou sem ser provado ou refutado): a anotação na margem sobre as somas de potências semelhantes.

O último teorema de Fermat se tornou notório. Euler provou que não existe nenhuma solução para os cubos. O próprio Fermat fizera o mesmo com relação às 4ªˢ potências. Peter Lejeune Dirichlet lidou com as 5ªˢ potências em 1828 e com as 14ªˢ em 1832. Gabriel Lamé publicou uma prova para as 7ªˢ potências, mas a prova continha um erro. Carl

Friedrich Gauss, um dos maiores matemáticos da história e especialista em teoria dos números, tentou corrigir a tentativa de Lamé, mas falhou e desistiu. Ele escreveu uma carta a um amigo cientista, dizendo que o problema "me desperta pouco interesse, por ser fácil formular uma grande variedade de tais proposições, que não poderemos nem provar nem refutar". No entanto, desta vez o instinto de Gauss falhou: a questão é interessante, e seu caso se parece com o da raposa e as uvas.

Em 1874, Lamé teve uma nova ideia, ligando o último teorema de Fermat a um tipo especial de número complexo – que envolve a raiz quadrada de −1 (ver p.193). Não havia nada de errado com os números complexos, mas o argumento de Lamé trazia um pressuposto oculto, e Ernst Kummer lhe escreveu uma carta, informando-o de que o argumento não se sustentava no caso das 23as potências. Kummer conseguiu corrigir a ideia de Lamé, provando enfim o último teorema de Fermat para todas as potências até a 100^a, exceto 37, 59 e 67. Mais tarde, outros matemáticos solucionaram a questão também para essas potências, até que, em 1980, o último teorema de Fermat estivesse provado para todas as potências até a 125.000^a.

Você poderia pensar que isso já é suficiente, mas os matemáticos são mais preocupados com detalhes que isso. É preciso provar *todas* as potências, ou nenhuma. Os primeiros 125.000 números inteiros são minúsculos em comparação com a infinidade de números que ainda restam. Mas os métodos de Kummer precisavam de argumentos especiais para cada potência, não sendo realmente adequados para tal empreendimento. Era necessária uma *nova ideia*. Infelizmente, ninguém sabia onde procurá-la.

E assim, os teóricos dos números abandonaram o último teorema de Fermat e enveredaram por áreas em que ainda pudessem fazer algum progresso. Uma delas, a teoria das *curvas elípticas*, começou a ficar realmente interessante, mas também bastante técnica. Uma curva elíptica não é uma elipse – se fosse, não precisaríamos inventar um nome diferente para ela. É uma curva no plano cuja coordenada y, quando elevada ao quadrado, é uma fórmula cúbica na coordenada x. Tais curvas, por sua vez, estão ligadas a notáveis expressões que envolvem números complexos, chamadas *funções elípticas*, e que estiveram em voga ao final do século XIX. A teoria das curvas elípticas, e as funções elípticas a elas associadas, se tornou muito profunda e poderosa.

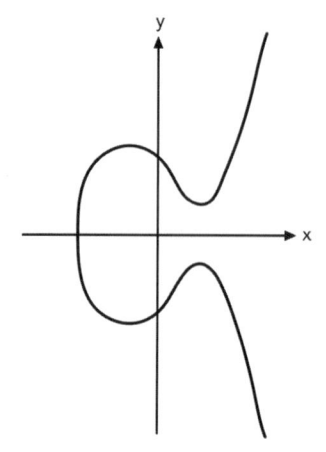

A curva elíptica $y^2 = x^3 - 6x + 6$.

A partir de 1970, vários matemáticos começaram a ter vislumbres de uma estranha conexão entre as curvas elípticas e o último teorema de Fermat. Em termos gerais, se Fermat estivesse errado, e a soma de duas n-ésimas potências pudesse ser igual a outra n-ésima potência, então esses três números determinariam uma curva elíptica. E como a soma de tais potências gera esse resultado, seria uma curva elíptica muito estranha, com uma surpreendente combinação de propriedades. Tão surpreendente, de fato, que sua existência parecia ser amplamente improvável, como ressaltou Gerhard Frey em 1985.

Essa observação abre caminho para uma "prova por contradição", que Euclides chamava de *"reductio ad absurdum"* (redução ao absurdo). Para provar que alguma premissa é verdadeira, começamos assumindo que, pelo contrário, é falsa. Depois deduzimos as consequências lógicas dessa falsidade. Se as consequências contradisserem uma à outra ou a fatos conhecidos, então a premissa de falsidade deveria estar errada – e assim, a premissa deverá ser verdadeira, afinal de contas. Em 1986, Kenneth Ribet utilizou essa ideia para provar que se o último teorema de Fermat fosse falso, então a curva elíptica associada violaria uma conjectura (isto é, um teorema plausível, mas não provado) introduzida pelos matemáticos japoneses Yutaka Taniyama e Goro Shimura. A conjectura Taniyama-Shimura, surgida em 1955, afirma que todas as curvas elípticas estão associadas a uma classe especial de funções elípticas, chamadas *funções modulares*.

A descoberta de Ribet implica que qualquer prova da conjectura Taniyama-Shimura também prova automaticamente – por contradição – o último teorema de Fermat. Pois a suposta falsidade desse teorema nos informa que a curva elíptica de Frey existe de fato, mas a conjectura Taniyama-Shimura nos informa que ela não existe.

Infelizmente, a conjectura Taniyama-Shimura era apenas isso – uma conjectura.

Entra em cena Andrew Wiles. Quando criança, Wiles tinha ouvido falar do último teorema de Fermat e decidiu que, quando crescesse, seria matemático e o provaria. Ele de fato se tornou um matemático, mas a essa altura já havia decidido que o teorema era mais ou menos aquilo de que Gauss se queixava – uma questão isolada que não despertava um grande interesse para as linhas predominantes da matemática atual. Mas a descoberta de Frey mudou tudo. Ela significava que Wiles poderia trabalhar na conjectura Taniyama-Shimura, um problema importante para a matemática atual, e ainda dar cabo do último teorema de Fermat.

No entanto, a conjectura era muito difícil – por isso continuou sendo apenas uma conjectura por 40 anos. Mas tinha boas relações com muitas áreas da matemática, situando-se firmemente no meio de uma área em que as técnicas são muito poderosas: as curvas elípticas. Por sete anos, Wiles trabalhou em seu escritório, experimentando todas as técnicas em que conseguia pensar na tentativa de provar a conjectura Taniyama-Shimura. Quase ninguém sabia que ele estava trabalhando nesse problema; ele queria manter a coisa em segredo.

Em junho de 1993, Wiles deu três palestras no Instituto Isaac Newton, em Cambridge, um dos maiores centros de pesquisa matemática do mundo. O título da série era "Formas modulares, curvas elípticas e representações de Galois", mas os especialistas sabiam que, na verdade, deveriam tratar da conjectura Taniyama-Shimura – e, possivelmente, do último teorema de Fermat. No terceiro dia, Wiles anunciou haver provado a conjectura Taniyama-Shimura, não para todas as curvas elípticas, mas para um tipo especial chamado "semiestável".

A curva elíptica de Frey, se existir, será semiestável. Wiles estava dizendo à plateia que havia provado o último teorema de Fermat.

Mas a coisa não era assim tão simples. Na matemática, nenhuma pessoa recebe o mérito de ter resolvido um grande problema apenas por apresentar umas poucas palestras nas quais afirma ter encontrado a resposta. É preciso publicar as ideias por completo, de modo que todos possam verificar sua correção. E quando Wiles começou esse processo – no qual diversos especialistas percorrem detalhadamente todo o trabalho antes que seja impresso –, surgiram algumas lacunas lógicas. Ele preencheu quase todas rapidamente, mas uma delas parecia muito mais difícil e se negava a desaparecer. Quando correram rumores de que a prova proposta colapsara, o matemático fez uma última tentativa de escorar essa prova cada vez mais instável. E, contrariando as expectativas, foi bem-sucedido. Um dos últimos detalhes técnicos foi apresentado por um de seus antigos alunos, Richard Taylor, e no final de outubro de 1994, a prova foi concluída.

Depois de desenvolvidos os métodos criados por Wiles, a conjectura Taniyama-Shimura foi provada para todas as curvas elípticas, não apenas as semiestáveis. E embora o *resultado* do último teorema de Fermat ainda não passe de uma curiosidade menor – não há nada de importante que dependa do fato de o teorema ser verdadeiro ou falso –, os *métodos* usados para prová-lo se tornaram um acréscimo permanente e importante para o arsenal matemático.

Resta apenas uma questão. Será que Fermat realmente encontrou uma prova válida, como alegou naquela margem? Se o fez, certamente não foi a mesma prova encontrada por Wiles, pois as ideias e métodos necessários simplesmente não existiam naqueles tempos. Uma analogia: hoje em dia, poderíamos erigir pirâmides usando guindastes enormes, mas podemos ter certeza de que, como quer que os egípcios tenham construído as suas pirâmides, não utilizaram maquinaria moderna. Não só por não haver provas da existência de tais máquinas, mas também porque a infraestrutura necessária não poderia ter existido. Se existisse, toda a cultura teria sido diferente. E assim, o consenso entre matemáticos é que aquilo que Fermat pensou ser uma prova possuía, muito provavelmente, uma lacuna lógica que ele deixou passar. Algumas tentativas plausíveis, porém incorretas, teriam sido factíveis na época. Mas não sabemos se a prova de Fermat – se um dia existiu – seguia essa linha. Talvez – apenas talvez – haja uma prova muito mais simples escondida por aí em algum âmbito inexplorado da imaginação matemática, à espera de alguém que se depare com ela.* Já aconteceram coisas mais esquisitas que essa.

• •

Triplas pitagóricas

Não vou conseguir passar sem explicar o método de Diofanto para encontrar todas as triplas pitagóricas, não é mesmo?

Pois bem, aí vai. Tome dois números inteiros quaisquer e calcule:

- O dobro de seu produto
- A diferença entre seus quadrados
- A soma de seus quadrados.

Assim, os 3 números resultantes serão os lados de um triângulo pitagórico.

Por exemplo, tome os números 2 e 1. Então

- O dobro de seu produto = $2 \times 2 \times 1 = 4$
- A diferença entre seus quadrados = $2^2 - 1^2 = 3$
- A soma de seus quadrados = $2^2 + 1^2 = 5$

E obtemos o famoso triângulo 3-4-5. Se em vez disso tomarmos os números 3 e 2, então

- O dobro do seu produto = $2 \times 3 \times 2 = 12$
- A diferença entre seus quadrados = $3^2 - 2^2 = 5$
- A soma de seus quadrados = $3^2 + 2^2 = 13$

E obtemos o segundo triângulo mais famoso, 5-12-13. Se tomarmos os números 42 e 23, por outro lado, ficaremos com

---

* Se você acha que a encontrou, *por favor, não a mande para mim*. Eu já recebo tentativas de provas em excesso, e até agora... Bem, simplesmente não me venha com essa, tudo bem?

- O dobro do seu produto = 2 × 42 × 23 = 1.932
- A diferença entre seus quadrados = $42^2 - 23^2$ = 1.235
- A soma de seus quadrados = $42^2 + 23^2$ = 2.293

Ninguém nunca ouviu falar do triângulo 1.235-1.932-2.293. Mas esses números de fato funcionam no teorema:

$1.235^2 + 1.932^2 = 1.525.225 + 3.732.624 = 5.257.849 = 2.293^2$

A regra de Diofanto tem mais um detalhe. Após termos descoberto os 3 números, podemos escolher qualquer outro número que queiramos e o multiplicar pelos 3. Assim, o triângulo 3-4-5 pode ser convertido em um triângulo 9-12-15 multiplicando-se os três números por 3, ou em 18-24-30 multiplicando-se os três números por 6. Não temos como obter estas duas triplas a partir da prescrição acima usando números inteiros. Diofanto sabia disso.

Curiosidades primas

Os números primos estão entre os mais fascinantes de toda a matemática. Eis algumas curiosidades a seu respeito.

Um número inteiro é *primo* se não for o produto de dois números menores. A sequência de primos começa com

2, 3, 5, 7, 11, 13, 17, 19, 23, 29, 31, 37...

Observe que o 1 foi excluído, por convenção. Os números primos possuem importância fundamental para a matemática, porque todos os números inteiros são produtos de primos – por exemplo,

2.007 = 3 × 3 × 223
2.008 = 2 × 2 × 2 × 251
2.009 = 7 × 7 × 41

Além disso (só os matemáticos se preocupam com esse tipo de coisa, que na verdade tem sua importância e é extremamente difícil de provar), só existe uma maneira de fazer isso, além de rearrumarmos a ordem dos números primos em questão. Por exemplo, 2.008 = 251 × 2 × 2 × 2, mas isso não conta como algo diferente. Essa propriedade é chamada "fatoração única em números primos".

Se você está preocupado com o 1, os matemáticos consideram, como disse, por convenção, que esse número não seja o produto de *nenhum* primo. Desculpe, a matemática às vezes é assim.

Os primos parecem estar espalhados de maneira bastante imprevisível. A não ser pelo 2, são todos ímpares – porque qualquer número par é divisível por 2, portanto não poderá ser primo a menos que seja igual a 2. Da mesma forma, 3 é o único primo que é múltiplo de 3, e assim por diante.

Euclides provou que não existe o maior dentre os primos. Em outras palavras, existem infinitos números primos. Dado qualquer primo p, sempre poderemos encontrar um primo maior. Na verdade, qualquer divisor primo de $p! + 1$ resolve a questão. Neste caso, $p! = p \times (p-1) \times (p-2) \times ... \times 3 \times 2 \times 1$, um produto chamado *fatorial* de p. Por exemplo, $7! = 7 \times 6 \times 5 \times 4 \times 3 \times 2 \times 1 = 5.040$.

O maior primo *conhecido* é outra questão, porque o método de Euclides não é uma maneira prática de gerar novos primos explicitamente. Enquanto escrevo, o maior primo conhecido é

$$2^{43.112.609} - 1$$

que tem 12.978.189 algarismos quando escrito em notação decimal (ver p.161).

Primos gêmeos são pares de primos que diferem em 2 unidades. Alguns exemplos são (3, 5), (5, 7), (11, 13), (17, 19) e assim por diante. A conjectura dos primos gêmeos afirma que há infinitos deles. Essa conjectura é amplamente tida como válida, ainda que jamais tenha sido provada. Ou refutada. Os maiores primos gêmeos conhecidos até o momento são:

$$2.003.663.613 \times 2^{195.000} - 1 \text{ e } 2.003.663.613 \times 2^{195000} + 1$$

que têm 58.711 algarismos cada um.

Em 1994, Thomas Nicely estava investigando primos gêmeos por computador quando notou que seus resultados divergiam de computações prévias. Depois de passar semanas em busca de erros no programa, ele conseguiu rastrear o problema em busca de um defeito no chip do microprocessador Intel® Pentium® até então desconhecido. Nessa época, a Pentium produzia processadores para a maior parte dos computadores do mundo. Veja www.trnicely.net/pentbug/bugmail1.html.

Uma curiosidade pitagórica pouco conhecida

É bem sabido que duas triplas pitagóricas quaisquer podem ser combinadas, formando uma terceira. De fato, se

$$a^2 + b^2 = c^2$$

e

$$A^2 + B^2 = C^2$$

Então:

$$(aA - bB)^2 + (aB + bA)^2 = (cC)^2$$

No entanto, esse método de combinar as triplas pitagóricas tem uma propriedade menos conhecida. Se você pensar nele como uma espécie de "multiplicação" de triplas, poderemos definir que uma tripla é *prima* se não for o produto de duas triplas menores. Então, toda tripla pitagórica é o produto de algumas triplas pitagóricas distintas; além disso, essa "fatoração em primos" das triplas é essencialmente única, a não ser por algumas distinções triviais das quais não tratarei.

O que vemos é que as triplas primas são aquelas nas quais a hipotenusa é um número primo com a forma $4k + 1$ e os dois catetos são diferentes de zero, *ou* aquelas nas quais a hipotenusa é 2 ou um primo na forma $4k +1$ e um dos outros lados é igual a zero (uma tripla "degenerada").

Por exemplo, a tripla 3-4-5 é prima, assim como a tripla 5-12-13, porque ambas as hipotenusas são primos na forma $4k + 1$. A tripla 0-7-7 também é prima. A tripla 33-56-65 não é prima – é o "produto" das triplas 3-4-5 e 5-12-13.

Achei que você gostaria de saber disso.

Século digital

Coloque *exatamente* três símbolos matemáticos entre os algarismos

1 2 3 4 5 6 7 8 9

de modo que o resultado seja igual a 100. Se quiser, você pode repetir o mesmo símbolo, mas cada repetição conta no seu limite de três. Não é permitido reorganizar os algarismos.

Resposta na p.275

A quadratura do quadrado

Todos sabemos que um piso retangular pode ser recoberto por azulejos de igual tamanho – desde que seus lados sejam múltiplos inteiros do tamanho do azulejo. Mas o que ocorre se tivermos que usar azulejos que tenham todos tamanhos *diferentes*?

A primeira "quadratura do retângulo" foi publicada em 1925 por Zbigniew Morón, usando 10 azulejos quadrados de tamanhos 3, 5, 6, 11, 17, 19, 22, 23, 24 e 25.

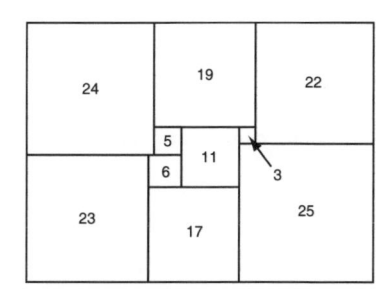

A primeira quadratura do retângulo, de Morón.

Pouco depois, ele encontrou outra quadratura do retângulo usando 9 azulejos quadrados de tamanhos 1, 4, 7, 8, 9, 10, 14, 15 e 18. *Você consegue dispor estes azulejos de modo a formar um retângulo?* Dica: o retângulo tem tamanho 32 × 33.

E quanto a formar um *quadrado* a partir de azulejos quadrados diferentes? Por muito tempo pensou-se que isso fosse impossível, mas em 1939, Roland Sprague encontrou 55 azulejos quadrados diferentes que se encaixavam formando um outro quadrado. Em 1940, quatro matemáticos (Leonard Brooks, Cedric Smith, Arthur Stone e William Tutte – na época, estudantes de graduação do Trinity College, em Cambridge) publicaram um artigo em que relacionavam o problema a redes elétricas – a rede codifica o tamanho dos quadrados e o modo como se encaixam. Esse método levou a novas soluções.

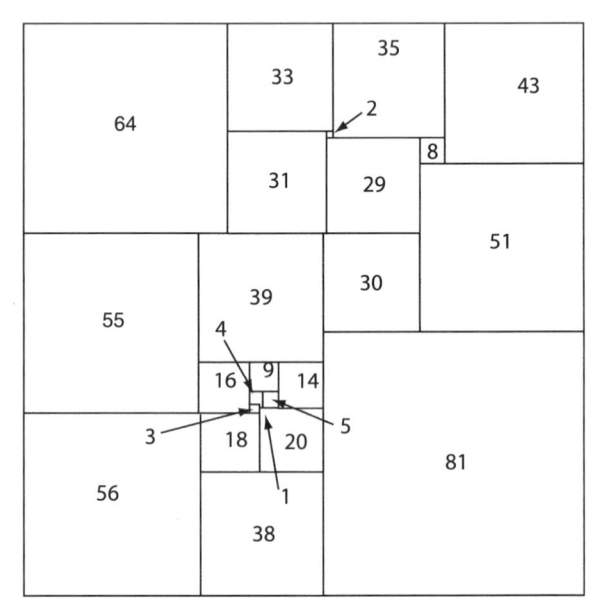

A quadratura do quadrado de Willcocks, com 24 azulejos.

Em 1948, Theophilus Willcocks encontrou 24 quadrados que se encaixavam formando um quadrado. Por algum tempo, pensou-se que nenhum conjunto menor resolveria a tarefa, mas em 1962, Adrianus

Duijvestijn usou um computador para mostrar que bastavam 21 azulejos quadrados, e esse é o número mínimo. Seus tamanhos são 2, 4, 6, 7, 8, 9, 11, 15, 16, 17, 18, 19, 24, 25, 27, 29, 33, 35, 37, 42 e 50. *Você consegue dispor os 21 azulejos de Duijvestijn para formar um quadrado?* Dica: o quadrado tem tamanho 112 × 112.

Finalmente, um problema realmente difícil: você consegue recobrir todo o plano infinito, sem deixar lacunas, usando exatamente um azulejo de tamanho igual a cada número inteiro: 1, 2, 3, 4 e assim por diante? Este problema permaneceu em aberto até 2008, quando Frederick e James Henle provaram que é possível recobrir o plano dessa maneira. Dê uma olhada no artigo "Squaring the plane", que eles publicaram na *American Mathematical Monthly* (volume 115, 2008, p. 3-12).

Para mais informações, veja www.squaring.net.

Respostas na p.275

Quadrados mágicos

Estou aqui como que em uma fissura por quadrados, então deixe-me mencionar a mais antiga de todas as recreações matemáticas "quadradas". Segundo um mito chinês, o imperador Yu, que viveu no terceiro milênio a.C., deparou-se, em um afluente do Rio Amarelo, com uma tartaruga sagrada que tinha estranhas marcas no casco. Essas marcas são atualmente conhecidas como *Lo shu* ("Escrita do rio Lo").

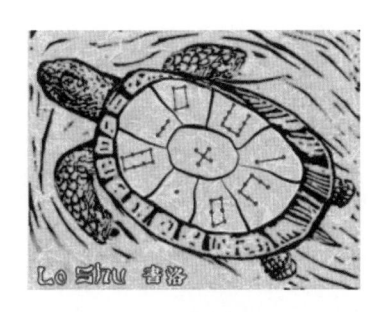

O *Lo Shu*.

As marcas correspondem a números e formam um padrão quadrado.

```
4  9  2
3  5  7
8  1  6
```

Nesse caso, as somas dos números de cada fileira, coluna e diagonal geram o mesmo resultado, 15. Números quadrados com essas propriedades são chamados *mágicos*, e o número em questão é a *constante mágica*. Geralmente, o quadrado é formado por números inteiros sucessivos, 1, 2, 3, 4 etc., mas às vezes essa condição é relaxada.

Melancolia, de Dürer, e seu quadrado mágico.

Em 1514, o artista Albrecht Dürer produziu a gravura *Melancolia*, que continha um quadrado mágico de 4 × 4 (no canto superior direito). Os números na última fileira são 15-14, o ano em que foi produzida a obra. Esse quadrado contém os números

```
16   3   2  13
 5  10  11   8
 9   6   7  12
 4  15  14   1
```

e possui a constante mágica 34.

Usando números inteiros consecutivos 1, 2, 3, ... e considerando que as rotações e reflexões de um quadrado constituem o mesmo quadrado, existem precisamente:

- 1 quadrado mágico de tamanho 3 × 3
- 880 quadrados mágicos de tamanho 4 × 4
- 275.305.224 quadrados mágicos de tamanho 5 × 5

O número de quadrados mágicos de 6 × 6 é desconhecido, mas foi estimado, a partir de métodos estatísticos, como algo em torno de $1{,}77 \times 10^{19}$.

A literatura sobre quadrados mágicos é gigantesca e contém muitas variações, como os cubos mágicos. O site mathworld.wolfram.com/MagicSquare.html é um bom lugar para se pesquisar o tema, mas há muitos outros.

Quadrados de quadrados

Os quadrados mágicos são tão bem conhecidos que não vou me ater muito aos mais comuns, mas algumas de suas variações são mais interessantes. Por exemplo, é possível fazer um quadrado mágico cujas entradas sejam todas quadrados perfeitos diferentes? Chamemos essa construção de um *quadrado de quadrados*. (Claramente, a condição de usar números inteiros *consecutivos* deve ser ignorada!)

Ainda não sabemos se existe um quadrado de quadrados de 3 × 3. O quadrado de Lee Sallows errou por pouco:

127^2	46^2	58^2
2^2	113^2	94^2
74^2	82^2	97^2

Nele, todas as fileiras, colunas e *uma* diagonal têm a mesma soma.

Uma outra tentativa é mágica:

$$\begin{array}{ccc} 373^2 & 289^2 & 565^2 \\ 360.721 & 425^2 & 23^2 \\ 205^2 & 527^2 & 222.121 \end{array}$$

No entanto, apenas 7 entradas são quadradas – marquei as exceções em negrito. Esse quadrado foi encontrado por Sallows e (independentemente) por Andrew Bremner.

Em 1770, Euler enviou a Joseph-Louis Lagrange o primeiro quadrado de quadrados de 4 × 4:

$$\begin{array}{cccc} 68^2 & 29^2 & 41^2 & 37^2 \\ 17^2 & 31^2 & 79^2 & 32^2 \\ 59^2 & 28^2 & 23^2 & 61^2 \\ 11^2 & 77^2 & 8^2 & 49^2 \end{array}$$

que possui a constante mágica 8515.

Christian Boyer encontrou quadrados de quadrados de 5 × 5, 6 × 6 e 7 × 7. O quadrado de 7 × 7 usa quadrados de inteiros consecutivos de 0^2 a 48^2:

$$\begin{array}{ccccccc} 25^2 & 45^2 & 15^2 & 14^2 & 44^2 & 5^2 & 20^2 \\ 16^2 & 10^2 & 22^2 & 6^2 & 46^2 & 26^2 & 42^2 \\ 48^2 & 9^2 & 18^2 & 41^2 & 27^2 & 13^2 & 12^2 \\ 34^2 & 37^2 & 31^2 & 33^2 & 0^2 & 29^2 & 4^2 \\ 19^2 & 7^2 & 35^2 & 30^2 & 1^2 & 36^2 & 40^2 \\ 21^2 & 32^2 & 2^2 & 39^2 & 23^2 & 43^2 & 8^2 \\ 17^2 & 28^2 & 47^2 & 3^2 & 11^2 & 24^2 & 38^2 \end{array}$$

Andando em círculos

A rodovia M25 dá a volta completa ao redor de Londres, e na Grã-Bretanha dirige-se pela esquerda. Portanto, se você estiver viajando em sentido horário por essa via, ficará na pista do lado de fora; por outro lado, se viajar em sentido anti-horário, ficará sempre na pista de dentro, que é mais curta. Mas qual é a diferença de extensão entre as duas? A extensão total da M25 é de 188Km, portanto a vantagem de estar na pista de dentro deveria ser considerável – ou será que não?

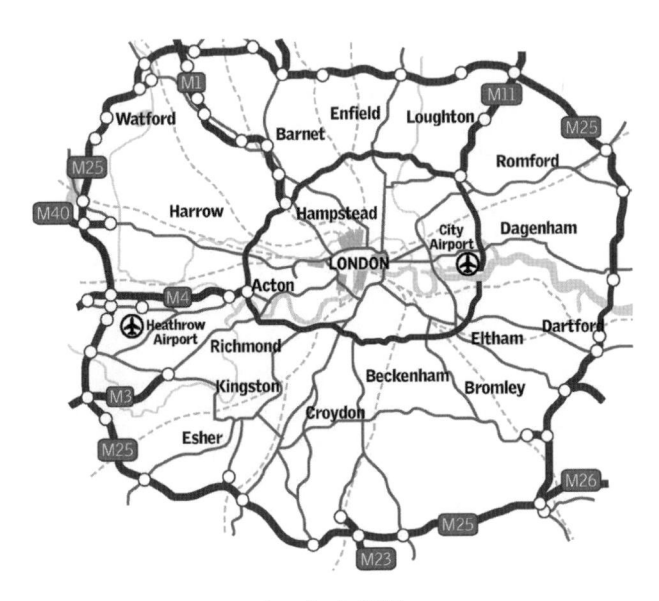

A rodovia M25.

Suponha que dois carros trafeguem ao redor da M25, mantendo-se na pista de fora – não, digamos que sejam dois *caminhões* trafegando ao redor da M25, mantendo-se mais externamente, como eles tendem a fazer. Presuma que um deles está viajando em sentido horário e o outro em sentido anti-horário, e suponha (o que não é inteiramente verdadeiro, mas que torna o problema específico) que a distância entre as duas pistas seja sempre de 10m. Qual será a diferencia de distância percorrida entre os dois caminhões? Presuma também que toda a estrada se situa em um plano (o que também não é inteiramente verdadeiro).

Resposta na p.275

Pura × aplicada

As relações entre os matemáticos puros e aplicados se baseiam em confiança e compreensão. Os matemáticos puros não confiam nos matemáticos aplicados, e os aplicados não compreendem os puros.

Hexágono mágico

Os hexágonos mágicos são como quadrados mágicos, mas utilizam uma disposição hexagonal de hexágonos, como em um favo de mel:

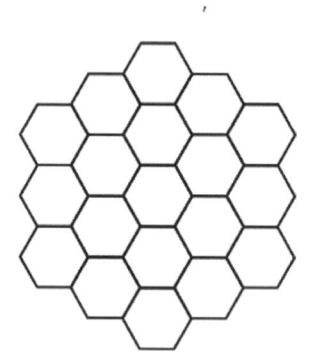

A grade do hexágono mágico.

Sua tarefa é colocar os números de 1 a 19 nos hexágonos de modo que a soma de qualquer linha reta de 3, 4 ou 5 células, em qualquer das 3 direções, sempre gere a mesma constante mágica; já posso adiantar que essa constante deve ser igual a 38.

Resposta na p.277

Pentalfa

Este quebra-cabeça geométrico ancestral é fácil se você o enxergar da maneira correta; caso contrário, é desconcertante.

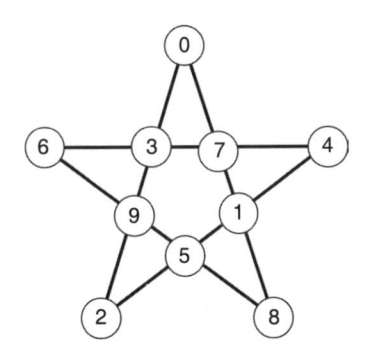

Siga as regras para colocar as nove peças.

Você tem 9 peças que devem ser colocadas nos círculos de uma estrela de 5 pontas. Numerei aqui os círculos para ajudar a explicar a solução. No jogo real, não há nenhum número. As peças sucessivas devem ser posicionadas da seguinte maneira: coloque uma em um círculo vazio, salte por sobre um círculo adjacente (que pode estar vago ou ocupado) e caia em um círculo vazio adjacente ao que foi saltado, de modo que todos os 3 círculos em questão estejam na mesma linha reta. Por exemplo, se os círculos 7 e 8 estiverem desocupados, você poderá colocar uma peça no 7 e saltar por sobre o 1, caindo no 8. Neste caso, o 1 pode estar vago ou ocupado – não importa. Mas você não pode saltar do 7 por sobre o 1 e cair no 4 ou no 5, porque neste caso os 3 círculos não estão na mesma reta.

Se você tentar colocar as peças aleatoriamente, em geral acabará sem pares de círculos vagos antes de concluir o quebra-cabeça.

Resposta na p.278

Padrões de parede

O desenho de um papel de parede repete a mesma imagem em duas direções: de cima para baixo e transversalmente ao longo da superfície (ou de um canto). A repetição vertical ocorre porque o papel é impresso em um rolo contínuo, usando-se um cilindro giratório para criar o desenho. A repetição transversal possibilita a continuação do desenho para os lados, pelas faixas adjacentes de revestimento, de modo a cobrir todo o espaço. Uma "queda" de um painel para o seguinte não causa nenhum problema, e na verdade, pode facilitar a aplicação do papel.

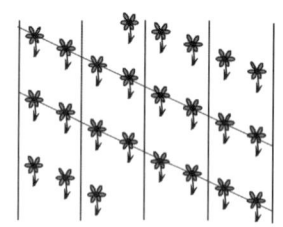

Os desenhos de papéis de parede se repetem em duas direções.

O número de *desenhos* possíveis para o papel de parede é efetivamente infinito. Mas desenhos diferentes podem ter o mesmo padrão subjacente, só o que muda é a imagem básica a ser repetida. Por exemplo, a flor no desenho acima poderia ser substituída por uma borboleta, um pássaro ou uma figura abstrata. Assim, os matemáticos distinguem padrões *essencialmente* diferentes com base em suas simetrias. Quais são as maneiras diferentes pelas quais podemos inclinar a mesma imagem básica, girá-la ou até mesmo invertê-la (como em um espelho) de modo que o resultado final seja igual ao inicial?

Em meu padrão de flores, as únicas simetrias são as inclinações ao longo das duas direções nas quais a imagem básica se repete, ou muitas dessas inclinações executadas em sequência. Esse é o tipo mais simples de simetria, mas há simetrias mais elaboradas, que também envolvem rotações e reflexões. Em 1924, George Pólya e Paul Niggle provaram que há exatamente 17 tipos diferentes de simetria em padrões de papéis de parede – surpreendentemente poucas.

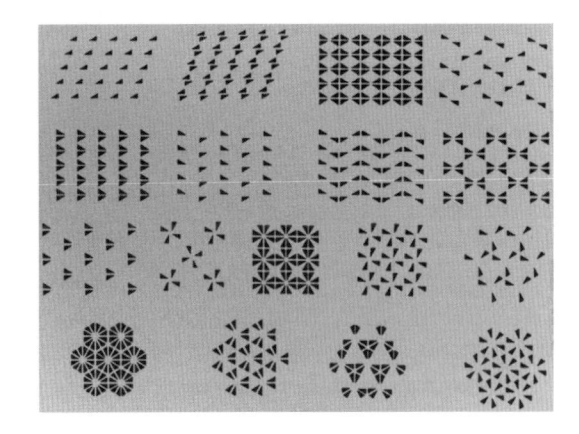

Os 17 tipos de padrões de papéis de parede.

Em 3 dimensões, o problema correspondente consiste em citar todas as simetrias possíveis nas estruturas atômicas de cristais. Nesse caso, há 230 tipos. Curiosamente, essa resposta foi descoberta antes que qualquer pessoa resolvesse a versão bidimensional do problema, ligada ao papel de parede, que é muito mais fácil.

Qual era a idade de Diofanto?

Algumas páginas atrás, na seção sobre o último teorema de Fermat, mencionei Diofanto de Alexandria, que viveu ao redor de 250 d.C. e escreveu um famoso livro sobre equações, o *Aritmética*. Isso é praticamente tudo o que sabemos sobre ele, a não ser por uma fonte posterior que cita sua idade – presumindo que seja autêntica. A fonte diz o seguinte:

A infância de Diofanto durou 1/6 de sua vida. Sua barba começou a crescer 1/12 depois. Casou-se depois de mais 1/7. Seu filho nasceu 5 anos depois. O filho viveu até a metade da idade do pai. Diofanto morreu 4 anos depois do filho. Com quantos anos morreu Diofanto?

Resposta na p.278

Se você achava que os matemáticos eram bons em aritmética...

Ernst Kummer foi um algebrista alemão responsável pelos melhores trabalhos sobre o último teorema de Fermat antes da era moderna. No entanto, era ruim em aritmética, e, assim, sempre pedia a seus alunos que fizessem o cálculo por ele. Certa vez, ele precisava calcular 9 × 7.

– Hmm... nove vezes sete são... nove vezes... sete... são...
– Sessenta e um – sugeriu um aluno. Kummer escreveu esse valor no quadro.
– Não, professor! São 67! – disse outro.
– Vamos lá, cavalheiros – disse Kummer. – Não pode ser ambos. Tem que ser um ou o outro.

A esfinge é um réptil

Bem, na verdade é um *rep-tile*, que não é exatamente a mesma coisa que o termo em inglês para réptil. Essa é a abreviatura do termo "*replicating tile*" ("ladrilho replicante"), que se refere a uma forma que surge – ampliada – quando diversas cópias dela mesma são encaixadas. O mais óbvio desses ladrilhos é um quadrado.

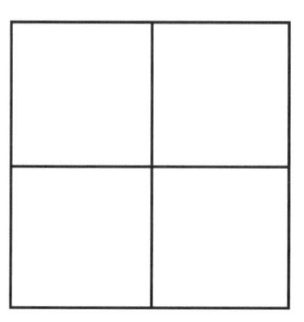

Quatro ladrilhos quadrados formam um quadrado maior.

No entanto, há muitos outros, como estes:

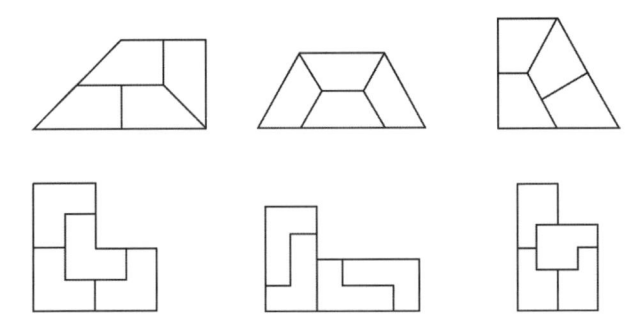

Ladrilhos replicantes mais interessantes.

Um caso famoso é o da *esfinge*. Você consegue montar 4 cópias de uma esfinge para formar uma esfinge maior? Você pode girar alguns dos ladrilhos, se quiser.

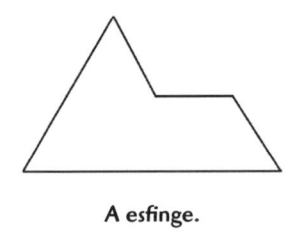

A esfinge.

Resposta na p.279

Seis graus de separação

Em 1998, Duncan Watts e Steven Strogatz publicaram um artigo na revista científica *Nature* sobre "redes em pequenos mundos". São redes nas quais certas pessoas estão especialmente bem conectadas às outras. Esse artigo desencadeou uma grande quantidade de pesquisas, nas quais as mesmas ideias foram aplicadas a redes reais, como a internet e a transmissão epidêmica de doenças.

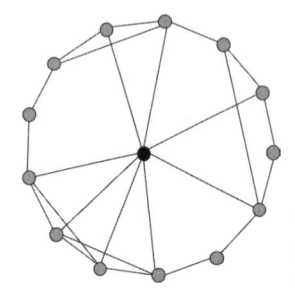

Uma rede em pequeno mundo. A pessoa ao centro, marcada em preto, está conectada a muitas outras, diferentemente das demais, marcadas em cinza.

A história começou em 1967, quando o psicólogo Stanley Milgram preparou 160 cartas com o nome de seu corretor de ações no envelope – mas sem o endereço. Ele então "perdeu" as cartas, de modo que qualquer transeunte pudesse encontrá-las e, na esperança de Milgram, repassá-las a seu corretor. Muitas das cartas chegaram obedientemente ao escritório do corretor, e quando chegaram, o fizeram em no máximo 6 etapas. Isso levou Milgram à ideia de que estamos conectados a todas as demais pessoas do planeta por, no máximo, 5 intermediários – 6 graus de separação.

Eu estava explicando o artigo da *Nature* e seu contexto a meu amigo Jack Cohen, na sala comum do departamento de matemática. O chefe do nosso departamento passou por nós, parou e disse:

– Nada a ver! Jack, quantos graus existem entre você e um pastor de iaques da Mongólia?

A resposta instantânea de Jack foi:

– Um!

Ele então explicou que a pessoa que ocupava o escritório vizinho ao seu era uma ecologista que trabalhara no país asiático. Esse tipo de coisa costuma acontecer com o Jack, porque ele é uma dessas pessoas especialmente bem conectadas que permitem a existência dessas redes. Por exemplo, ele faz com que eu e o chefe do meu departamento estejamos apenas a 2 graus de distância de um pastor de iaques da Mongólia.

Você pode explorar esse fenômeno usando o oráculo de Bacon, no site oracleofbacon.org. Kevin Bacon é um ator que apareceu em muitos filmes. Qualquer pessoa que tenha aparecido no mesmo filme que Kevin tem um *número de Bacon* igual a 1. Quem tiver participado do mesmo filme de alguém que tenha número de Bacon igual a 1 terá um número de Bacon igual a 2, e assim por diante. Se Milgram estava certo, praticamente todos os atores (neste caso, os filmes são o "mundo" relevante) têm número de Bacon igual a 6 ou menos. No oráculo, quando você digita o nome de um ator, o site informa seu número de Bacon e os filmes que formam as ligações. Por exemplo:

- Michelle Pfeiffer apareceu em *De caso com a máfia*, de 1988, com:
- Oliver Platt, que apareceu em *Frost/Nixon*, de 2008, com:
- Kevin Bacon

Portanto Michelle tem um número de Bacon igual a 2.

Não é fácil encontrar alguém com número de Bacon maior que 2! Um deles é

- O brasileiro Tony Ramos, que trabalhou em *Bufo & Spallanzani*, de 2001, com:
- Matheus Nachtergaele, que apareceu em *12 horas até o amanhecer*, de 2006, protagonizado por:
- Brendan Fraser, que apareceu em *Ligados pelo crime*, de 2007, com:
- Kevin Bacon

Portanto, Tony tem número de Bacon igual a 3.[*]

Os matemáticos têm sua própria versão do oráculo de Bacon. A nossa é centrada na falecido Paul Erdös. Erdös escreveu mais artigos em parceria que qualquer outro matemático, portanto a brincadeira é a mesma, mas as ligações são as parcerias em artigos científicos. Meu número de Erdös é 3, porque

---

[*] Obviamente, esses valores são dinâmicos e se alteram a cada novo filme em que um ator se insira. E também parece claro que atores de fora dos Estados Unidos tendem a ter números de Bancon maiores. O site permite ainda que se refine a busca, acrescentando não apenas filmes, como também participações em programas de TV, videogames e lançamentos diretamente para o mercado de vídeo. Nesse caso, a probabilidade de um número de Bacon bem menor se amplia muito. (N.E.)

- Escrevi um artigo em parceria com:
- Marty Golubitsky, que escreveu um artigo em parceria com:
- Bruce Rothschild, que escreveu um artigo em parceria com:
- Paul Erdös

E não existe nenhuma cadeia mais curta. Um dos meus antigos alunos, que escreveu um artigo em parceria comigo mas com mais ninguém, tem número de Erdös igual a 4.

Geralmente, o número de pessoas que participam de um mesmo filme é maior que o de pessoas que escrevem um mesmo artigo científico em matemática – embora não se possa dizer o mesmo sobre certas áreas da biologia ou da física. Portanto, é de se esperar que os números de Erdös tendam a ser, de modo geral, maiores que os números de Bacon. Todos os matemáticos com número de Erdös igual a 1 ou 2 estão listados em www.oakland.edu/enp.

Trissectores, cuidado!

Euclides nos ensina a bissectar um ângulo – dividi-lo em 2 partes iguais. Repetindo esse método, podemos dividir qualquer ângulo em 4, 8, 16, ..., $2n$ partes iguais... Mas Euclides não nos explica como *trissectar* um ângulo – dividi-lo em 3 partes iguais. (Ou *quinquissectar*, em 5 partes iguais, ou...)

Tradicionalmente, as construções euclidianas são realizadas usando-se apenas dois instrumentos – uma régua idealizada, sem marcações de medida, com a qual podemos desenhar uma linha reta, e um compasso idealizado, com o qual podemos desenhar uma circunferência. A questão é que esses instrumentos são inadequados para a trissecção de ângulos, mas a prova desse fato só viria em 1837, quando Pierre Wantzel usou métodos algébricos para mostrar que nenhuma trissecção do ângulo de 60° era possível usando-se apenas régua e compasso. Resolutos, muitos amadores continuam a procurar trissecções. Portanto, talvez valha a pena explicar por que elas não existem.

Qualquer ponto pode ser construído de maneira aproximada, mas a aproximação pode ser tão precisa quanto queiramos. É fácil – em princípio – trissectar um ângulo com precisão de, digamos, um trilionésimo de grau. O problema matemático não trata de soluções práticas: trata da existência, ou não, de soluções infinitamente precisas. Trata também de sequências *finitas* de aplicações da régua e do compasso: se permitirmos aplicações infinitas, novamente poderemos construir qualquer ponto – desta vez, com exatidão.

A principal característica das construções euclidianas é sua capacidade de formar raízes quadradas. A repetição de uma operação leva a combinações complicadas de raízes quadradas de valores que envolvem raízes quadradas de... bem, você entendeu a ideia. Mas isso é tudo o que podemos fazer com os instrumentos tradicionais.

Voltando-nos à álgebra, para encontrarmos as coordenadas de tais pontos, começamos com números racionais e calculamos repetidamente as raízes quadradas. Qualquer desses números satisfaz a algum tipo de equação algébrica. A maior potência da variável presente na equação (ou seja, o *grau* da equação) deve ser o quadrado, ou a 4ª potência, ou a 8ª potência... isto é, o grau deve ser uma potência de 2.

Um ângulo de 60° pode ser formado a partir de 3 pontos construíveis: $(0, 0)$, $(1, 0)$ e $(\frac{1}{2}, \frac{\sqrt{3}}{2})$, que se encontram na circunferência de raio unitário (raio 1, com centro na origem do sistema de coordenadas). Trissectar esse ângulo equivale a construir um ponto (x, y) no qual a reta a 20° do eixo horizontal cruza essa circunferência. Usando a trigonometria e a álgebra, a coordenada x desse ponto é uma solução de uma equação *cúbica* com coeficientes racionais. De fato, x satisfaz a equação $8x^3 - 6x - 1 = 0$. Mas o grau de uma cúbica é 3, que não é uma potência de 2. Contradição – portanto, nenhuma trissecção é possível. Sim, você pode chegar o mais perto que quiser, mas nunca com exatidão.

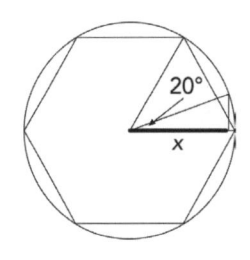

Trissectar 60° é equivalente a construir x.

Os trissectores geralmente procuram o método impossível mesmo já tendo ouvido falar da prova de Wantzel. Eles dizem coisas como: "Eu sei que é impossível algebricamente, mas e geometricamente?" A prova de Wantzel, entretanto, nos mostra que não existe solução geométrica. Ela utiliza *métodos* algébricos para fazê-lo, mas a álgebra e a geometria são partes mutuamente consistentes da matemática.

Eu sempre digo a candidatos a trissectores que, caso pensem ter encontrado uma trissecção, uma consequência direta será que 3 é um número par. Eles realmente querem entrar para a história com uma afirmação como essa?

Se as condições do problema forem relaxadas, poderemos encontrar muitas trissecções. Arquimedes sabia de uma trissecção que utilizava uma régua com apenas duas marcações. Os gregos chamavam esse tipo de técnica de construção por *neusis*. Consiste em deslizar a régua de modo que as marcas caiam em duas curvas dadas – neste caso, uma reta e uma circunferência:

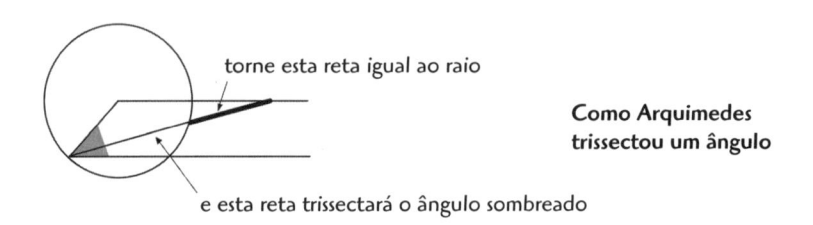

torne esta reta igual ao raio

Como Arquimedes trissectou um ângulo

e esta reta trissectará o ângulo sombreado

Cubos de Langford

O matemático escocês C. Dudley Langford estava vendo seu filho pequeno brincar com 6 blocos coloridos – 2 de cada cor. Langford notou que o menino os arrumara de modo que os 2 blocos amarelos (por exemplo) ficaram separados por 1 bloco, os 2 blocos azuis ficaram separados por 2 blocos e os 2 blocos vermelhos ficaram separados por 3 blocos. Aqui, usei o branco para representar o amarelo, o cinza para representar o azul e o preto para representar o vermelho:

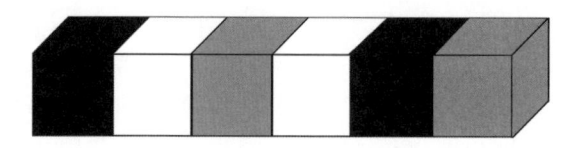

Os cubos de Langford.

Entre os blocos brancos, temos apenas 1 bloco (que calha de ser cinza). Entre os blocos cinzas, há 2 blocos (um preto, o outro branco). E entre os blocos pretos há 3 blocos (2 brancos e 1 cinza). Langford pensou no assunto e conseguiu provar que esse é o único arranjo possível, a não ser por sua reflexão da direita para a esquerda.

Ele se perguntou se poderíamos fazer o mesmo com mais cores – como 4. E descobriu que, novamente, só existe um arranjo, além de sua reflexão. Você consegue encontrá-lo? A maneira mais simples de trabalhar no quebra-cabeça é usar cartas em vez de blocos. Pegue dois ases, dois 2s, dois 3s e dois 4s. Você consegue enfileirar as cartas de modo a ficar com exatamente uma carta entre os dois ases, duas cartas entre os dois 2s, três cartas entre os dois 3s e quatro cartas entre os dois 4s?

Não existem arranjos semelhantes com cinco ou seis pares de cartas, mas existem 26 arranjos como esse com 7 pares. De maneira mais geral, há soluções se, e somente se, o número de pares for múltiplo de 4 ou se for uma unidade a menos que um múltiplo de 4. Não existe nenhuma fórmula conhecida para descobrir o número de soluções, mas em 2005, Michael Krajecki, Christophe Jaillet e Alain Bui fizeram um computador trabalhar por 3 meses seguidos e descobriram que há precisamente 46.845.158.056.515.936 arranjos diferentes para 24 pares.

Resposta na p.279

Duplicando o cubo

Vou mencionar rapidamente outro problema com cubos: o terceiro dos famosos "problemas geométricos da Antiguidade". Sua fama não chega nem perto da dos outros dois – a trissecção do ângulo e a quadratura do círculo. O problema tradicional nos desafia a duplicar o volume de um altar que tem a forma de um cubo perfeito. Isso equivale a construir uma reta de comprimento $\sqrt[3]{2}$ a partir dos pontos racionais do plano. O comprimento desejado satisfaz outra equação cúbica, desta vez a mais óbvia, $x^3 - 2 = 0$. A duplicação do cubo é impossível pelo mesmo motivo que a trissecção do ângulo, como ressaltou Pierre Wantzel em seu artigo de 1837. Os duplicadores de cubos são tão raros que raramente nos deparamos com um.* Trissectores não. Eles estão por toda parte.

Estrelas mágicas

Eis uma estrela de 5 pontas. É uma estrela *mágica*, porque a soma dos números contidos nos 4 círculos de qualquer linha gera o mesmo total, 24. Mas não é um pentagrama muito bom, porque não utiliza os números de 1 a 10. Em vez disso, usa os números de 1 a 12, deixando de fora os números 7 e 11.

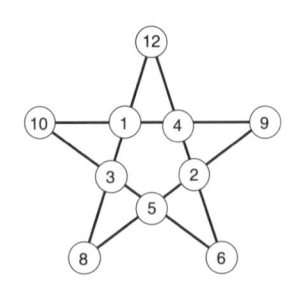

**Estrela mágica de cinco pontas.
Os números não são consecutivos.**

---

* Embora não devamos nos esquecer de Edwin J. Goodwin, cujo trabalho sobre a quadratura do círculo quase causou um grande tumulto em Indiana (p.33).

De fato, isso é o melhor que podemos fazer com uma estrela de 5 pontas. Mas se usarmos uma estrela de 6 pontas, poderemos colocar os números de 1 a 12 nos círculos, usando um de cada, de modo que cada linha de 4 números gere o mesmo total. (Dica: esse total tem que ser 26.) Além disso, para dificultar o quebra-cabeça, quero que você faça com que os 6 números situados nas pontas da estrela também somem 26.

Como devem ser dispostos os números?

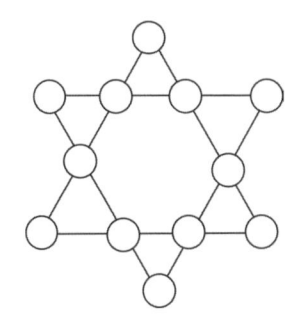

Escreva os números de 1 a 12 nos círculos para que esta estrela seja mágica.

Resposta na p.279

Curvas de largura constante

A circunferência tem a mesma largura em qualquer orientação. Se a colocarmos entre duas retas paralelas, poderemos girá-la em qualquer posição. Esse é um dos motivos pelos quais a roda é circular, e é por isso que troncos circulares giram facilmente.

Mas será que a circunferência é a *única* curva com essa propriedade?

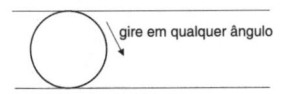

Seria a circunferência a única curva assim?

Resposta na p.279

Conectando cabos

Você consegue conectar a geladeira, o fogão e a lava-louças às 3 tomadas correspondentes, usando cabos que não atravessem as paredes da cozinha nem nenhum dos eletrodomésticos, de modo que os cabos não se cruzem?

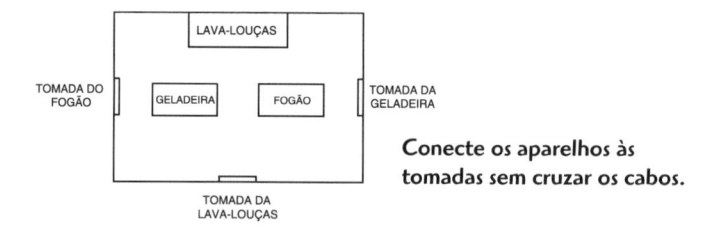

Conecte os aparelhos às tomadas sem cruzar os cabos.

No espaço tridimensional habitual, este quebra-cabeça é um pouco artificial, mas em duas dimensões trata-se de um problema genuíno, como qualquer habitante de Planolândia poderá lhe explicar. Uma cozinha sem portas é um problema ainda maior, mas deixa para lá.

Respostas na p.280

Troca de moedas

A primeira figura mostra 6 moedas de prata, A, C, E, G, I e K e 6 moedas de ouro, B, D, F, H, J e L. A sua tarefa é mover as moedas para a disposição mostrada na segunda figura. Cada movimento deve consistir em uma troca entre uma moeda de prata e uma moeda de ouro adjacente; duas moedas são adjacentes se estiverem unidas por uma linha reta. Sabe-se que o menor número de movimentos que resolve este quebra-cabeça é 17. Você consegue encontrar uma solução em 17 jogadas?

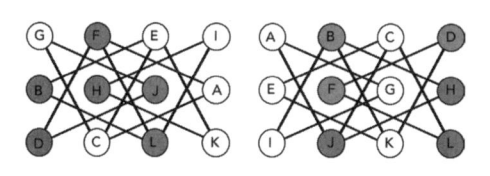

Mova as moedas da primeira posição para a segunda.

Respostas na p.280

O carro roubado

Alan Ternagem comprou um carro usado por $900 e o anunciou no jornal local por $2.900. Um cavalheiro idoso de aparência respeitável, vestido de padre, bateu à sua porta e perguntou sobre o carro, comprando-o pelo preço pedido. No entanto, equivocou-se ao escrever o cheque, preenchendo-o no valor de $3.000, e era a última folha do talão.

O problema é que Ternagem não tinha dinheiro em casa, portanto deu um pulo na banca de jornais de Desiré Vista, sua amiga, que lhe trocou o cheque. Ternagem deu os $100 de troco ao padre. No entanto, quando Desiré tentou descontar o cheque no banco, ele voltou sem fundos. Para conseguir pagar à dona da banca de jornais, Ternagem foi obrigado a pegar $3.000 emprestados com outro amigo, Haroldo O. Nesto.

Depois que conseguiu pagar essa outra dívida, Ternagem se queixou clamorosamente:

– Perdi $2.000 de lucro no carro, $100 de troco, $3.000 que paguei à dona da banca de jornais e mais $3.000 que paguei a Haroldo O. Nesto. Isso dá $8.100!

Quanto dinheiro ele perdeu, na verdade?

Respostas na p.280

Espaço preenchido por curvas

Geralmente pensamos que uma curva é muito mais "fina" que, digamos, o interior de um quadrado. Por muito tempo, os matemáticos pensaram que, como uma curva é unidimensional e um quadrado é bidimensional, deveria ser impossível fazer com que uma curva passe por todos os pontos dentro de um quadrado.

Não é bem assim. Em 1890, o matemático italiano Giuseppe Peano descobriu justamente uma curva capaz de *preencher o espaço*. Era infinitamente longa e infinitamente ondulada, mas ainda assim se encaixava no conceito de curva – que é basicamente uma espécie de linha retorcida. Neste caso, *muito* retorcida. Um ano depois, o matemático alemão

David Hilbert encontrou outra. Tais curvas são complicadas demais para que as desenhemos – se conseguíssemos, seria o mesmo que desenhar um quadrado preto sólido, como o da figura à esquerda. Os matemáticos definem as curvas capazes de preencher o espaço utilizando um processo passo a passo que introduz cada vez mais ondulações. Em cada etapa, as novas ondulações são mais detalhadas que as anteriores. A figura à direita mostra a 5ª etapa do processo de construção de uma curva de Hilbert.

A curva de Hilbert, capaz de preencher o espaço, e uma aproximação.

Há uma excelente animação que mostra os passos sucessivos da construção de uma curva de Hilbert: en.wikipedia.org/wiki/Hilbert_curve. Podemos usar curvas semelhantes para preencher um cubo sólido e também qualquer análogo de um cubo em qualquer dimensão. E, assim, exemplos como esses forçaram os matemáticos a repensar certos conceitos básicos, como justamente o de "dimensão". Foi sugerido que as curvas capazes de preencher o espaço poderiam formar a base de um método eficiente para a pesquisa computadorizada de bancos de dados.

Compensando erros

O professor passa à classe um problema de adição que envolve 3 números inteiros positivos ("positivo", aqui, significa "maior que zero"). Durante o intervalo, dois colegas comparam suas anotações.

– Opa! Eu somei os números em vez de multiplicá-los – diz George.

– Você está com sorte, então – diz Henrietta. – A resposta é a mesma.

Quais eram os 3 números? E quais seriam se fossem apenas 2 números, ou se fossem 4, cuja soma também seja igual ao produto?

Respostas na p.281

A roda quadrada

Raramente vemos uma roda quadrada, mas não porque uma delas não possa rodar sem que o veículo sacoleje. Rodas circulares são ótimas em estradas planas. Para rodas quadradas, basta conseguirmos uma estrada de formato diferente:

Uma bicicleta de rodas quadradas se mantém estável nesta estrada acidentada.

Na verdade, a forma necessária é uma série de arcos invertidos de uma catenária. Uma catenária é uma curva em forma de U como a que ocorre em uma corrente pendurada. Se os arcos se encontrarem em ângulo reto, um quadrado do tamanho apropriado se encaixará perfeitamente, e seu centro se manterá em um nível estável com o movimento da bicicleta. Nota-se que praticamente qualquer formato de roda serviria, desde que tivéssemos o tipo certo de estrada por onde andar. Reinventar a roda é fácil. Quero ver é reinventar a estrada.

Por que não se pode dividir por zero?

Em geral, qualquer número pode ser dividido por qualquer outro número – a não ser quando estamos tentando dividir um número por zero. A "divisão por zero" é proibida. Até mesmo nossas calculadoras mostram mensagens de erro se tentarmos. Por que o zero é um pária nas operações de divisão?

A dificuldade não está na impossibilidade de *definir* a divisão por zero. Poderíamos, por exemplo, insistir em que o resultado da divisão de qualquer número por zero é 42. O que não podemos é fazer esse tipo de definição e ainda esperar que todas as regras habituais da aritmética continuem a funcionar corretamente. A partir dessa definição reconhecidamente tola, poderíamos começar com $1/0 = 42$ e aplicar as regras convencionais da aritmética para deduzir que $1 = 42 \times 0 = 0$.

Antes de nos preocuparmos com a divisão por zero, temos que concordar quanto às regras às quais a divisão obedecerá. A divisão geralmente é apresentada como algo oposto à multiplicação. O que é 6 dividido por 2? É qualquer número que, multiplicado por 2, dá 6. A saber, 3. Portanto, as duas premissas

$$6/2 = 3 \quad \text{e} \quad 6 = 2 \times 3$$

são logicamente equivalentes. E 3 é o único número que funciona no cálculo, portanto 6/2 é unívoco.

Infelizmente, essa abordagem nos leva a grandes problemas quando tentamos definir a divisão por zero. Quanto é 6 dividido por 0? É qualquer número que, multiplicado por 0, dá 6. A saber... ah... *Qualquer número multiplicado por 0 dá 0. Não temos como obter 6.*

E assim, 6/0 está descartado. O mesmo ocorre com qualquer outro número dividido por 0, a não ser – talvez – o próprio 0. E quanto a 0/0? Geralmente, se dividimos um número por si mesmo, o resultado é 1. Assim, poderíamos definir que $0/0 = 1$. Agora, $0 = 1 \times 0$, portanto a relação com a multiplicação funciona desta vez. Ainda assim, os matemáticos insistem na ideia de que 0/0 não faz sentido. O que os preocupa neste caso é uma outra regra da aritmética. Suponha que $0/0 = 1$. Então

$$2 = 2 \times 1 = 2 \times (0/0) = (2 \times 0)/0 = 0/0 = 1$$

Opa!

O principal problema é que, como qualquer número multiplicado por 0 é igual a 0, deduzimos que 0/0 também poderá ser qualquer outro número. Se as regras da aritmética funcionam, e a divisão é o oposto da multiplicação, então 0/0 pode assumir qualquer valor numérico. Não é um valor único. Então, é melhor evitá-lo.

Espere aí – quando dividimos por zero, o resultado não é *infinito*?

Sim, às vezes os matemáticos usam essa convenção. Mas quando o fazem, precisam verificar muito cuidadosamente sua lógica, porque "infinito" é um conceito muito traiçoeiro. Seu significado depende do contexto e, em particular, não podemos presumir que seu comportamento será igual ao de qualquer número corriqueiro.

E mesmo quando o infinito faz sentido, 0/0 ainda provoca dores de cabeça.

Cruzando o rio 2 – Desconfiança conjugal

Você se lembra da carta de Alcuin a Carlos Magno (p.28) e do problema lobo, cabra, repolho? A mesma carta continha um problema mais complicado sobre como cruzar um rio que talvez tenha sido inventado por Beda, o Venerável, cerca de 50 anos antes. Tornou-se famoso na compilação feita por Claude-Gaspar Bachet no século XVII, *Problemas agradáveis e deleitáveis*, no qual é apresentado como um problema sobre maridos ciumentos que não querem deixar as esposas na companhia de outros homens.

O enunciado é o seguinte. Três maridos ciumentos e suas mulheres precisam cruzar um rio e encontram um barco sem barqueiro. O barco só pode carregar 2 deles de cada vez. Como podem fazer para que todos cruzem o rio, de modo que nenhuma esposa seja deixada na companhia de outros homens sem que o marido esteja presente?

Tanto os homens como as mulheres podem remar. Todos os maridos são ciumentos ao extremo: não aceitam deixar suas mulheres desacompanhadas na presença de outro homem, *mesmo que a esposa do outro homem também esteja presente*.

Resposta na p.281

Por que és tu, Borromeu?

Podemos unir 3 anéis de modo que, se qualquer um deles for ignorado, os outros 2 se separem. Isto é, nenhum par de anéis está ligado, apenas os 3 ao mesmo tempo. Esse arranjo é geralmente conhecido como os *anéis de Borromeu*, em referência à família Borromeu, da Itália renascentista, que os usava em seu brasão. No entanto, ele é muito mais antigo, podendo ser encontrado em relíquias viking do século VII. Até mesmo na Itália renascentista, remonta à família Sforza. Francesco Sforza permitiu que os Borromeu utilizassem os anéis em seu brasão de armas como agradecimento por seu apoio durante a defesa de Milão.

Emblema da família Borromeu e seu uso (abaixo, à esquerda do centro) no brasão de armas.

Em Isola Bella, uma das três ilhas do lago Maggiore, de propriedade da família Borromeu, há um palácio barroco do século XVII construído por Vitaliano Borromeu. Ali pode-se ver o emblema com os 3 anéis em diversas localidades, tanto dentro como fora do castelo. Um observador cuidadoso (como um topólogo) descobriria que os anéis ilustrados na ilha estão ligados de várias maneiras topologicamente distintas, das quais apenas uma possui a característica fundamental de não trazer nenhum par de anéis ligados, ainda que os três anéis se liguem entre si:

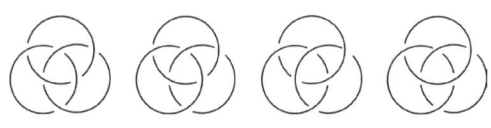

Quatro variações dos anéis de Borromeu encontradas no palácio da família.

A versão final da figura é a canônica. Está gravada em um piso e também aparece no jardim. A segunda aparece nos bilhetes de entrada e em alguns dos vasos de plantas. Um brasão da família no alto da escadaria principal traz o terceiro padrão. Conchas marinhas pretas e brancas no piso de uma gruta sob o *palazzo* formam o quarto padrão. Para maiores informações, visite www.liv.ac.uk/~spmr02/rings/.

Observe as quatro versões e explique por que são topologicamente diferentes.

Você consegue encontrar um arranjo análogo entre 4 anéis, de modo que se qualquer deles for retirado os outros 3 possam ser separados, ainda que o conjunto completo de 4 não possa ser desentrelaçado?

Resposta na p.282

• •

Jogo de percentagens

Alphonse comprou duas bicicletas. Vendeu uma a Bettany por $300, o que lhe trouxe um prejuízo de 25%, e uma a Gemma, também por $300, o que lhe deu um lucro de 25%. No fim das contas, seu saldo ficou zerado? Se não, ele teve lucro ou prejuízo, e de que valor?

Resposta na p.282

• •

Tipos de pessoas

Existem 10 tipos de pessoas no mundo: as que entendem a notação binária e as que não.

• •

A conjectura da salsicha

Este é um dos meus problemas matemáticos não resolvidos preferidos, e é absolutamente esquisito, acredite.

Como aquecimento, suponha que você esteja empacotando muitos círculos idênticos no plano, tentando envolver todos eles com a menor curva possível. Com 7 círculos, poderíamos formar uma longa "salsicha".

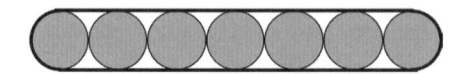

Círculos embalados em forma de salsicha.

No entanto, suponha que queiramos fazer com que a *área* dentro da curva – círculos e espaços entre eles – seja a menor possível. Se cada círculo tem raio 1, então a área da salsicha é 27,141. Porém, existe um arranjo melhor para os círculos: um hexágono com um círculo central, e agora a área é 25,533, que é menor.

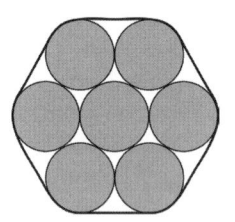

Círculos embalados em formato hexagonal.

Curiosamente, se usarmos esferas idênticas em vez de círculos e as envolvermos com uma superfície que tenha a menor área possível, então a longa salsicha com 7 esferas levará a um volume total menor que o do arranjo hexagonal. Esse arranjo em salsicha gera o menor volume dentro da embalagem para qualquer número de esferas até 56. Mas a partir de 57 esferas, os arranjos mínimos são mais arredondados.

O que se observa em espaços de 4 ou mais dimensões é ainda menos intuitivo. O arranjo de esferas quadridimensionais cuja embalagem gera o menor "volume" quadridimensional é uma salsicha para qualquer número de esferas até 50 mil. No entanto, *não é* uma salsicha para 100 mil esferas. E assim, a embalagem com menor volume utiliza encadeamentos muito longos e finos de esferas até que tenhamos uma enorme quantidade delas. Ninguém sabe o número exato em que as salsichas quadridimensionais deixam de ser a embalagem ideal.

A mudança realmente fascinante *provavelmente* surge em 5 dimensões. Poderíamos imaginar que, em 5 dimensões, a salsicha seria a embalagem ideal para, digamos, até 50 bilhões de esferas, mas então alguma embalagem mais rotunda geraria um volume pentadimensional menor; e para 6 dimensões, o mesmo valeria até 29 zilhões de esferas, e assim por diante. Porém, em 1975, László Fejes Tóth formulou a *conjectura da salsicha*, que afirma que, para 5 ou mais dimensões, o arranjo de esferas que ocupa o menor volume quando embalado é *sempre* uma salsicha – por maior que seja o número de esferas.

Em 1988, Ulrich Betke, Martin Henk e Jörg Wills provaram que Tóth estava certo para qualquer número de dimensões maior ou igual a 42. Até agora, é tudo o que sabemos.

Nó mágico

Neste truque, você dá um nó decorativo na frente de todos. Quando você os desafia a fazer o mesmo, eles não conseguem. Independentemente do número de vezes que você demonstre o método, eles parecem ser incapazes de copiá-lo corretamente.

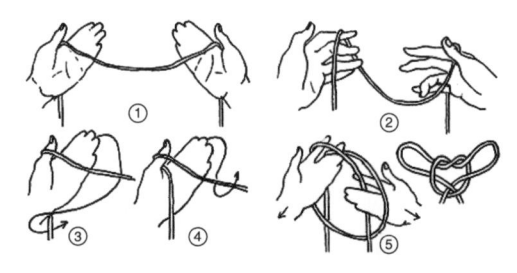

Etapas na construção do nó mágico.

Pegue um barbante maleável de aproximadamente 2m e o segure, fazendo com que este cruze as palmas das suas mãos como na primeira figura, mantendo as mãos a cerca de 0,5m de distância. Deixe as duas longas extremidades penderem, para contrabalançar o peso da parte que está entre as suas palmas. Agora, aproxime lentamente as mãos, enquanto rodopia os dedos da mão direita. Os rodopios não têm absolutamente nada a ver com o método de atar o nó. Servem, sim, é para distrair os espectadores dos movimentos importantes, que ocorrem todos com a mão esquerda. Faça com que os movimentos da sua mão direita pareçam o mais intencionais possível.

Com a mão esquerda, primeiro deslize o polegar por baixo da corda e a apanhe, como na figura 2. A seguir, recolha rapidamente os dedos e os coloque por trás da corda pendente, como mostrado pela seta na figura 2, chegando à posição da 3ª figura. Sem interromper o movimento, passe os dedos por baixo da porção horizontal da corda, como mostrado pela seta da figura 3, e recolha o polegar. Você deve ter chegado agora à posição mostrada na figura 4. Finalmente, use as pontas dos dedos de cada mão para apanhar a extremidade da corda pendente da outra mão, como na figura 5. Segurando a corda, separe as mãos, e surgirá o belo nó simétrico mostrado na última figura.

Pratique o método até conseguir realizá-lo em um movimento único e rítmico. O nó se desfaz se você puxar as extremidades da corda, e assim você pode refazê-lo muitas e muitas vezes. O truque se torna mais misterioso a cada vez que você o repete.

• •

Newmerologia

Aquele que tiver entendimento, calcule o número da besta; porque é o número de um homem, e seu número é seiscentos e sessenta e seis. Apocalipse, 13,18.

Ou talvez não. Os *Papiros de Oxirrinco* – documentos ancestrais encontrados em Oxirrinco, no Alto Egito – trazem um fragmento do Apocalipse, do século III ou IV, que contém a mais antiga versão conhecida de algumas seções. Segundo esse papiro, o número da Besta é 616, e não 666. Deixemos de lado a crença de que os códigos de barras representam símbolos do mal.* Isso não importa, pois este quebra-cabeça

---

* A parte central dos códigos de barras dos supermercados traz linhas que representariam o número 666, embora tenham uma função completamente diferente – são

não trata da Besta. Trata de uma ideia chamada por seu inventor, Lee Sallows, de *"new merology"*.* Deixe-me esclarecer que sua proposta não é séria, a não ser como um problema matemático.**

O método tradicional de associar números a nomes, chamado *gematria*, define que A = 1, B = 2 até Z = 26. A seguir, somam-se todos os números correspondentes às letras do nome. Porém, há muitos sistemas diferentes desse tipo, e muitos alfabetos. Sallows sugeriu um método mais racional, baseado em palavras que denotam números. Vamos observar uma série de exemplos com os nomes dos números em inglês. Por exemplo, com a numeração descrita acima, a palavra ONE torna-se 15 + 14 + 5 = 34. No entanto, o número que corresponde a ONE deveria certamente ser 1. O que é pior, *nenhum* numeral em inglês denota seu total numerológico; numerais com essa propriedade são chamados de *perfeitos*.

Sallows se perguntou o que ocorre se associarmos um número inteiro a cada letra, de modo que a maior quantidade possível dos numerais ONE, TWO etc. sejam perfeitos. Para tornar o problema mais interessante, letras diferentes devem ter valores diferentes. E assim, ficamos com uma pilha de equações como:

$$O + N + E = 1$$
$$T + W + O = 2$$
$$T + H + R + E + E = 3$$

com as variáveis algébricas O, N, E, T, W, H, R... que devem ser resolvidas como números inteiros, todos diferentes.

"barras de proteção" que ajudam a corrigir erros. Cada barra traz o padrão binário 101, que representa o 6 no código de barras. Daí o 666. A não ser pelo fato de que os verdadeiros códigos de barras trazem *sete* algarismos binários, portanto o 6 é representado por 1010000, e... ora bolas. Isso levou alguns fundamentalistas americanos a denunciarem os códigos de barras como obra do Demônio. Como, ao que tudo indica, o número da Besta passou a ser 616, até mesmo a numerologia é pífia.

* "Novamerologia", trocadilho em inglês com "Numerology – Numerologia", que traduzimos livremente como *"newmerologia"*. (N.T.)

** Eu realmente não deveria precisar dizer isto – mas dada a nota de rodapé anterior...

A equação O + N + E = 1 nos mostra que alguns dos números deverão ser negativos. Suponha, por exemplo, que E = 1 e N = 2. Nesse caso, a equação da palavra ONE nos mostra que O = –2, e equações semelhantes com outros numerais implicam que I = 4, T = 7 e W = –3. Para que THREE seja perfeito, devemos novamente associar valores a H e R. Se H = 3, então R deve ser –9. FOUR traz mais duas letras novas, F e U. Se F = 5, então U = 10. Agora, F + I + V + E + 5 faz com que V = –5. Já que SIX contém duas letras novas, tentamos SEVEN primeiro, que nos diz que S = 8. A seguir podemos deduzir o X de SIX, encontrando X = –6. A equação de EIGHT leva a G = –7. Agora, todos os números de ONE a TEN são perfeitos.

A única letra adicional em ELEVEN e TWELVE é L. Surpreendentemente, L = 11 torna *ambos* os numerais perfeitos. Mas T + H + I + R + T + E + E + N = 7 + 3 + 4 + (–9) + 7 + 1 + 1 + 2, que é 16, e assim ficamos empacados nesse ponto.

De fato, sempre ficaremos parados aqui: se THIRTEEN é perfeito, então

THREE + TEN = THIRTEEN

e podemos remover as letras em comum de ambos os lados. Isso leva a E = I, violando a regra de que letras diferentes devem ter valores diferentes.

No entanto, podemos seguir outro caminho e tentar fazer com que ZERO seja perfeito, além de ONE e TWELVE. Usando as escolhas acima, Z + E + R + O = 0 leva a Z = 10, mas esse é o mesmo valor de U.

Você consegue encontrar uma associação diferente entre letras e valores inteiros positivos ou negativos, de modo que todas as palavras de ZERO a TWELVE sejam perfeitas?

Resposta na p.282

Feitiço numérico

Lee Sallows também aplicou a *newmerologia* à mágica, inventando o seguinte truque: escolha qualquer número do quadro mostrado a seguir. Soletre-o em inglês, letra por letra. Acrescente os números correspondentes (subtraindo os que estão em quadrados pretos, somando os que estão em quadrados brancos). O resultado sempre será mais ou menos o número que você escolheu. Por exemplo, TWENTY-TWO leva a

$$20 - 25 - 4 - 2 + 20 + 11 + 20 - 25 + 7 = 22$$

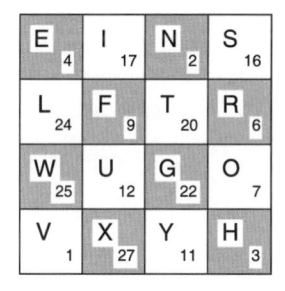

Tabuleiro para o truque de Lee Sallows.

Erros de grafia

"Esistem cinco herros nexta fraze."
Verdadeiro ou falso?

Resposta na p.283

Universo em expansão

A espaçonave *Indefensible* parte do centro de um universo esférico de raio igual a 1 mil anos-luz e viaja radialmente à velocidade de um ano-luz por ano – a velocidade da luz. Quanto tempo levará para atingir a margem do universo? Claramente, 1 mil anos. Mas eu esqueci de avisar que este universo está se expandindo. A cada ano, o raio do universo se expande em 1 mil anos-luz, *instantaneamente*. Agora, quanto tempo a espaçonave levará para atingir a margem? (Presuma que a primeira expansão ocorre exatamente um ano depois da partida da *Indefensible*, e que as expansões sucessivas ocorrem em intervalos de exatamente um ano.)

Pode parecer que a *Indefensible* jamais chegará à margem, pois esta se afasta mais rapidamente que o movimento da nave. Mas no instante em que o universo se expande, a nave é carregada juntamente com o espaço em que se encontra, e assim, sua distância a partir do centro se expande proporcionalmente. Para esclarecer essas condições, vamos examinar o que ocorre nos primeiros anos.

No primeiro ano, a nave viaja 1 ano-luz, e lhe restam 999 anos-luz por percorrer. Então, o universo se expande instantaneamente para um raio de 2 mil anos-luz, e a nave move-se com ele. Portanto, ela está agora a 2 anos-luz do centro, e restam 1.998 por percorrer.

No ano seguinte, ela viaja mais um ano-luz, chegando a uma distância de 3 anos-luz, restando 1.997. Mas o universo se expande para um raio de 3.000 anos-luz, multiplicando seu raio por 1,5, portanto a nave acaba por ficar a 4,5 anos-luz do centro, e a distância restante cresce para 2.995,5 anos-luz.

A nave chegará um dia à margem? Caso o faça, quanto tempo levará?

Dica: pode ser útil saber que o n-ésimo número harmônico

$$H_n = 1 + \frac{1}{2} + \frac{1}{3} + \frac{1}{4} + \ldots + \frac{1}{n}$$

é aproximadamente igual a

$\log n + \gamma$

onde γ é a constante de Euler, que é aproximadamente igual a 0,5772156649.

Resposta na p.283

Qual é o número áureo?

Os geômetras da Grécia Antiga descobriram uma ideia útil que chamaram de "divisão em média e extrema razão". Com isso, referiam-se a uma reta AB cortada em um ponto P de modo que as razões AP:AB e

PB:AP fossem iguais. Euclides utilizou essa construção em seu trabalho sobre pentágonos regulares, e logo explicarei por quê. Mas antes, como atualmente dispomos do luxo de substituir razões por números, vamos transformar a receita geométrica em álgebra. Digamos que PB tenha comprimento 1, e seja AP = x, de modo que AB = 1 + x. Então, a condição necessária é

$$\frac{1+x}{x} = \frac{x}{1}$$

de modo que $x^2 - x - 1 = 0$. As soluções desta equação quadrática são

$$\phi = \frac{1+\sqrt{5}}{2} = 1.618034...$$

e

$$1 - \phi = \frac{1+\sqrt{5}}{2} = -0.618034...$$

Neste caso, o símbolo ϕ é a letra grega *phi*. O número, chamado *número áureo*, ou *razão áurea*, tem a agradável propriedade de que sua recíproca é

$$\frac{1}{\phi} = \frac{-1+\sqrt{5}}{2} = 0.618034... = \phi - 1$$

O número áureo, em sua forma geométrica como "divisão em média e extrema razão", foi o ponto de partida para a geometria grega dos pentágonos regulares e para qualquer coisa a eles associada, como o dodecaedro e o icosaedro. A conexão é a seguinte: se desenharmos um pentágono com lados iguais a 1, suas diagonais longas terão comprimento ϕ:

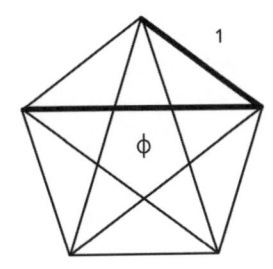

Surgimento de ϕ em um pentágono regular.

A razão áurea é muitas vezes associada à estética; em particular, diz-se que o "mais belo" dos retângulos é aquele que tem lados na razão ϕ:1. As provas concretas para tais afirmações são bastante fracas. Além disso, vários métodos de apresentação de dados exageram o papel da razão áurea, de modo que seja possível "deduzir" a presença da proporção áurea em dados que não têm nenhuma relação com ela. Da mesma forma, as alegações de que famosos edifícios ancestrais como a Grande Pirâmide de Kufu ou o Partenon foram construídos usando-se a razão áurea provavelmente não têm fundamento. Como ocorre com toda a numerologia, podemos encontrar o que quer que estejamos buscando, desde que busquemos com bastante afinco. (Além disso, "Partenon" tem 7 letras e "Kufu" tem 4, e 7/4 = 1,75, que é muito próximo de ϕ.*)

Outra falácia comum é supor que a razão áurea ocorre na concha espiralada de um náutilo. Essa bela concha é – para sermos mais precisos – um tipo de espiral chamada espiral logarítmica. Nela, cada volta sucessiva apresenta uma proporção fixa em relação à anterior. Há uma espiral desse tipo na qual a razão é áurea. Mas a proporção observada no náutilo *não* é a razão áurea.

A concha de um náutilo é uma espiral logarítmica, mas sua taxa de crescimento não ocorre na razão áurea.

O termo "número áureo" é relativamente moderno. Segundo o historiador Roger Herz-Fischler, foi usado pela primeira vez por Martin Ohm em seu livro *A matemática elementar pura*,** de 1835, como *Goldene Shnitt* ("seção áurea"). Ele não remonta à Grécia Antiga.

---

* Bem, na verdade, "Partenon" tem 8 letras, mas por um instante eu te peguei. E 1,8 está muito mais próximo de ϕ que muitos dos supostos valores atribuídos a esse número.
** *Die Reine Elementar-Mathematik*, no original alemão.

A proporção áurea está bastante relacionada aos famosos números de Fibonacci, que virão a seguir.

Quais são os números de Fibonacci?

Muitas pessoas ouviram falar pela primeira vez dos números de Fibonacci no best-seller de Dan Brown, *O código Da Vinci*. Esses números têm uma longa e gloriosa história matemática, que tem muito pouca relação com qualquer coisa mencionada no livro.

Tudo começou em 1202, quando Leonardo de Pisa publicou o *Liber abbaci*, ou "Livro dos cálculos", um texto sobre aritmética centrado principalmente em computações financeiras que promoveu o uso de numerais indo-arábicos – os precursores do sistema atual, que utiliza apenas 10 algarismos, de 0 a 9, para representar todos os números possíveis.

Um dos exercícios do livro parece ter sido uma invenção do próprio Leonardo. É o seguinte: "Um homem pôs um par de coelhos em um lugar cercado por paredes por todos os lados. Quantos pares de coelhos serão produzidos por esse par em um ano, se supusermos que a cada mês, cada par produzirá um novo par, que se tornará fértil a partir do 2º mês de vida?"

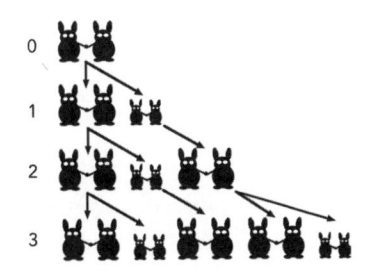

Árvore genealógica dos coelhos de Fibonacci.

Digamos que um par está *maduro* se puder gerar filhos e *imaturo* se não puder.

No começo, no mês 0, teremos 1 par maduro.

No mês 1, esse par gera um par imaturo, portanto temos 1 par maduro e 1 par imaturo – no total, 2 pares.

No mês 2, o par maduro gera outro par imaturo; o par imaturo amadurece, mas não gera nada. Então, agora temos 2 pares maduros e 1 par imaturo – no total, 3 pares.

No mês 3, os 2 pares maduros geram outros 2 pares imaturos; o par imaturo amadurece, mas sem gerar nada. E agora temos 3 pares maduros e 2 imaturos – 5 no total.

No mês 4, os 3 pares maduros geram outros 3 pares imaturos; os 2 pares imaturos amadurecem, mas não geram nada. E agora temos 5 pares maduros e 3 imaturos – 8 no total.

Continuando passo a passo, obtemos, para os meses 0, 1, 2, 3, ..., 12, a sequência:

1, 2, 3, 5, 8, 13, 21, 34, 55, 89, 144, 233, 377

Como vemos, cada termo após o segundo é igual à soma dos dois termos anteriores. E assim, a resposta à pergunta de Leonardo é 377.

Algum tempo depois, provavelmente no século XVIII, Leonardo recebeu o apelido de Fibonacci – "filho de Bonaccio". O nome soava melhor que Leonardo Pisano Bigollo, que ele utilizava na época; assim, hoje em dia ele é conhecido apenas como Leonardo Fibonacci, e sua sequência de números é chamada *Sequência de Fibonacci*. A convenção moderna habitual manda colocar os números 0 e 1 na frente, gerando

0, 1, 1, 2, 3, 5, 8, 13, 21, 34, 55, 89, 144, 233, 377

embora o 0 inicial seja às vezes omitido. O símbolo para o n-ésimo número de Fibonacci é F_n, começando em $F_0 = 0$.

Os números de Fibonacci são bastante inúteis como modelos de crescimento de populações reais de coelhos, embora processos mais gerais do mesmo tipo, chamados modelos de Leslie, sejam usados na compreensão da dinâmica de populações animais e humanas. Ainda assim, esses números são importantes em diversas áreas da matemática, e também surgem no mundo natural – embora com menos frequência do que costuma ser sugerido. Já foram feitas grandes alegações sobre sua ocorrência nas artes, especialmente na arquitetura e na pintura, mas há muito poucas demonstrações concretas desse fato, a não ser quando os números são usados intencionalmente – por exemplo, no sistema "modulor" do arquiteto franco-suíço Le Corbusier.

Os números de Fibonacci têm fortes conexões com o número áureo, que, como você se lembra, é

$$\phi = \frac{-1 + \sqrt{5}}{2} = 1.618034...$$

A razão entre números de Fibonacci sucessivos, como 8/5, 13/8, 21/13 e assim por diante, se torna cada vez mais próxima de ϕ à medida que a contagem cresce. Ou então, como diriam os matemáticos, $F_n + 1/F_n$ tende a ϕ quando n tende ao infinito. Por exemplo, 377/233 = 1,618025... De fato, para números inteiros de um certo tamanho, as frações de Fibonacci são as melhores aproximações possíveis do número áureo. Há até mesmo uma fórmula para o n-ésimo número de Fibonacci em termos de ϕ:

$$F_n = \frac{\phi^n - (1 - \phi^n)}{\sqrt{5}}$$

E isso implica que F_n é o inteiro mais próximo de $\phi^n/\sqrt{5}$.

Se formarmos quadrados cujos lados são números de Fibonacci, eles se encaixam muito ordenadamente, e poderemos desenhar quartos de círculos neles, criando a elegante *espiral de Fibonacci*. Como F_n é próximo de ϕ^n, essa espiral é muito próxima de uma espiral logarítmica, cujo tamanho cresce ϕ a cada quarto de volta. Mas, como já disse, contrariando muitas afirmações, essa espiral *não* tem a mesma forma da espiral na concha do náutilo. Observe a figura da p.106: a espiral do náutilo é mais fechada.

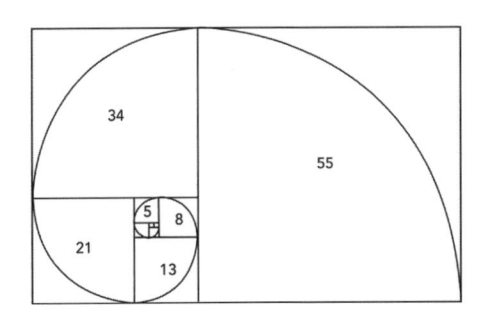

A espiral de Fibonacci.

No entanto, há uma ocorrência genuína – e surpreendente – dos números de Fibonacci em criaturas vivas, particularmente nas plantas. As flores de uma quantidade impressionante de espécies têm pétalas em números de Fibonacci. Os lírios têm 3 pétalas, ervas-ciáticas têm 5, esporinhas têm 8, calêndulas têm 13, ásteres têm 21, e a maioria das margaridas tem 34, 55 ou 89. Os girassóis muitas vezes têm 55, 89 ou 144.

Também há flores com outros números de pétalas, mas sua frequência é muito menor, e na maior parte desses casos vemos o dobro de um número de Fibonacci ou uma potência de 2. Às vezes, os números formam a *Sequência de Lucas*, relacionada à de Fibonacci:

1, 3, 4, 7, 11, 18, 29, 47, 76, 123, ...

Nela, novamente, cada número após o segundo é a soma dos dois anteriores, mas o início da sequência é diferente.

Parece haver boas razões biológicas para a ocorrência desses números. Podemos ver seus indícios mais fortes nos capítulos de margaridas e girassóis, quando as sementes já se formaram.* Neste caso, as sementes se dispõem em espirais:

O capítulo de uma margarida.

---

* Um capítulo é uma forma específica assumida pela florescência (a parte das plantas em que se localizam as flores), caracterizada pela alocação dessas flores em um receptáculo em forma de disco. (N.E.)

Na margarida ilustrada, vê-se uma família de espirais que gira em sentido horário e outra a girar em sentido anti-horário. Há 21 espirais seguindo os ponteiros do relógio e 34 descrevendo trajetória contrária – números de Fibonacci sucessivos. Padrões numéricos semelhantes, que também envolvem números de Fibonacci sucessivos, ocorrem em pinhas e abacaxis. Os motivos precisos para o comportamento numérico de Fibonacci na vida vegetal ainda não estão completamente definidos, embora o tema já seja bastante bem compreendido. À medida que o broto da planta cresce, muito antes do surgimento das flores, algumas regiões do rebento formam pequenas protuberâncias, chamadas primórdios, das quais crescerão as sementes e outras partes essenciais da flor. Formam-se primórdios sucessivos em ângulos de 137,5° – ou 222,5° se subtrairmos esse valor de 360° fazendo a medição pelo outro lado. Isso é uma fração $\phi - 1$ da circunferência completa de 360°. Essa ocorrência da razão áurea pode ser prevista matematicamente se presumirmos que os primórdios se aglomeram da forma mais eficiente possível. Por sua vez, essa eficiência vem das propriedades elásticas do rebento que cresce – as forças que afetam os primórdios. A genética da planta também participa do processo. Naturalmente, muitas plantas reais não seguem exatamente o padrão matemático ideal. Ainda assim, a matemática e a geometria associadas à Sequência de Fibonacci nos apresentam a noções importantes sobre essas características numéricas das plantas.

O número plástico

O número plástico é um parente pouco conhecido do famoso número áureo. Acabamos de ver como os números de Fibonacci criam um sistema espiralado de quadrados, relacionado ao número áureo. O número plástico tem uma figura em espiral semelhante, mas composto de triângulos equiláteros. Na figura a seguir, o triângulo inicial está marcado em preto, e os triângulos sucessivos formam uma espiral em sentido horário: a espiral mostrada é novamente logarítmica. Para que as formas se encaixem, os primeiros 3 triângulos têm lado 1. Os 2 seguintes têm lado 2, e a seguir os números são 4, 5, 7, 9, 12, 16, 21 e assim por diante.

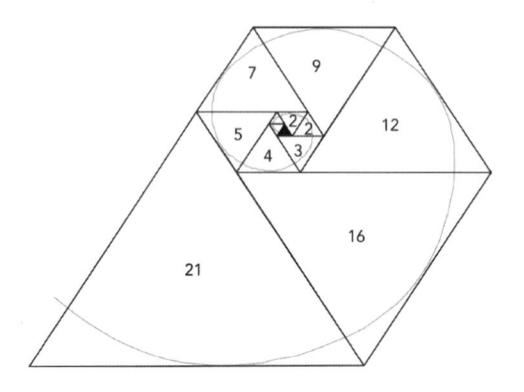

A espiral de Padovan.

Novamente, há uma regra simples para encontrarmos esses números, análoga à dos números de Fibonacci: cada elemento da sequência é a soma dos dois números anteriores, *saltando um*. Por exemplo, 12 = 7 + 5, 16 = 9 + 7, 21 = 12 + 9. Esse padrão decorre do modo como os triângulos se encaixam. Se P_n é o *n*-ésimo número de Padovan (começando com $P_0 = P_1 = P_2 = 1$), então

$$P_n = P_{n-2} + P_{n-3}$$

Os primeiros 20 números da sequência são:

1, 1, 1, 2, 2, 3, 4, 5, 7, 9, 12, 16, 21, 28, 37, 49, 65, 86, 114, 151

Chamo essa lista de *números de Padovan* porque foi o arquiteto Richard Padovan quem me falou deles, embora ele negue ter qualquer responsabilidade sobre o assunto. Curiosamente, "Padova" é a forma italiana de "Pádua", e Fibonacci era de Pisa, a cerca de 150km de distância. Sinto-me tentado a chamar os números de Fibonacci de "números de Pisa" para refletir a geografia italiana, mas como você pode ver, eu consigo resistir à tentação.

O *número plástico*, que denoto por *p*, é aproximadamente igual a 1,324718. Está relacionado aos números de Padovan da mesma maneira que o número áureo se relaciona aos números de Fibonacci. Isto é, razões entre números de Padovan sucessivos, como 49/37 ou 151/114 geram boas aproximações do número plástico. O padrão da sequência de números de Padovan leva à equação $p^3 - p - 1 = 0$, e p é a única solução real dessa equação cúbica. A sequência de Padovan aumenta muito mais lentamente que a de Fibonacci, porque p é menor que ϕ. Há muitos padrões interessantes na sequência de Padovan. Por exemplo, a figura mostra que 21 = 16 + 5, porque triângulos adjacentes ao longo de um lado devem se encaixar. Da mesma forma, 16 = 12 + 4, 12 = 9 + 3 e assim por diante. Portanto

$$P_n = P_{n-1} + P_{n-5}$$

Que é uma regra alternativa para derivarmos outros termos da sequência. Essa equação implica que $p^5 - p^4 - 1 = 0$, e não é imediatamente óbvio que p, definido como uma solução de uma equação cúbica, também deva satisfazer esta equação *quíntica* (de 5º grau).

Festa de família

– Foi uma ótima festa – diz Lucilla a sua amiga Harriet.
  – Quem estava lá?
  – Bem, tinha 1 avô, 1 avó, 2 pais, 2 mães, 4 filhos (2 homens, duas mulheres), 3 netos, 1 irmão, 2 irmãs, 1 sogro, 1 sogra e 1 nora.
  – Nossa, 23 pessoas!
  – Não, era menos que isso. Muito menos.

Qual é o *menor* número possível de pessoas na festa que seja consistente com a descrição de Lucilla?

Resposta na p.284

Não solte!

A topologia é um ramo da matemática no qual duas formas são "iguais" se uma delas puder ser continuamente deformada até gerar a outra. Assim, podemos dobrar, esticar e encolher, mas não cortar. Esta charada topológica ancestral ainda é bastante interessante – nem todo mundo ouviu falar dela. O que você tem que fazer é pegar um pedaço de corda, segurando uma extremidade com a mão esquerda e a outra com a direita, e dar um nó no fio *sem soltar as extremidades*.

Resposta na p.284

Teorema: todos os números são interessantes

Prova: por contradição, suponha que não. Nesse caso, existe o menor dos números desinteressantes. Mas ser o *menor* o destaca de todos os outros números, tornando-o especial, portanto interessante – contradição.

Teorema: todos os números são chatos

Prova: por contradição, suponha que não. Nesse caso, existe o menor dos números não chatos.
Onde mesmo você queria chegar?

O algarismo mais provável

Se olharmos para uma lista de dados numéricos e contarmos quantas vezes cada algarismo aparece na *primeira* posição de cada entrada, qual é o algarismo mais provável? O palpite óbvio é que todos os algarismos têm igual probabilidade de ocorrer. Mas a verdade é que, na maior parte das compilações de dados, não é isso o que acontece.

Eis um conjunto típico de dados – as áreas das 18 ilhas das Bahamas. Apresento os números em milhas quadradas* e quilômetros quadrados, por motivos que logo explicarei.

---

* Os valores de área são apresentados em milhas terrestres quadradas (mite^2): 1 mite^2 equivale a 2,5921km^2 (1 mite = 1,609344km). É uma medida diferente daquela chamada habitualmente de milha, a milha marítima ou náutica, que equivale a 1,852km. (N.E.)

Ilha	Área (mite²)	Área (km²)
Abaco	649	1681
Acklins	192	497
Berry Islands	2300	5957
Bimini Islands	9	23
Cat Island	150	388
Crooked e Long Cay	93	241
Eleuthera	187	484
Exuma	112	290
Grand Bahama	530	1373
Harbour Island	3	8
Inagua	599	1551
Long Island	230	596
Mayaguana	110	285
New Providence	80	207
Ragged Island	14	36
Rum Cay	30	78
San Salvador	63	163
Spanish Wells	10	26

Entre os dados em milhas terrestres quadradas, o número de vezes que cada algarismo (mostrado entre parênteses) ocorre é o seguinte:

(1) 7   (2) 2   (3) 2   (4) 0   (5) 2   (6) 2   (7) 0   (8) 1   (9) 2

E o 1 ganha fácil. Em quilômetros quadrados, as frequências são:

(1) 4   (2) 6   (3) 2   (4) 2   (5) 2   (6) 0   (7) 1   (8) 1   (9) 0

E agora o 2 vence, mas por pouco.

Em 1938, o físico Frank Benford observou que, em listas suficientemente longas de dados, os números encontrados por físicos e engenheiros têm maior probabilidade de começar com o algarismo 1 e menor probabilidade de começar com o algarismo 9. A frequência segundo a qual um determinado algarismo inicial ocorre – ou seja, a probabilidade de que esse primeiro algarismo assuma determinado valor – *decresce* à medida que esse valor aumente de 1 a 9. Benford descobriu empiricamente que a probabilidade de encontrar *n* como o primeiro dígito decimal é:

$$\log_{10}(n+1) - \log_{10}(n)$$

onde o 10 subscrito significa que os logaritmos têm base 10. (O valor n = 0 é excluído porque o algarismo inicial, por definição, é *diferente de zero*.) Benford chamou esta fórmula de Lei dos Números Anômalos, mas atualmente ela é geralmente conhecida como *Lei de Benford*.

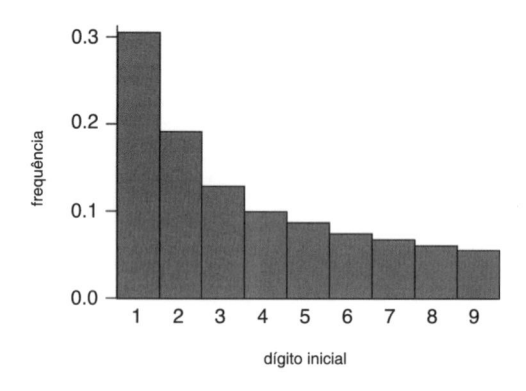

Frequências teóricas segundo a Lei de Benford.

Nos dados sobre as ilhas das Bahamas, as frequências são as seguintes:

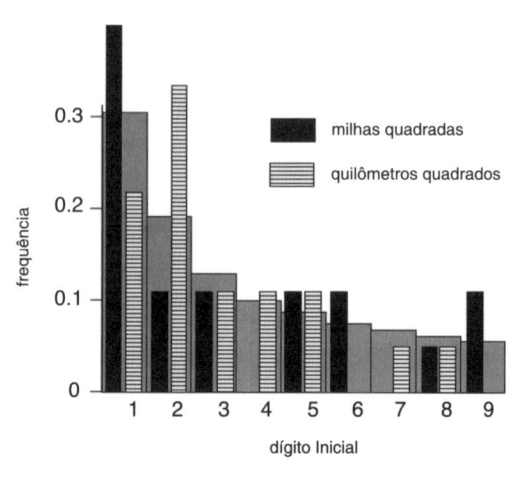

Frequências observadas entre as áreas das ilhas das Bahamas, em comparação ao ideal teórico de Benford.

Há algumas diferenças entre a teoria e a realidade, mas os conjuntos de dados aqui presentes são bastante pequenos, portanto essas diferenças são esperadas. Mesmo com apenas 18 itens, temos uma forte prevalência de 1s e 2s – que, segundo a Lei de Benford, deveriam, em conjunto, ocorrer em mais da metade das vezes.

A fórmula de Benford não é nem um pouco óbvia, mas se pensarmos um pouco, veremos que é improvável que as 9 frequências sejam idênticas. Pense em uma rua com casas numeradas de 1 em diante. A probabilidade de que um certo algarismo surja na primeira posição varia consideravelmente conforme o número de casas na rua. Se houver 9 casas, todos os algarismos ocorrem com a mesma frequência. No entanto, se houver 19, o algarismo inicial será 1 para as casas 1 e 10-19 – uma frequência de 11/19, ou mais de 50%. Em ruas maiores, a frequência de ocorrência de cada algarismo na primeira posição sobe e desce de maneira complicada, porém computável. As 9 frequências são iguais *apenas* quando o número de casas é igual a 9, 99, 999 e assim por diante.

Essa expressão matemática se distingue por uma bela propriedade: ela apresenta *invariância de escala*. Se medirmos as áreas das Bahamas em milhas quadradas ou quilômetros quadrados, se multiplicarmos os números das casas por 7 ou 93 – contanto que tenhamos uma amostra suficientemente grande – a mesma lei ainda se aplicará. De fato, a Lei de Benford é a *única* lei de frequência com invariância de escala. Não se sabe ao certo por que a natureza prefere frequências com invariância de escala, mas parece razoável pensarmos que o mundo natural não deveria ser afetado pelas unidades com as quais os seres humanos decidem medi-lo.

Os fiscais de impostos usam a Lei de Benford para detectar números falsos em declarações, porque as pessoas que usam números fictícios tendem a usar os diferentes algarismos iniciais com a mesma frequência. Provavelmente por pensarem que é isso o que acontece com os números verdadeiros!

Por que chamá-la de bruxa?

Maria Agnesi nasceu em 1718 e morreu em 1799. Era a filha de um rico mercador de seda, Pietro Agnesi (muitas vezes tido erradamente como

Maria Gaetana Agnesi

um professor de matemática em Bolonha), sendo a mais velha de seus 21 filhos. Maria era uma moça precoce e, aos 9 anos de idade, publicou um ensaio defendendo a educação superior para mulheres. Na verdade, o texto foi escrito por um de seus tutores, mas ela o traduziu ao latim e o apresentou de cor em uma reunião acadêmica no jardim de sua casa de família. Seu pai também a colocou para debater filosofia na presença de eminentes acadêmicos e figuras públicas. Ela não gostava de se transformar em um espetáculo para a plateia, e assim, pediu ao pai permissão para se tornar freira. Diante da negação, ela conseguiu extrair do progenitor um acordo, segundo o qual poderia ir à igreja sempre que quisesse, usaria roupas simples e seria poupada de todos os eventos e diversões públicas.

Desse momento em diante, ela se concentrou na religião e na matemática. Escreveu um livro sobre cálculo diferencial, que imprimiu privadamente em idos de 1740. Em 1748, publicou seu trabalho mais famoso, *Instituzioni analitiche ad uso della gioventú italiana* ("Instituições analíticas para o uso da juventude italiana"). Em 1750, o papa Bento XIV lhe fez um convite para que se tornasse professora de matemática na Universidade de Bolonha, e ela foi oficialmente confirmada no cargo, embora jamais tenha se apresentado à universidade, pois isso não teria sido adequado à manutenção de seu estilo de vida simples. Por isso, algumas fontes a citam como professora e, outras, não. Ela era ou não era? Era sim.

Há uma curva famosa, chamada de *bruxa de Agnesi*, que tem a equação

$$xy = a^3/(a^2 + x^2)$$

onde *a* é uma constante. A curva não é *nem um pouco* parecida a uma bruxa – não é sequer pontiaguda.

Então, por que recebeu esse estranho nome?

Fermat foi o primeiro a discutir essa curva, nos idos de 1700. Maria Agnesi escreveu sobre ela em seu livro *Instituzioni analitiche*. A palavra

A bruxa de Agnesi.

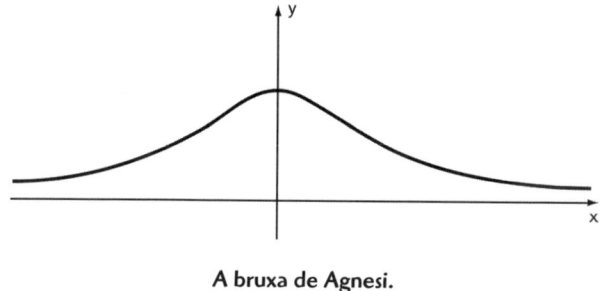

"bruxa" foi um erro de tradução. Em 1718, Guido Grandi chamou a curva de *versoria*, uma palavra em latim que indica uma corda que faz girar uma vela, pois a curva tem essa aparência. Em italiano, o termo se tornou *versiera*, e esse foi o termo usado por Agnesi. No entanto, John Colson, que traduziu vários livros matemáticos ao inglês, confundiu *la versiera* com *l'aversiera*, que significa "a bruxa".

Poderia ter sido pior. Um outro significado é "a demônia".

Möbius fazendo fita

Algumas partes do folclore matemático realmente valem a pena relembrar, ainda que já sejam "bem conhecidas". Só por via das dúvidas. Um ótimo exemplo é a fita de Möbius.

Augustus Möbius foi um matemático alemão, nascido em 1790 e falecido em 1868. Ele trabalhou em muitas áreas, como geometria, análise complexa e teoria dos números. É famoso por sua curiosa superfície, a *fita de Möbius*. Podemos fazer uma fita de Möbius pegando uma tira de papel, com 2cm de largura e 20cm de comprimento, por exemplo, dobrando-a até que as duas extremidades se encontrem e então girando uma das extremidades em 180°, colando então uma extremidade na outra. Para efeito de comparação, faça um cilindro da mesma maneira, mas sem girar uma das extremidades.

A fita de Möbius é famosa em virtude de uma característica surpreendente: se uma formiga caminhar por uma fita cilíndrica, poderá cobrir

Fita de Möbius.

Fita cilíndrica.

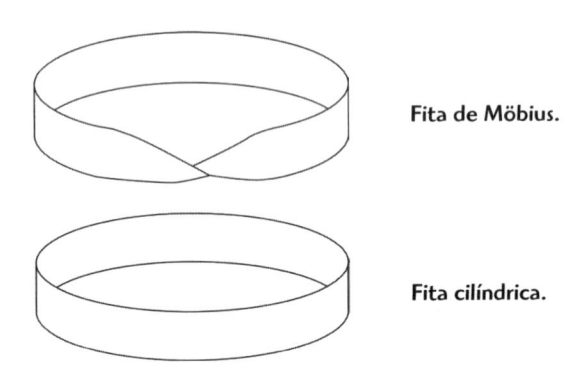

apenas a metade da superfície – um lado da fita. Mas se a formiga caminhar ao redor da invenção do matemático, poderá cobrir toda a área. A fita de Möbius só tem um lado.

Você pode verificar essa afirmação ao pintar a fita. Pinte o cilindro de modo que um lado seja vermelho e o outro azul, e os dois lados serão completamente distintos, embora estejam separados apenas pela espessura do papel. Mas se você começar a pintar a fita de Möbius de vermelho e continuar até não ter mais onde pintar, *toda a fita* ficará vermelha.

Se pararmos para pensar, isso não é tão surpreendente, porque o giro de 180° conecta os dois lados da fita original de papel. Se não girarmos a fita antes de colá-la, os dois lados permanecerão separados. Mas até que Möbius (e alguns outros) tivessem essa ideia, os matemáticos não haviam apreciado o fato de que existem dois tipos distintos de superfície: as que têm dois lados e as que têm apenas um. Isso acabou sendo importante para a topologia. E demonstrou o quanto devemos ser cuidadosos ao adotarmos pressupostos "óbvios".

A fita de Möbius pode ser usada para muitas recreações. Apresento aqui três delas.

- Se você cortar a fita cilíndrica ao meio da altura com uma tesoura, ela cairá na forma de duas fitas cilíndricas. O que acontece se você tentar o mesmo com uma fita de Möbius?
- Repita o processo, mas desta vez, faça o corte na altura de aproximadamente um terço da largura da fita. O que acontece agora com o cilindro, e com a fita?

- Faça uma fita de Möbius, mas com um giro de 360°. Quantos lados ela tem? O que acontece se você a cortar ao meio?

A fita de Möbius, também conhecida em inglês como *Möbius strip*, está muito presente na cultura popular, como neste poema no estilo *limerick* escrito pelo autor de ficção científica Cyril Kornbluth:*

Uma dançarina de cabaré, cheia de desprazer,
Chamada Virgínia, conseguia se despir a correr;
Mas ficção científica ela sempre leu
e de constrição morreu
Um *strip*(*-tease*) de Möbius tentando fazer.**

Um *limerick* mais politicamente correto, que entrega uma das respostas, diz o seguinte:

Por um matemático foi revelado
Que uma fita de Möbius tem só um lado
Você vai rir em quantidade
Se a fita cortar na metade
Pois inteiro o objeto se mantém arranjado.***

Respostas na p.284

---

* O estilo *limerick* é um formato de poemas de cinco versos especificamente segundo a forma AABBA, e que, em geral, produz tiradas humorísticas e/ou obscenas. Acredita-se, embora não haja prova disso, que o nome se refira ao do condado homônimo na Irlanda. Os *limerick* foram popularizados pelo *Book of Nonsense*, de Edward Lear, publicado pela primeira vez em 1845. (N.E.)
** A burleycue dancer, a pip / Named Virginia, could peel in a zip; / But she read science fiction / and died of constriction / Attempting a Möbius strip
*** A mathematician confided / That a Möbius strip is one-sided. / You'll get quite a laugh / if you cut it in half, / For it stays in one piece when divided.

Piada velha

Por que a galinha atravessou a fita de Möbius? Para chegar do outro... hmm...

Mais três rapidinhas

(1) Se 5 cães cavam 5 buracos em 5 dias, quanto tempo levam 10 cães para cavar 10 buracos? Presuma que todos cavam na mesma velocidade o tempo todo e que os buracos são do mesmo tamanho.

(2) Uma mulher comprou um papagaio em uma loja de animais. O vendedor, que sempre dizia a verdade, afirmou:
— Garanto que este papagaio vai repetir todas as palavras que ouvir.
Uma semana depois, a mulher levou o papagaio de volta, queixando-se de que o bicho não havia dito nem uma única palavra.
— Alguém falou com ele? — perguntou o assistente, desconfiado.
— Sim, claro.
Qual é a explicação?

(3) O planeta Nff-Pff, da Galáxia Anátema, é habitado por dois seres scientes, Nff e Pff. Nff vive em um grande continente, em cujo centro há um enorme lago. Pff vive em uma ilha no meio do lago. Nem Nff nem Pff sabem nadar, voar ou se teletransportar: sua única forma de locomoção é caminhar sobre a terra seca. Ainda assim, todos os dias, um deles caminha até a casa do outro para almoçar. Explique.

Respostas na p.285

Ladrilhos aos montes

As paredes e pisos de banheiros e cozinhas nos trazem exemplos cotidianos de mosaicos que utilizam ladrilhos reais, de plástico ou cerâmica. O padrão mais simples é formado por ladrilhos quadrados idênticos, dispostos como as casas de um tabuleiro de xadrez. Ao longo dos séculos, matemáticos e artistas descobriram muitos mosaicos bonitos, e os especialistas em matemátia foram mais além, buscando todos os mosaicos possíveis com certas características.

Por exemplo, apenas 3 polígonos regulares são capazes de recobrir todo o plano infinito – isto é, ladrilhos idênticos de um certo formato cobrem o plano inteiro, sem sobreposições ou lacunas. Tais polígonos são o triângulo equilátero, o quadrado e o hexágono:

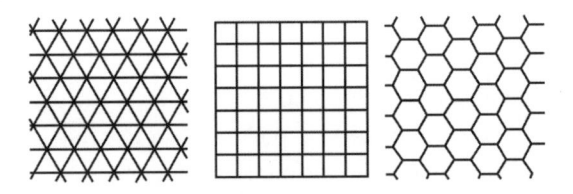

Os três polígonos regulares que cobrem o plano.

Podemos ter certeza de que nenhum outro polígono *regular* cobre o plano se pensarmos nos ângulos em que os lados dos ladrilhos se encontram. Se muitos ladrilhos se encontram em um certo ponto, a soma dos ângulos em questão deve ser igual a 360°. Assim, o ângulo no canto de um ladrilho é 360° dividido por um número inteiro, digamos $360/m$. À medida que m se eleva, o ângulo se torna menor. Por outro lado, à medida que aumenta o número de lados de um polígono regular, o ângulo de cada canto se torna maior. Isso tem o efeito de "espremer" m entre limites muito estreitos, o que, por sua vez, restringe os polígonos possíveis.

Os detalhes são os seguintes. Quando $m = 1, 2, 3, 4, 5, 6, 7$ etc., $360/m$ assume os valores $360, 180, 120, 90, 72, 60, 51\frac{3}{7}$ etc. O ângulo no canto de um polígono regular de n lados, para $n = 3, 4, 5, 6, 7$ etc. é $60, 90, 108, 120, 128\frac{4}{7}$ etc. Os únicos lugares em que essas listas coincidem são quando $m = 3, 4$ e 6; onde $n = 6, 4$ e 3.

Na verdade, essa prova, como apresentada aqui, tem uma falha sutil. *O que eu esqueci de dizer?*

A omissão mais marcante de minha lista é o pentágono regular, que não recobre o plano. Se você tentar recobrir um plano com ladrilhos pentagonais, eles não se encaixarão. Quando três pentágonos se encontram em um ponto comum, o ângulo total é 3 × 108° = 432°, que é grande demais.

Pentágonos *irregulares* podem recobrir o plano, assim como inúmeras outras fórmulas. De fato, sabe-se que 14 tipos diferentes de pentágono convexo recobrem o plano. É provável que não exista nenhum outro, mas isso ainda não foi provado. Você pode conhecer todos os 14 padrões em: www.mathpuzzle.com/tilepent.html mathworld.wolfram.com/PentagonTiling.html.

A matemática dos mosaicos tem importantes aplicações na cristalografia, que se ocupa do modo como os átomos de um cristal podem se organizar e os tipos de simetrias que podem ocorrer. Em particular, os cristalógrafos sabem que as possíveis simetrias rotacionais de uma disposição regular de átomos têm rígidas limitações. Há simetrias centrais com 2, 3, 4 e 6 dobras – o que significa que o arranjo dos átomos se manterá idêntico se toda a estrutura for girada em 1/2, 1/3, 1/4 ou 1/6 de uma volta completa (360°). Entretanto, simetrias com 5 dobras não ocorrem nos cristais – da mesma forma, o pentágono regular é incapaz de recobrir o plano.

A questão se manteve nesse ponto até 1972, quando Roger Penrose descobriu um novo tipo de mosaico, usando um tipo de ladrilho, que chamou de *pipas*, e outro, que chamou de *dardos*:

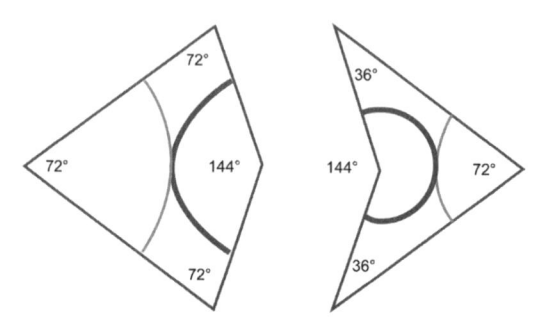

Uma pipa (esquerda) e um dardo (direita). As regras
de encaixe determinam que os arcos grossos e finos devem
se encontrar em qualquer junção. Veja as figuras na página seguinte.

Essas figuras são derivadas do pentágono regular, e os mosaicos associados a elas devem obedecer a certas "regras de encaixe" nos pontos em que diversos ladrilhos se encontram, para evitar padrões simples repetitivos. Sob essas condições, os dois polígonos são capazes de recobrir o plano, mas sem formar um padrão repetitivo. Em vez disso, formam uma variedade estonteante de padrões complicados. Precisamente dois desses padrões, chamados de estrela e sol, apresentam simetria rotacional com 5 dobras.

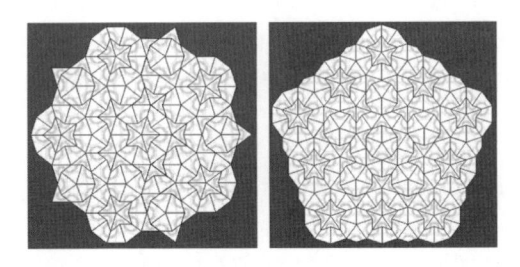

Os dois mosaicos de Penrose que apresentam simetria com 5 reflexos. À esquerda: desenho da estrela. À direita: desenho do sol. As linhas cinzentas ilustram as regras de encaixe. As linhas pretas mostram as bordas dos ladrilhos.

Descobriu-se depois que a natureza já conhecia esse truque. Certos compostos químicos podem formar "quase cristais" usando em seus átomos os padrões de Penrose. Essas formas de matéria não são estruturas regulares, mas podem ocorrer de forma natural. E assim, a descoberta de Penrose mudou nossas ideias sobre os arranjos naturais dos átomos em estruturas semelhantes a cristais.

A matemática e a cristalografia detalhadas são complicadas demais para que eu as descreva aqui. Para saber mais, veja: en.wikipedia.org/wiki/Penrose_tiling.

Respostas na p.285

Teoria do caos

Se você quiser que seus amigos acreditem que você é "cientista", terá de ser capaz de tagarelar sobre a *teoria do caos*. Terá que mencionar casualmente o Efeito Borboleta e a seguir falar sobre a posição de Plutão (que não é mais um planeta, e sim um mero planeta anão) daqui a 200 milhões de anos, e sobre o real funcionamento das lava-louças de qualidade.

Teoria do caos é o nome dado pela mídia a uma importante descoberta recente sobre a teoria dos sistemas dinâmicos – a matemática dos sistemas que se alteram ao longo do tempo de acordo com regras específicas. O nome se refere a um tipo de comportamento surpreendente e bastante contraintuitivo chamado caos determinístico. Um sistema é chamado de *determinístico* se seu estado presente determinar inteiramente seu comportamento futuro; caso contrário, o sistema é chamado *estocástico* ou *aleatório*. O caos determinístico – universalmente abreviado para "caos" – é um comportamento aparentemente aleatório em um sistema dinâmico determinístico. À primeira vista, isso parece ser uma contradição, mas as questões são bastante sutis, e o que ocorre é que algumas características de sistemas determinísticos podem se comportar aleatoriamente.

Deixe-me explicar por quê.

Você talvez se lembre do trecho do livro O *guia do mochileiro das galáxias*, de Douglas Adams, que faz uma paródia com o conceito de determinismo. Não, sério, recorde: está lembrado do supercomputador Pensador Profundo? Quando lhe pedem que diga a resposta para a Questão Fundamental da Vida, do Universo e Tudo Mais, ele rumina por 7,5 milhões de anos e finalmente fornece a resposta: 42. Os filósofos percebem então que não haviam de fato entendido a *pergunta*, e um computador ainda maior recebe a tarefa de encontrá-la.

O Pensador Profundo é a personificação literária do "vasto intelecto" vislumbrado por um dos grandes matemáticos franceses do século XVIII, o marquês de Laplace. Ele observou que as leis da natureza, conforme expressas matematicamente por Isaac Newton e seus sucessores, são determinísticas, afirmando que:

> Se um intelecto, em determinado instante, pudesse conhecer todas as forças que governam o mundo natural e as posições de cada ser que o compõem; se, além disso, esse intelecto fosse suficientemente grande para submeter essas informações à análise, teria como abranger, em uma única

fórmula, os movimentos dos maiores corpos do universo e os dos menores átomos. Para esse intelecto, nada seria incerto, e o futuro, tanto quanto o passado, se faria presente diante de seus olhos.

Com efeito, Laplace estava nos dizendo que qualquer sistema determinístico é inerentemente *previsível* – ao menos em princípio. Na prática, no entanto, não temos acesso a um Vasto Intelecto como o que ele tinha em mente, portanto não podemos executar os cálculos necessários para prever o futuro do sistema. Bem, talvez consigamos fazê-lo por um curto período, se tivermos sorte. Por exemplo, as modernas previsões do tempo têm uma precisão razoável para cerca de dois dias à frente, mas uma previsão para daqui a dez dias costuma estar amplamente errada. (Quando não está, é porque eles deram sorte.)

O caos levanta outra objeção à visão de Laplace: mesmo que existisse tal Vasto Intelecto, ele precisaria conhecer "todas as posições de todos os itens" com precisão absoluta. Em um sistema caótico, qualquer incerteza sobre o estado presente cresce muito rapidamente com o passar do tempo. Assim, perdemos rapidamente a capacidade de prever o que o sistema fará. Mesmo que essa incerteza inicial surja na milionésima casa decimal de alguma medição – na qual as 999.999 casas decimais anteriores estivessem perfeitamente corretas –, o futuro previsto com base em um certo valor dessa milionésima casa decimal seria amplamente diferente de uma previsão baseada em algum outro valor.

Em um sistema não caótico, tais incertezas crescem bastante lentamente, sendo possível fazer previsões de longo prazo. Nesse tipo de sistema, erros inevitáveis na medição do estado *presente* indicam que seu estado em um futuro muito próximo seja completamente incerto.

Um exemplo (ligeiramente artificial) ajuda a esclarecer esse efeito. Suponha que o estado de algum sistema seja representado por um número real – um decimal infinito – entre 0 e 10. Talvez seu valor atual seja de, digamos, 5,430874. Para simplificar a matemática, suponha que o tempo passe em intervalos discretos – 1, 2, 3 e assim por diante. Chamemos esses intervalos de "segundos". Além disso, suponha que a regra para o comportamento futuro seja a seguinte: para encontrar o "próximo" estado – o estado em que o sistema se encontrará daqui a um segundo – tomamos o atual, multiplicamos por 10 e ignoramos qualquer algarismo inicial que torne o resultado maior que 10. Assim, o valor atual de 5,430874 se tornará 54,30874, e ignoramos o algarismo inicial 5 para chegar ao próximo estado, 4,30874. Assim, com o passar do tempo, os estados sucessivos serão:

5,430874
4,30874
3,0874
0,874
8,74
7,4

E assim por diante.

Agora suponha que a medição inicial esteja ligeiramente imprecisa – na verdade, seu valor deveria ter sido 5,430824, diferindo na 5ª casa decimal. Na maior parte das circunstâncias práticas, trata-se de um erro minúsculo. Agora, o comportamento previsto será:

5,430824
4,30824
3,0824
0,824
8,24
2,4

Observe que o 2 se move uma casa para a esquerda a cada etapa – tornando o erro dez vezes maior a cada segundo. Depois de apenas 5 segundos, a previsão original de 7,4 mudou para 2,4 – uma diferença significativa.

Se tivéssemos começado com um número de 1 milhão de algarismos e alterássemos o primeiro deles, teria sido necessário 1 milhão de segundos para que a mudança afetasse a previsão do *primeiro*. Mas 1 milhão de segundos são apenas 11,5 dias. E a maior parte dos esquemas matemáticos para prever o comportamento futuro de um sistema trabalha com intervalos de tempo muito menores – milésimos de milionésimos de segundos.

Se a regra para avançar um intervalo de tempo à frente no futuro for diferente, esse tipo de erro poderá não crescer com tanta rapidez. Por exemplo, se a regra for "divida o número por 2", então o efeito de tal mudança diminuirá à medida que avançarmos cada vez mais. Assim, o que torna um sistema caótico ou não é a *regra* para prever seu próximo estado. Algumas regras exageram os erros, outras os filtram, descartando-os.

A primeira pessoa a notar que o erro pode às vezes crescer rapidamente – que o sistema pode ser caótico, apesar de determinístico – foi Henri Poincaré, em 1887. Ele estava competindo por um grande prêmio matemático. O rei Oscar II, da Noruega e da Suécia, ofereceu 2.500 coroas para quem conseguisse calcular se o sistema solar é estável. Se esperarmos por tempo suficiente, os planetas continuarão a seguir suas órbitas atuais aproximadas, ou poderia ocorrer algo mais drástico – uma colisão entre dois planetas, ou o lançamento de um deles para as profundezas do espaço interestelar?

Esse problema resultou ser difícil demais, mas Poincaré conseguiu fazer algum progresso em uma equação mais simples – um sistema solar hipotético com apenas três corpos. A matemática envolvida, mesmo nesse modelo simplificado, ainda era extraordinariamente difícil. Mas o matemático estava à altura da tarefa e se convenceu de que seu sistema dos "três corpos" por vezes se comportava de maneira irregular e imprevisível. As equações eram determinísticas, mas suas soluções eram instáveis.

Ele não sabia muito bem o que fazer quanto aquilo, mas sabia que era verdade. Assim, submeteu seu trabalho ao rei e ganhou o prêmio.

Órbitas complicadas de três corpos movendo-se sob ação da gravidade.

E isso era o que todos pensavam, até recentemente. Porém, em 1999, o historiador June Barrow-Green descobriu um segredo obscuro na vida de Poincaré. A versão publicada do artigo vencedor não era igual à que ele apresentou ao rei, a que ganhou o prêmio. A versão apresentada – que foi impressa em uma importante revista matemática – afirmava que tal comportamento irregular *não* poderia ocorrer – justamente o oposto da história contada habitualmente.

Barrow-Green descobriu que, pouco depois de receber a láurea, Poincaré, envergonhado, notou ter cometido um erro. Ele renegou o artigo vencedor e pagou para que toda aquela edição do periódico fosse destruída. A seguir, corrigiu o erro, e a versão publicada oficialmente é a correta. Ninguém sabia da existência de uma versão impressa até que Barrow-Green descobriu uma cópia perdida nos arquivos do Instituto Mittag-Leffler, em Estocolmo. De qualquer forma, Poincaré merece todo o mérito por ter sido a primeira pessoa a observar que leis matemáticas determinísticas nem sempre pressupõem um comportamento previsível e regular.

Outro avanço famoso foi feito pelo meteorologista Edward Lorenz, em 1961. Ele estava executando um modelo matemático de correntes de convecção em seu computador. As máquinas disponíveis naqueles dias eram engenhocas grandes e lentas em comparação às que temos hoje – um telefone celular é um computador muito mais poderoso que a melhor das máquinas de pesquisa dos anos 1960. Lorenz precisou interromper seu computador no meio de um longo cálculo, e assim, imprimiu todos os números que havia encontrado. A seguir, retrocedeu várias etapas, inseriu os números nesse ponto e recomeçou o cálculo. Ele precisou voltar para verificar se o novo cálculo coincidia com o velho, para eliminar quaisquer erros ao reinserir os números anteriores.

Os cálculos não coincidiram.

No início, os novos números se mostraram iguais aos antigos, mas logo começaram a divergir. O que havia de errado? Lorenz acabou por descobrir que não havia cometido nenhum equívoco na inserção dos valores. A diferença surgira porque o computador armazenava os números com precisão de algumas casas decimais a mais do que as que conseguia imprimir. Assim, o que havia sido armazenado como, digamos, 2,37145, fora impresso como 2,371. Quando ele inseriu esse número para recomeçar a computação, o computador começou o cálculo usando o número 2,37100, e não 2,37145. A diferença cresceu – caoticamente – e acabou por se tornar evidente.

Ao publicar seus resultados, Lorenz escreveu: "Um meteorologista comentou que se a teoria estiver correta, o bater de asas de uma gaivota poderia alterar o curso do clima para sempre". A objeção teve a intenção de desacreditar a teoria, mas atualmente sabemos ser exatamente isso o que ocorre. As previsões do tempo costumam fazer todo um "conjunto" de previsões, com condições iniciais ligeiramente diferentes, e a seguir chegam a um veredicto conforme o futuro "mais votado", por assim dizer.

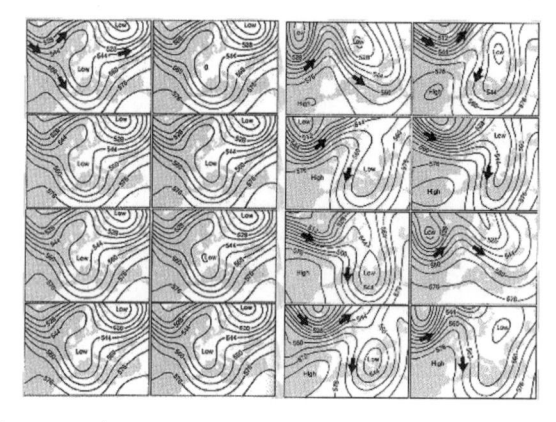

(à esquerda) **Condições iniciais de oito previsões do tempo, aparentemente idênticas, mas com minúsculas diferenças.**
(à direita) **Tempo previsto uma semana depois – as diferenças iniciais cresceram enormemente.**
O clima italiano é mais previsível que o britânico.
[Cortesia do Centro de Previsão do Tempo de Médio Alcance, Reading.]

Antes que você saia por aí com uma espingarda, devo acrescentar que há bilhões de gaivotas, e dentre a seleção aleatória de possíveis climas que poderiam ter acontecido, apenas um deles acaba por ocorrer de fato.

Lorenz rapidamente substituiu a gaivota pela borboleta, porque soava melhor. Em 1972, deu uma palestra chamada "O bater de asas de uma borboleta no Brasil desencadeia um tornado no Texas?". O título foi inventado por Philip Merilees, pois Lorenz não conseguiu bolar um por conta própria. Graças a essa palestra, o ponto matemático em questão ficou conhecido como *Efeito Borboleta*. É uma característica distintiva dos sistemas caóticos, e é por isso que eles são imprevisíveis, apesar de determinísticos. A menor alteração no estado atual do sistema pode crescer muito rapidamente, a ponto de alterar o comportamento futuro. Além de um "horizonte de previsão" relativamente pequeno, o futuro permanecerá misterioso. Esse futuro pode estar predeterminado, mas não temos como descobrir o que foi estabelecido predeterminadamente, a não ser esperando para ver o que acontece. Até mesmo um grande aumento na velocidade dos computadores faz pouca diferença para esse horizonte, porque os erros crescem com muita rapidez.

Com relação ao tempo, o horizonte de previsão é de aproximadamente 2 dias à frente. Para o sistema solar como um todo, é bem maior. Podemos prever que, dentro de 200 milhões de anos, Plutão estará em uma órbita bastante parecida à atual; no entanto, não fazemos ideia quanto ao lado do Sol em que o planeta se situará. Assim, algumas características são previsíveis, outras não.

Embora o caos seja imprevisível, não é aleatório. Essa é a questão. Há "padrões". Mas eles estão ocultos, e temos que saber como encontrá-los. Se plotarmos as soluções do modelo de Lorenz em 3 dimensões, elas formam uma figura bela e complicada chamada atrator estranho. Se plotássemos dados aleatórios dessa maneira, obteríamos apenas uma figura bagunçada.

O caos pode parecer um fenômeno inútil, por impedir a realização de previsões práticas. Mas mesmo que essa objeção estivesse correta,

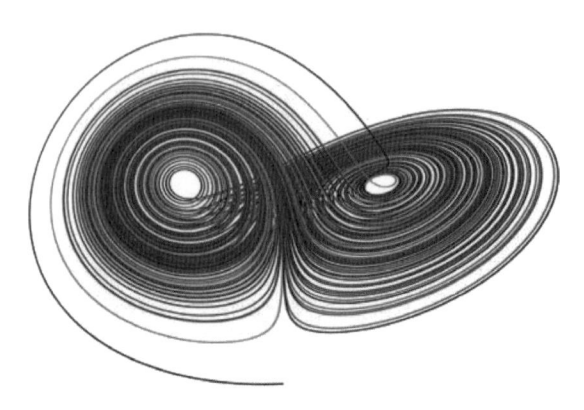

O atrator de Lorenz, uma representação geométrica de seus cálculos.

o caos ainda assim existiria. O mundo real não tem a obrigação de se comportar de maneira conveniente para os seres humanos. O fato, entretanto, é que é possível encontrar utilidade para o caos. Por algum tempo, uma empresa japonesa comercializou uma lava-louças caótica, com dois braços giratórios que jogavam água na louça a ser lavada. O jato irregular resultante lavava os pratos melhor que o jato regular de um único braço giratório.

É claro, uma lava-louças baseada na teoria do caos era obviamente muito científica e avançada. O pessoal do departamento de marketing deve ter adorado a ideia.

Après-le-Ski

O pequeno e desconhecido vilarejo alpino de Après-le-Ski se situa em um vale profundo, cercado de penhascos verticais em ambos os lados. Os penhascos têm 600m de altura de um lado e 400m do outro. Teleféricos correm da base de cada penhasco para o topo do penhasco oposto, e os cabos são perfeitamente retos. A que altura sobre o solo os cabos se cruzam?

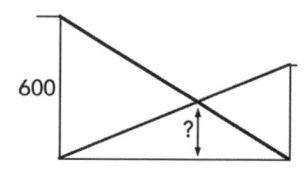

Encontre a altura do cruzamento.

Resposta na p.285

O teorema de Pick

Eis um *polígono reticulado*, um polígono cujos vértices se situam nos pontos de um reticulado quadrado. Presumindo que os pontos estejam separados por uma unidade, qual é a área do polígono?

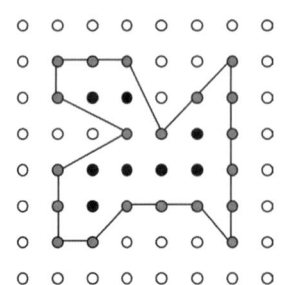

Um polígono reticulado.

Há um meio maravilhosamente simples de encontrar tais áreas, por mais complicado que seja o polígono – usando o *teorema de Pick*, provado por Georg Pick, em 1899. Para qualquer polígono reticulado, a área A pode ser calculada pelo número de pontos de fronteira F (em cinza) e pontos interiores I (em preto) segundo a fórmula

$$A = \frac{1}{2}F + I - 1$$

Neste caso, $F = 20$ e $I = 8$, portanto a área é $1/2 \times 20 + 8 - 1 = 17$ unidades quadradas.

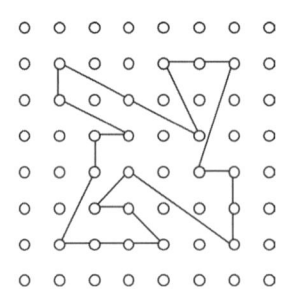

Encontre a área.

Qual é a área do polígono reticulado desta segunda figura?

Resposta na p.286

Prêmios matemáticos

Não existe um Prêmio Nobel de Matemática, mas há várias outras premiações igualmente estimadas e uma ampla gama de láureas menores, entre elas:

MEDALHA FIELDS: A medalha Fields foi instituída pelo matemático canadense John Charles Fields, tendo sido outorgada pela primeira vez em 1936. A cada 4 anos, a União Internacional dos Matemáticos concede a láurea a até 4 dos principais pesquisadores matemáticos do mundo, que devem ter menos de 40 anos de idade. O prêmio é uma medalha de ouro e uma pequena quantia em dinheiro – atualmente, aproximadamente de US$13.500 –, mas seu prestígio é considerado equivalente ao de um Nobel.

PRÊMIO ABEL: Em 2001, o governo norueguês comemorou o 200º aniversário do nascimento de Niels Henrik Abel – um dos grandes matemáticos de todos os tempos –, criando um novo prêmio. A cada ano, um ou mais matemáticos compartilham um prêmio de aproximadamente US$1 milhão, que é comparável à quantia recebida por ganhadores do Nobel. O rei da Noruega concede a premiação em uma cerimônia especial.

PRÊMIO SHAW: Sir Run Run Shaw, uma figura notória na mídia de Hong Kong e filantropo de longa data, estabeleceu uma distinção anual para três áreas da ciência: astronomia, ciências biomédicas e matemática. O valor total concedido a cada ano é de US$1 milhão, além de uma medalha. O primeiro Prêmio Shaw foi concedido em 2002.

PRÊMIOS CLAY DO MILÊNIO: O Instituto Clay de Matemática, em Cambridge, Massachusetts, fundado pelos empresários Lanton T. Clay e Laviania D. Clay, de Boston, oferece sete premiações de US$1 milhão, pela solução definitiva de sete grandes problemas em aberto. Esses "Problemas do Milênio" foram escolhidos por representarem alguns dos maiores desafios enfrentados pelos matemáticos, a saber:

- A conjectura de Birch e Swinnerton-Dyer, da teoria algébrica dos números.
- A conjectura de Hodge, da geometria algébrica.
- A existência de soluções, válidas em qualquer intervalo de tempo, para as equações de Navier-Stokes da dinâmica dos fluidos.
- O problema P = NP? na ciência da computação.
- A conjectura de Poincaré, na topologia.
- A hipótese de Riemann, na análise complexa e na teoria dos números primos.
- A hipótese da massa mínima e questões associadas nas equações de Yang-Mills, na teoria de campos.

Nenhum desses prêmios já foi concedido, mas a conjectura de Poincaré já foi provada. O principal avanço foi feito por Grigori Perelman, e muitos elementos foram esclarecidos por outros matemáticos. Para conhecer os sete problemas em detalhes, veja: www.claymath.org/millennium/.

PRÊMIO INTERNACIONAL REI FAISAL: Entre 1977 e 1982, a Fundação Rei Faisal instituiu distinções por serviços ao Islã, estudos islâmicos, literatura árabe, medicina e ciência. O prêmio científico está aberto a matemáticos, já tendo sido concedido a alguns deles. O vencedor recebe um certificado, uma medalha de ouro e 750 mil reais (US$200 mil).

PRÊMIO WOLF: Desde 1978, esta láurea tem sido concedida pela Fundação Wolf, criada por Ricardo Wolf e sua esposa, Francisca Subirana Wolf. Ela cobre cinco áreas da ciência: agricultura, química, matemática, medicina e física. O prêmio consiste em um diploma e US$100 mil.

PRÊMIO BEAL: Em 1993, Andrew Beal, um texano apaixonado pela teoria dos números, foi levado a conjecturar que se $a^p + b^q = c^r$, onde a, b, c, p, q e r são inteiros positivos e p, q e r são maiores que 2, então a, b e c devem ter um fator comum. Em 1997 ele ofereceu um prêmio, posteriormente aumentado para US$100 mil, por uma prova ou refutação.

Por que não há um Nobel de Matemática?

Por que Alfred Nobel não criou um prêmio para a matemática? Uma história persistente diz que a esposa de Nobel teria tido um caso com o matemático sueco Gosta Mittag-Leffler, e por isso Nobel detestava matemáticos. Mas essa teoria tem um problema: Nobel nunca foi casado. Algumas versões substituem a hipotética esposa por uma noiva ou amante. Nobel pode ter tido uma amante – uma dama vienense chamada Sophie Hess – mas não há indícios de que ela tenha tido qualquer relação com Mittag-Leffler.

Uma teoria alternativa diz que Mittag-Leffler, que também se tornou bastante rico, fez algo que irritou Nobel. Como ele era o principal matemático sueco da época, o químico, milionário e inventor da dinamite percebeu que o desafeto teria muitas chances de ganhar um prêmio da matemática, e assim decidiu não criá-lo. No entanto, em 1985, Lars Gaarding e Lars Hörmander observaram que Nobel deixou a Suécia em 1865, tendo ido viver em Paris, retornando muito raramente a seu país natal – e, em 1865, Mittag-Leffler era um jovem estudante. Portanto, eles tiveram poucas oportunidades de interagir, o que gera dúvidas sobre ambas as teorias.

É verdade que, mais adiante, Mittag-Leffler foi escolhido para negociar com Nobel para que este deixasse em seu testamento uma quantia significativa em dinheiro para a Högskola de Estocolmo (que posteriormente se tornou a Universidade), e essa tentativa acabou não dando certo – mas se presume que o matemático não teria sido escolhido para negociar com o industrial se já o houvesse ofendido anteriormente. De qualquer forma, é provável que Mittag-Leffler não ganharia um Nobel de matemática, se este existisse – havia muitos outros matemáticos mais proeminentes por aí. Assim, parece provável que Nobel simplesmente não tenha tido a ideia de criar um prêmio para a matemática, ou que tenha cogitado a ideia e depois a descartado, ou que não quisesse gastar ainda mais dinheiro.

Apesar disso, muitos matemáticos e físicos-matemáticos ganharam o prêmio por seus trabalhos em outras áreas – física, química, fisiologia/

medicina e até literatura. Também ganharam o "Nobel" de Economia – o Prêmio de Ciências Econômicas em Memória de Alfred Nobel, estabelecido pelo Sveriges Riksbank em 1968.*

Existe um cuboide perfeito?

É fácil encontrar retângulos cujos lados e diagonais sejam números inteiros – esse é o batido problema dos triângulos pitagóricos, e desde a Antiguidade já sabemos como encontrar todos eles (p.65). Usando a receita clássica, não é muito difícil encontrar um cuboide – uma caixa com lados retangulares – em que os lados e as diagonais de todas as faces sejam números inteiros. O primeiro conjunto de valores apresentado abaixo resolve o problema. Mas, até agora, ninguém conseguiu encontrar um cuboide *perfeito* – no qual a "diagonal longa" entre os vértices opostos do cuboide também seja um número inteiro.

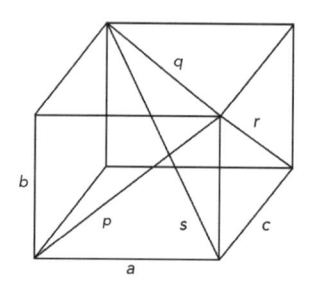

Faça com que todas as distâncias sejam números inteiros.

Com a notação usada na figura, e mantendo Pitágoras em mente, temos que encontrar a, b e c de modo que todos os quatro números $a^2 + b^2$, $a^2 + c^2$, $b^2 + c^2$ e $a^2 + b^2 + c^2$ sejam quadrados perfeitos – iguais, respectivamente, a p^2, q^2, r^2 e s^2. A existência de tais números não foi

---

* O Sveriges Risbank é o Banco Central da Suécia e escolhe os vencedores, mas o prêmio ainda é administrado pela Fundação Nobel. O valor é igual ao dos outros prêmios Nobel, e foi reajustado em 2001 para 10 milhões de coroas suecas (cerca de US$1,2 milhões). (N.E.)

provada nem refutada, mas foram encontrados alguns resultados que "erram por pouco":

$a = 240, b = 117, c = 44, p = 267, q = 244, r = 125$,
mas s não é inteiro
$a = 672, b = 153, c = 104, q = 680, r = 185, s = 697$,
mas p não é inteiro
$a = 18.720, b = 211.773.121, c = 7.800, p = 23.711, q = 20.280, r = 16.511, s = 24.961$
mas b não é inteiro

Se existe um cuboide perfeito, ele é formado por grandes números: foi provado que a menor aresta é, no mínimo, igual a $2^{32} = 4.294.967.296$.

Paradoxo perdido

Na lógica matemática, um *paradoxo* é uma afirmação autocontraditória – das quais a mais conhecida é: "Esta frase é mentira". Outra delas é o "paradoxo do barbeiro", de Bertrand Russell: em um vilarejo, há um barbeiro, que faz a barba de todos os que não se barbeiam. Então, quem barbeia o barbeiro? Nem "o barbeiro" nem "outra pessoa" são logicamente aceitáveis. Se for o barbeiro, então ele barbeia a si mesmo – mas já sabemos que ele não o faz. Mas se for outra pessoa, então o barbeiro não barbeia a si mesmo... Mas já sabemos que ele barbeia tais pessoas, portanto ele barbeia a si mesmo.

No mundo real, podemos encontrar algumas escapatórias – estamos falando de barba, cabelo ou bigode? E se for uma barbeira? Um barbeiro assim poderia realmente existir? Mas na matemática, uma versão do paradoxo de Russell, com um enunciado mais cuidadoso, arruinou o trabalho ao qual Gottlob Frege dedicou sua vida, tentando basear toda a matemática na teoria dos conjuntos – o estudo das coleções de objetos e do modo como podem ser combinados para formar outras coleções.

Eis um outro (suposto) paradoxo famoso:

Protágoras foi um advogado grego que viveu e lecionou no século V a.C. Ele tinha um aluno, e os dois fizeram um acordo segundo o qual o aluno lhe pagaria por seus ensinamentos depois que tivesse ganhado sua primeira causa. Mas o aluno não arrumou nenhum cliente, e, por fim, Protágoras ameaçou processá-lo. Ele julgou que ganharia de qualquer forma: se a corte lhe desse ganho de causa, o aluno seria obrigado a lhe pagar, mas se Protágoras perdesse, então, conforme o acordo firmado, o aluno teria que lhe pagar de qualquer forma. O aluno argumentou de maneira exatamente oposta: se Protágoras ganhasse, então, conforme o acordo, o aluno não teria que pagar, mas se Protágoras perdesse, a corte teria decidido que o aluno não teria que pagar.

Este é um paradoxo lógico genuíno ou não?

Resposta na p.286

Quando o meu tocador de MP3 vai repetir uma música?

Você tem 1.000 músicas no seu tocador de MP3. Se ele tocar as músicas "aleatoriamente", quanto tempo você terá que esperar até que alguma música seja repetida?

Tudo depende do que chamamos de "aleatoriamente". O principal tocador de MP3 do mercado "embaralha" as músicas exatamente como alguém embaralha cartas. Uma vez que isso tenha sido feito, todas as faixas são tocadas na ordem em que estiverem. Se não embaralharmos as músicas novamente, só veremos uma repetição depois de 1.001 músicas. No entanto, também é possível selecionar uma música aleatoriamente e então repetir o procedimento sem eliminar essa música. Se o sistema for esse, a mesma música poderá – talvez – aparecer duas vezes seguidas. Vou presumir que todas as músicas são selecionadas com igual probabilidade, embora alguns tocadores de MP3 favoreçam as músicas que o usuário gosta muito de ouvir.

Você provavelmente já encontrou o mesmo problema, mas substituindo as músicas por aniversários. Se você perguntar às pessoas seus aniversários, uma de cada vez, quantas pessoas serão necessárias, em média, para que encontremos um aniversário repetido? A resposta é 23, um número incrivelmente pequeno. Há um segundo problema, superficialmente semelhante: quantas pessoas deve haver em uma festa para que a probabilidade de que ao menos duas delas façam anos no mesmo dia seja maior que 1/2? Novamente, a resposta é 23. Em ambos os cálculos, ignoramos os anos bissextos e presumimos que qualquer data de aniversário ocorre com probabilidade de 1/365. Isso não é perfeitamente preciso, mas simplifica as contas. Também presumimos que todas as pessoas têm aniversários estatisticamente independentes, o que não ocorreria se, digamos, houvesse gêmeos na festa.

Vou resolver o segundo problema do aniversário, porque seus cálculos são mais fáceis de entender. O truque é imaginar as pessoas entrando em uma sala uma de cada vez e calcular, em cada etapa, a probabilidade de que todos os aniversários até então sejam *diferentes*. Subtraia o resultado de 1, e você encontrará a probabilidade de que ao menos 2 sejam iguais. Assim, fazemos com que as pessoas continuem a entrar até que a probabilidade de que todos os aniversários sejam diferentes caia abaixo de 1/2.

Quando entra a 1ª pessoa, a probabilidade de que seu aniversário seja diferente do de qualquer outra pessoa presente é igual a 1, pois não há mais ninguém na sala. Vou escrever esse valor na forma da fração

$$\frac{365}{365}$$

porque isso nos diz que, dos 365 aniversários possíveis, todos os 365 apresentam o resultado necessário.

Quando entra a 2ª pessoa, seu aniversário tem que ser diferente, portanto agora temos apenas 364 escolhas dentre 365. Portanto, nossa probabilidade passou a ser

$$\frac{365}{365} \times \frac{364}{365}$$

Quando entra a 3ª pessoa, restam apenas 363 escolhas, e a probabilidade de que não haja nenhuma repetição até agora é de

$$\frac{365}{365} \times \frac{364}{365} \times \frac{363}{365}$$

A esta altura, o padrão já deve estar claro. Depois que k pessoas entraram, a probabilidade de que k aniversários sejam diferentes é de

$$\frac{365}{365} \times \frac{364}{365} \times \frac{363}{365} \times ... \times \frac{365 - k + 1}{365}$$

E estamos em busca do primeiro k para o qual o resultado é menor que 1/2. Cada fração além da primeira é menor que 1, portanto a probabilidade diminui à medida que k aumenta. O cálculo direto nos mostra que quando $k = 22$, a fração equivale a 0,524305, e quando k é 23, a fração é igual a 0,492703. Portanto, o número necessário de pessoas é 23.

Esse número parece surpreendentemente pequeno. Talvez por isso tenhamos a tendência de confundir esse problema com um outro, diferente: quantas pessoas você tem que interrogar para que a probabilidade de que uma delas faça aniversário no mesmo dia que *você* seja maior que 1/2? A resposta a essa pergunta é muito maior – 253.

O mesmo cálculo, feito com as 1.000 músicas do tocador de MP3, mostra que se cada música for escolhida aleatoriamente, teremos que tocar apenas 38 músicas para que a probabilidade de repetição seja maior que 1/2. O número *médio* de músicas que precisaremos tocar até encontrar uma repetição é 39 – um pouco maior.

Esses cálculos são ótimos, mas não nos propiciam um grande entendimento. E se tivermos 1 milhão de músicas? É um grande cálculo – mas um computador poderá fazê-lo. Haverá, entretanto, uma resposta mais simples? Não podemos esperar encontrar uma fórmula exata, mas deveríamos poder encontrar uma boa aproximação. Digamos que temos n músicas. Vemos então que, em média, teremos que tocar aproximadamente

$$\sqrt{\left(\frac{1}{2}\pi\right)} \sqrt{n} = 1{,}2533 \sqrt{n}$$

músicas para encontrar uma repetição (de *alguma* música já tocada, não necessariamente a primeira). Para que a probabilidade de repetição seja maior que 1/2, teremos que tocar aproximadamente

$$\sqrt{(\log 4)}\sqrt{n}$$

músicas, que é

$$1.1774\sqrt{n}$$

Isso é cerca de 6% menor.

Ambos os números são proporcionais à raiz quadrada de n, que cresce muito mais lentamente do que n. É por isso que encontramos respostas bastante pequenas quando n é grande. Se você tivesse 1 milhão de músicas no seu MP3 *player*, teria que tocar, em média, apenas 1.253 delas até encontrar uma repetição (a raiz quadrada de 1 milhão é 1,000). E para que a probabilidade de repetição seja maior que 1/2, teria que tocar aproximadamente 1.177 músicas. A resposta exata, segundo meu computador, é 1.178.

Seis currais

O fazendeiro Hogswill se deparou com outro problema matemático-agrícola. Ele havia montado cuidadosamente 13 pedaços idênticos de cerca de madeira para criar 6 currais idênticos para seus porcos. Porém, durante a noite, algum camarada antissocial roubou um dos pedaços de cerca. Então, ele agora precisa usar 12 desses pedaços para criar 6 currais idênticos. Como poderá fazê-lo? Todos os 12 pedaços de cerca devem ser usados.

Resposta na p.287

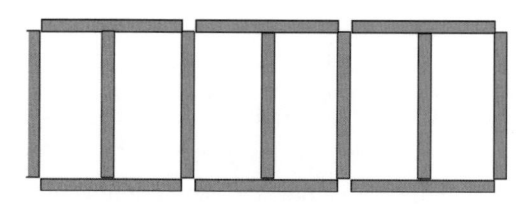

13 pedaços de cerca formando 6 currais.

Números primos patenteados

Devido a sua importância nos algoritmos de criptografia, os números primos têm hoje importância comercial. Em 1994, Roger Schlafly obteve nos EUA a patente nº5.373.560 sobre dois números primos. A patente afirma serem números hexadecimais (em base 16), mas eu os converti a decimais. São eles:

> 7.994.412.097.716.110.548.127.211.733.331.600.522.933.776.7
> 57.046.707.649.963.673.962.686.200.838.432.950.239.103.981.
> 070.728.369.599.816.314.646.482.720.706.826.018.360.181.196.
> 843.154.224.748.382.211.019

e

> 103.864.912.054.654.272.074.839.999.186.936.834.171.066.194.
> 620.139.675.036.534.769.616.693.904.589.884.931.513.925.858.
> 861.749.077.079.643.532.169.815.633.834.450.952.832.125.258.
> 174.795.234.553.238.258.030.222.937.772.878.346.831.083.983.
> 624.739.712.536.721.932.666.180.751.292.001.388.772.039.413.
> 446.493.758.317.344.413.531.957.900.028.443.184.983.069.698.
> 882.035.800.332.668.237.985.846.170.997.572.388.089

Ele fez isto para denunciar as deficiências do sistema de patentes dos EUA.

Legalmente, você não pode usar esses números sem a permissão de Schlafly. Hmmm...

A conjectura de Poincaré

Ao final do século XIX, os matemáticos conseguiram encontrar todos os possíveis "tipos topológicos" de superfícies. Duas superfícies são do mesmo tipo topológico se uma delas puder ser continuamente deformada, transformando-se na outra. Imagine que a superfície é feita de uma massa flexível. Você pode esticá-la, amassá-la ou girá-la – mas não pode rompê-la, nem unir pedaços diferentes.

Para simplificar a história, vou presumir que a superfície não tem fronteira, que é orientável (tem dois lados, diferentemente da fita de Möbius) e que tem extensão finita. Os matemáticos do século XIX provaram que toda superfície assim é topologicamente equivalente a uma esfera, a um toro,* a um toro com 2 buracos, a um toro com 3 buracos e assim por diante.

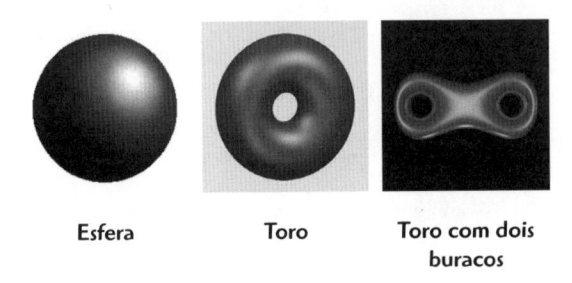

Esfera   **Toro**   **Toro com dois buracos**

"Superfície", neste caso, não se refere apenas à *superfície*. A esfera de um topologista é como um balão – uma película de borracha infinitamente fina. Um toro tem a forma de uma câmara de pneu (para quem sabe o que é uma câmara de pneu). Assim, a "massa" que mencionei é na verdade uma película muito fina, e não um amontoado sólido. Os topologistas chamam uma esfera sólida de "bola".

Para fazer sua classificação de todas as superfícies, os topologistas tinham que caracterizá-las "intrinsecamente", sem referência a qualquer espaço circundante. Pense em uma formiga que mora na superfície, ignorante quanto a qualquer espaço que a circunde. Como ela poderá entender a superfície que habita? Em torno do ano 1900, compreendeu-se que uma boa maneira de responder a tais questões seria pensar em alças fechadas na superfície, chamadas lacetes, e em como esses lacetes poderiam ser deformados. Por exemplo, em uma

---

* Um toro (ou toroide) é uma superfície gerada pela rotação de uma circunferência em torno de um eixo em seu plano e externo a ela. (N.E.)

esfera (na qual me refiro apenas à superfície, e não ao interior sólido), qualquer lacete pode ser continuamente deformado até um ponto – "encolhido". Por exemplo, o círculo que corre ao redor do Equador poderia ser gradualmente movido em direção ao Polo Sul, tornando-se cada vez menor até coincidir com o próprio polo:

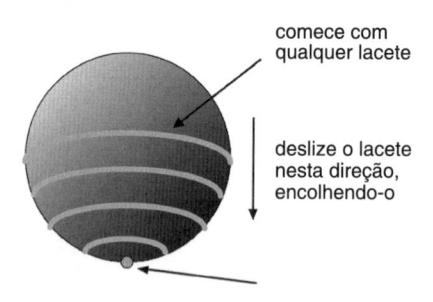

Como encolher continuamente um lacete numa esfera, até formar um ponto.

Por outro lado, toda superfície que não seja equivalente a uma esfera contém lacetes que não podem ser deformados até se tornarem pontos. Tais lacetes "passam por um buraco", e o buraco os impede de serem encolhidos. Assim, a esfera pode ser caracterizada como a *única* superfície na qual qualquer lacete pode ser encolhido até um ponto.

Observe, porém, que o "buraco" que vemos na imagem não é de fato parte da superfície. Por definição, é um lugar em que a superfície não está. Se pensarmos intrinsecamente, não podemos falar em buracos de maneira razoável se tentarmos visualizá-los do modo habitual. A formiga que vive na superfície e não conhece nenhum outro universo não poderá perceber que seu toro tem um buracão imundo no meio – assim como nós somos incapazes de enxergar uma quarta dimensão. Portanto, embora eu esteja usando a palavra "buraco" para explicar por que o lacete não pode ser encolhido, uma prova topológica segue uma linha diferente.

**Em todas as demais superfícies,
os lacetes podem ficar presos**

Em 1904, Henri Poincaré estava tentando dar o passo seguinte e compreender as "variedades tridimensionais" – análogos tridimensionais das superfícies – e, por algum tempo, presumiu que a caracterização de uma esfera em termos do encolhimento de lacetes também fosse verdadeira em três dimensões, nas quais há um análogo natural da esfera chamado 3-esfera (ou esfera tridimensional ou hiperesfera). Uma 3-esfera *não é* apenas uma bola sólida, mas podemos visualizá-la – se é que podemos falar assim – tomando uma bola sólida e fingindo que toda superfície na verdade não passa de um único ponto.

Imagine fazer o mesmo com um disco circular. A borda se fecha como uma bolsa se você a amarrar com um barbante, e o resultado topológico é uma esfera. Agora suba uma dimensão...

tome um disco... ...amarre a borda... ...e você ficará com uma 2-esfera.

Transformando um disco numa esfera.

A princípio, Poincaré pensou que essa caracterização da 3-esfera deveria ser óbvia, ou ao menos fácil de provar, mas depois se deu conta de que uma versão plausível de sua afirmação estava errada, enquanto outra formulação bastante relacionada parecia difícil de provar, mas poderia muito bem ser verdadeira. Ele fez uma pergunta ilusoriamente simples: se uma variedade tridimensional (sem fronteira, de extensão finita etc.) tiver a propriedade de que qualquer lacete possa ser encolhido até um ponto, essa variedade deve ser topologicamente equivalente a uma 3-esfera?

Tentativas subsequentes de responder a essa pergunta falharam terrivelmente, ainda que, depois de um grande esforço por parte dos topologistas do mundo, tenha sido provado que a resposta é "sim" para todas as versões em dimensões *maiores* que 3. A crença de que o mesmo se aplica às 3 dimensões ficou conhecida como a *conjectura de Poincaré*, famosa por ser um dos sete Problemas do Milênio (p.136).

Em 2002, um matemático nascido na Rússia, Grigori Perelman, causou sensação ao publicar diversos artigos no arXiv.org, um site informal sobre pesquisas atuais em física e matemática. Seus artigos supostamente tratavam de várias propriedades do "fluxo de Ricci", mas ficou claro que, se o trabalho estivesse correto, isso significaria que a conjectura de Poincaré também era verdadeira. A ideia de usar o fluxo de Ricci surgiu em 1982, quando Richard Hamilton apresentou uma nova técnica baseada em ideias matemáticas usadas por Albert Einstein na relatividade geral. Segundo Einstein, o espaço-tempo pode ser considerado curvo, e a curvatura descreve a força da gravidade. A curvatura é medida por algo chamado "tensor de curvatura", que tem um parente mais simples chamado "tensor de Ricci", em homenagem a seu inventor, Gregório Ricci-Curbastro.

Segundo a relatividade geral, os campos gravitacionais podem alterar a geometria do universo com o passar do tempo, e essas mudanças são governadas pelas equações de Einstein, segundo as quais o tensor de *stress* é proporcional à curvatura. Com efeito, a curvatura gravitacional do universo tenta diminuir com o passar do tempo, e as equações de Einstein quantificam essa ideia.

A mesma brincadeira pode ser feita usando-se a versão de Ricci da curvatura, que leva ao mesmo tipo de comportamento: uma superfície que obedeça às equações do fluxo de Ricci naturalmente tenderá a simplificar sua própria geometria, redistribuindo mais regularmente sua curvatura. Hamilton demonstrou que a conhecida versão bidimensional da conjectura de Poincaré, que caracteriza a esfera, poderia ser provada usando-se o fluxo de Ricci. Basicamente, uma superfície na qual todos os lacetes podem ser encolhidos se simplifica tanto ao seguir o fluxo de Ricci que acaba se tornando uma esfera perfeita. Hamilton sugeriu a generalização dessa abordagem para 3 dimensões, mas se deparou com alguns obstáculos difíceis.

A principal complicação em 3 dimensões é a possibilidade do surgimento de "singularidades" em que o espaço se contrai e o fluxo é interrompido. A ideia original de Perelman consistiu em cortar a superfície em um lugar próximo a uma dessas singularidades, tapar os buracos resultantes e então permitir que o fluxo continuasse. Se a variedade conseguir se simplificar completamente depois do surgimento de um número finito de singularidades, isso provará a veracidade não só da conjectura de Poincaré, como também um resultado mais abrangente, a conjectura da Geometrização de Thurston, que nos fala de *todas as possíveis* variedades tridimensionais.

A partir daí, a história segue um caminho curioso. É geralmente aceito que o trabalho de Perelman está correto, embora seus artigos no arXiv tenham deixado muitas lacunas que precisaram ser preenchidas corretamente, e isso resultou ser bastante difícil. Perelman teve seus motivos pessoais para não aceitar o Prêmio do Milênio – de fato, não aceitou nenhuma recompensa, além da solução em si – e decidiu não expandir seus artigos, tornando-os publicáveis, embora estivesse geralmente disposto a explicar o modo de preencher vários detalhes a quem quer que lhe perguntasse. Os especialistas da área foram forçados a desenvolver suas próprias versões das ideias de Perelman.

O matemático também foi condecorado com a medalha Fields, o prêmio maior da matemática, no Congresso Internacional de Matemáticos de Madrid, em 2006. Mas também recusou esse prêmio.

Lógica hipopotâmica

Não vou comer o meu chapéu.
Se hipopótamos não comem bolotas, então crescerão carvalhos na África.
Se carvalhos não crescem na África, então esquilos hibernam no inverno.
Se hipopótamos comem bolotas e esquilos hibernam no inverno, então vou comer o meu chapéu.
Portanto – *o quê?*

Resposta na p.287

A formiga de Langton

A formiga de Langton foi inventada por Christopher Langton e nos mostra que ideias simples podem ser incrivelmente complexas. Ela leva a um dos mais desconcertantes problemas não resolvidos em toda a matemática, e tudo a partir de ingredientes surpreendentemente simples.

A formiga vive em uma grade infinita formada por quadrados pretos e brancos, e pode estar apontada para qualquer um dos pontos cardeais: norte, sul, leste ou oeste. A cada segundo ela se move um quadrado para a frente, e então segue três regras simples:

- Se cair em um quadrado preto, gira 90° para a esquerda.
- Se cair em um quadrado branco, gira 90° para a direita.
- O quadrado de que ela acabou de sair muda então de cor, de branco para preto, ou vice-versa.

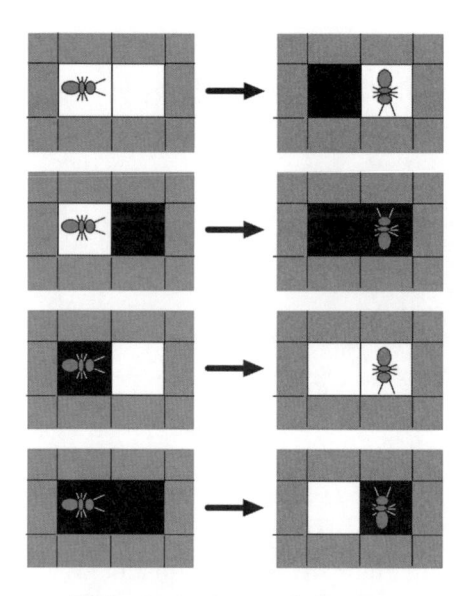

**Efeito do movimento da formiga.
As células em cinza podem ter qualquer cor,
e não se alteram neste movimento.**

Como aquecimento, digamos que a formiga começa apontada para leste em uma grade inteiramente branca. Seu primeiro movimento a leva a um quadrado branco, e o quadrado em que começou se torna preto. Por estar em um quadrado branco, o próximo movimento da formiga é um giro à direita, portanto ela está agora apontada para o sul. Isso a leva a um novo quadrado branco, e o quadrado de que acabou de sair se torna preto. Depois de mais alguns movimentos, a formiga volta a visitar quadrados em que já esteve antes, que se tornaram pretos, e neste caso ela gira à esquerda. Com o passar do tempo, o movimento da formiga se torna bastante complicado, assim como o padrão, eternamente mutável, de quadrados pretos e brancos que ela deixa para trás.

Jim Propp descobriu que as primeiras centenas de movimentos às vezes geram um belo desenho simétrico. A partir de então, as coisas ficam bastante caóticas por cerca de 10 mil movimentos. Depois disso, a formiga fica presa em um ciclo no qual a mesma sequência de 104 movimentos se repete indefinidamente, e cada ciclo faz com que ela se mova 2 quadrados na diagonal. Ela continua assim para sempre, construindo sistematicamente uma ampla "estrada" em diagonal.

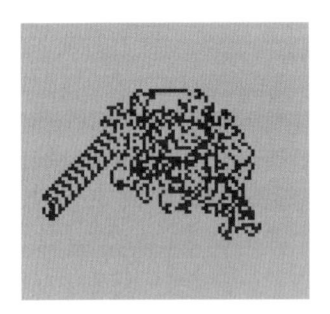

A formiga de Langton cria uma estrada.

Essa "ordem surgida do caos" já é bastante intrigante por si só, mas experimentos por computador sugerem algo ainda mais surpreendente. Se espalharmos qualquer número finito de quadrados pretos na grade antes que a formiga inicie seu percurso, ela *ainda assim* acabará por construir uma estrada. Poderá levar mais tempo para fazê-lo, e seus movimentos iniciais poderão ser muito diferentes, mas no fim das contas é isso que acontece. Como exemplo, a segunda figura mostra um padrão surgido quando a formiga começa seu percurso dentro de um retângulo sólido. Antes de construir a estrada, a formiga cria um "castelo" com muralhas retas e parapeitos com ameias complicadas. Ela continua a destruir e reconstruir essas estruturas de uma maneira curiosa, aparentemente resoluta, até se distrair e vagar por aí – construindo uma estrada.

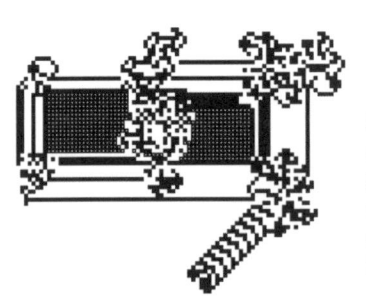

Desenho criado pela formiga de Langton quando começa dentro de um retângulo preto. A estrada está no canto inferior direito. Pequenos pontos brancos marcam os quadrados do retângulo inicial que jamais foram visitados.

O problema que intriga os matemáticos é provar que a formiga *sempre* acabará por construir a estrada, para qualquer configuração inicial com um número finito de quadrados pretos. Ou refutar essa ideia, se estiver errada. O que se sabe é que a formiga jamais poderá ficar presa dentro de qualquer região limitada da grade – ela sempre escapa, se esperarmos por tempo suficiente. Mas não sabemos se ela necessariamente escapa por uma estrada.

Porco amarrado

O fazendeiro Hogswill tem um campo, que é um triângulo equilátero perfeito com lados de 100m de comprimento. Porcolossus, seu suíno premiado, está amarrado em um canto, de modo que a porção do campo à qual o animal tem acesso é exatamente igual à metade da área. Qual é a extensão da corda?

Você pode – na verdade, deve – presumir que Porcolossus tem tamanho zero (o que, admito, é bastante tolo) e que a corda é infinitamente fina, e quaisquer nós podem ser ignorados.

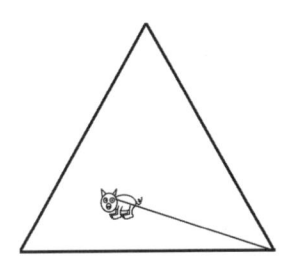

Porcolossus pode pastar tranquilamente por metade da áreia do campo

Resposta na p.287

Prova surpresa

Este paradoxo é tão famoso que eu quase o deixei de fora. Mas ele desperta algumas questões interessantes.

O professor diz aos alunos que haverá uma prova em um dia da semana que vem (entre segunda e sexta-feira), e que será uma surpresa. Isso parece razoável: o professor pode escolher qualquer dia dentre os

5, e os alunos não têm como saber antecipadamente em que dia será. Mas os alunos não veem a coisa dessa forma. Eles deduzem que a prova não poderá ser na sexta-feira – porque se for, quando passar a quinta-feira sem que a prova tenha sido aplicada, eles saberão que será na sexta-feira, portanto não será surpresa nenhuma. E uma vez que tenham descartado a sexta-feira, aplicam o mesmo raciocínio aos 4 dias restantes da semana, portanto a prova tampouco poderá ser na quinta-feira. Nesse caso, não poderá ser na quarta-feira, portanto não poderá ser na terça, portanto não poderá ser segunda. Aparentemente, a prova surpresa não é possível.

Até aí tudo bem, mas se o professor decidir aplicar a prova na quarta-feira, os alunos aparentemente não teriam como *saber* disso antecipadamente! Este é um paradoxo genuíno ou não?

Resposta na p.288

Cone antigravidade

Desafiando a lei da gravidade, este cone *rola para cima*. Eis como construí-lo.

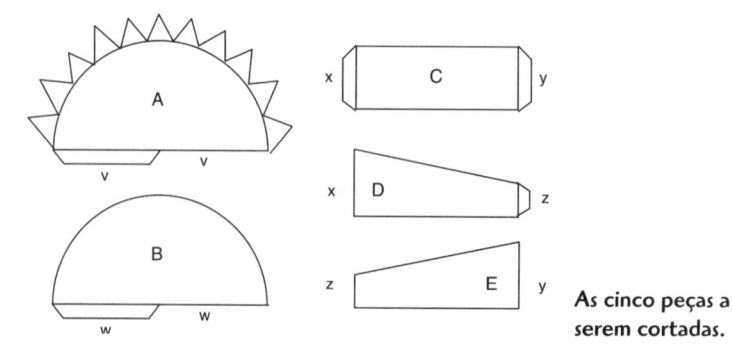

As cinco peças a serem cortadas.

Copie as 5 formas em um pedaço de cartolina fina, duas a três vezes maiores que as apresentadas aqui, e as recorte. Na peça A, cole a aba v na borda v para fazer um cone. Na peça B, cole a aba w na borda w para fazer um segundo cone. A seguir, cole os dois cones base com base, usando as abas triangulares em A.

Cole a aba x de C à borda x de D, e a aba y de C à borda y de E. Finalmente, cole a aba z de D à borda z de E, formando uma rampa triangular.

Coloque o cone duplo na parte de baixo deste triângulo, e o solte. Ele parecerá rolar para cima.

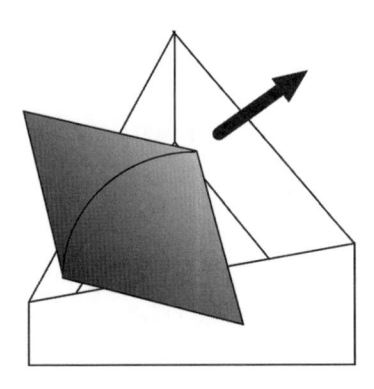

O cone gira, desafiando a gravidade.

Resposta na p.289

Piadas matemáticas 2

Um engenheiro, um físico e um matemático estão hospedados em um hotel. O engenheiro acorda e sente cheiro de fumaça. Ele sai para o corredor, vê um incêndio, enche o cesto de lixo do quarto com água e a joga no fogo, apagando-o.

Mais tarde, o físico acorda e sente cheiro de fumaça. Ele sai para o corredor e vê um (segundo) incêndio. Puxa uma mangueira de incêndio da parede. Após calcular a temperatura da reação exotérmica, a velocidade da frente da chama, a pressão da água na mangueira e tudo o mais, ele usa a mangueira para apagar o fogo com gasto mínimo de energia.

Mais tarde ainda, o matemático acorda e sente cheiro de fumaça. Sai para o corredor e vê um (terceiro) incêndio. Ele nota a mangueira de incêndio na parede e se põe a pensar por um momento... e então diz:

– Muito bem, existe uma solução! – e volta para a cama.

Por que Gauss decidiu ser matemático

Carl Friedrich Gauss nasceu em Brunswick em 1777 e morreu em Göttingen em 1855. Seus pais eram trabalhadores braçais iletrados, mas ele se tornou um dos maiores matemáticos da história. Muitos o consideram o melhor. Foi bastante precoce – conta-se que, certa vez, apontou um erro nos cálculos financeiros do pai aos três anos de idade. Aos 19 teve que decidir entre estudar matemática ou línguas, e tomou a decisão ao descobrir como construir um polígono regular de 17 lados usando as ferramentas euclidianas tradicionais – uma régua sem marcações e um compasso.

Isso pode não parecer muito, mas era algo absolutamente sem precedentes, e a descoberta levou ao surgimento de um novo ramo da teoria dos números. A obra *Elementos*, de Euclides, contém construções de polígonos regulares (todos os lados

Carl Friedrich Gauss.

de igual comprimento, todos os ângulos iguais) com 3, 4, 5, 6 e 15 lados, e os antigos gregos sabiam que o número de lados podia ser duplicado sempre que quiséssemos. Até 100, o número de lados de um polígono (regular) construível – até onde os gregos sabiam – deveria ser:

2, 3, 4, 5, 6, 8, 10, 12, 15, 16, 20, 24, 30, 32, 40, 48, 60, 64, 80, 96

Por mais de 2 mil anos, todos presumiram que nenhum outro polígono fosse construível. Em particular, Euclides não nos conta como construir polígonos de 7 e 9 lados, e o motivo para isso é que ele não tinha ideia de como fazê-lo. A descoberta de Gauss foi uma bomba, acrescentando à lista os polígonos de 17, 34 e 68 lados. E, o que é ainda mais incrível, seus métodos provaram que outros números, como 7, 9, 11 e 13, são impossíveis – os polígonos existem, mas não podemos construí-los com métodos euclidianos.

A construção de Gauss depende de dois simples fatos sobre o número 17: é primo, e se encontra uma unidade acima de uma potência de 2. O problema, no fim das contas, se reduz a descobrir quais números primos correspondem a polígonos construíveis, e a potência de 2 entra na história porque toda construção euclidiana se resume à tomada de uma série de raízes quadradas – o que, em particular, implica que o comprimento de qualquer reta presente na construção deve satisfazer equações algébricas cujo grau seja uma potência de dois. A equação fundamental para o polígono de 17 lados é

$$x^{16} + x^{15} + x^{14} + x^{13} + x^{12} + x^{11} + x^{10} + x^9 + x^8 + x^7 + x^6 + x^5 + x^4 + x^3 + x^2 + x + 1 = 0$$

onde x é um número *complexo*. As 16 soluções, juntamente com o número 1, formam os vértices de um polígono regular de 17 lados no plano complexo. Como 16 é uma potência de 2, Gauss percebeu que haveria uma chance. Fez alguns cálculos inteligentes e provou que o polígono de 17 lados pode ser construído, contanto que construamos uma reta cujo comprimento é

$$\tfrac{1}{16}\left[-1 + \sqrt{17} + \sqrt{34 - 2\sqrt{17}} + \sqrt{68 + 12\sqrt{17} - 16\sqrt{34 + 2\sqrt{17}} - 2(1 - \sqrt{17})(\sqrt{34 - 2\sqrt{17}}}\right]$$

Como sempre podemos construir raízes quadradas, isso efetivamente resolve o problema, e Gauss não se preocupou em descrever cada uma das etapas necessárias – a própria fórmula faz isso. Mais tarde, outros matemáticos descreveram construções explícitas. Ulrich von Huguenin publicou a primeira delas em 1803, e H.W. Richmond encontrou uma mais simples em 1893.

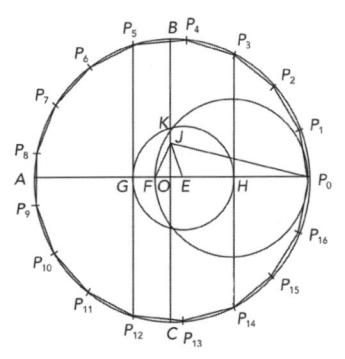

Método de Richmond para construir um polígono regular de 17 lados. Tome dois raios perpendiculares de uma circunferência, AOP_0 e BOC. Faça $4OJ/OB = 1$ e o ângulo $4OJE/OJP_0 = 1$. Encontre F tal que o ângulo EJF seja de 45°. Desenhe uma circunferência tendo FP_0 como diâmetro, encontrando OB em K. Desenhe a circunferência com centro E passando por K, cortando AP_0 em G e H. Desenhe HP_3 e GP_5 perpendiculares a AP_0. Então, P_0, P_3 e P_5 são respectivamente o 0°, 3° e 5° vértices de um polígono regular de 17 lados, e os outros vértices são agora facilmente construíveis.

O método de Gauss prova que um polígono regular de n lados pode ser construído sempre que n seja um primo na forma $2^k + 1$. Estes números são chamados *primos de Fermat*, porque Fermat os investigou. Particularmente, ele notou que o próprio k deveria ser uma potência de 2 para que $2^k + 1$ pudesse ser primo. Os valores $k = 1, 2, 4, 8$ e 16 geram os primos de Fermat 3, 5, 17, 257 e 65.537. No entanto, $2^{32} + 1 = 4.294.967.297 = 641 \times 6.700.417$ não é primo. Gauss sabia que o polígono regular de n lados era construível se e somente se n fosse uma potência de 2 ou uma potência de 2 multiplicada por primos de Fermat *diferentes*. Mas não apresentou uma prova completa – provavelmente porque, para ele, isso era óbvio.

Seus resultados provaram que é impossível construir polígonos regulares de 7, 11 ou 13 lados por métodos euclidianos, porque esses números são primos, mas não do tipo de Fermat. A equação análoga para o polígono regular de 7 lados, por exemplo, é $x^6 + x^5 + x^4 + x^3 + x^2 + x + 1 = 0$, que tem grau 6, que não é uma potência de 2. O polígono regular de 9 lados não é construível porque 9 não é o produto de primos de Fermat diferentes – é 3×3, e 3 é um primo de Fermat, mas estamos multiplicando o mesmo primo duas vezes.

Os primos de Fermat listados acima são os únicos *conhecidos*. Se houver algum outro, deverá ser absolutamente gigantesco: pelo que se sabe até agora, o primeiro candidato é $2^{33.554.432} + 1$, e $33.554.432 = 2^{25}$. Embora ainda não tenhamos certeza sobre quais polígonos regulares são construíveis, o único obstáculo é a possível presença de primos de Fermat muito grandes. Uma boa página na internet para pesquisar primos de Fermat é mathworld.wolfram.com/FermatNumber.html.

Em 1832, Friedrich Julius Richelot publicou uma construção para o polígono regular de 257 lados. Johann Gustar Hermes, da Universidade de Lingen, dedicou 10 anos ao polígono de 65.537 lados, e seu trabalho publicado se encontra na Universidade de Göttingen, mas provavelmente contém erros.

Com técnicas de construção mais gerais, outros números são possíveis. Se você usar um apetrecho para trissectar ângulos, o polígono de 9 lados fica fácil. O de 7 lados continua sendo impossível, mas isso não é nem um pouco óbvio.

Qual é a forma da Lua crescente?

A Lua está baixa no céu pouco após o pôr do sol ou antes do amanhecer. A parte iluminada de sua superfície forma um belo crescente. As duas curvas que formam a fronteira do crescente lembram arcos de circunferências, e muitas vezes são desenhadas assim. Presumindo que a Lua seja uma esfera perfeita e que os raios do Sol sejam paralelos, essas curvas *são* arcos de circunferências?

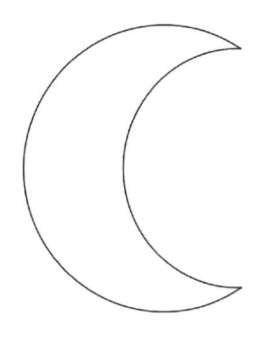

Resposta na p.289

Matemáticos famosos/famosos matemáticos

Todas as pessoas listadas abaixo – exceto uma – entraram para a faculdade de matemática (ou um curso combinado), ou estudaram com matemáticos famosos, ou foram matemáticos profissionais além de sua outra ocupação. O que foi que os tornou famosos? Qual pessoa não pertence à lista?

    Pierre Boulez   Carole King
    Sergey Brin Emanuel   Lasker
    Lewis Carroll   J.P. Morgan
    J.M. Coetzee   Larry Niven
    Alberto Fujimori   Alexander Solzhenitsyn
    Art Garfunkel   Bram Stoker

Philip Glass
Teri Hatcher
Edmund Husserl
Michael Jordan
Theodore Kaczynski
John Maynard Keynes

Leon Trotsky
Eamon de Valera
Carol Vorderman
Virginia Wade
Ludwig Wittgenstein
Sir Christopher Wren

Respostas na p.290

O que é um primo de Mersenne?

Um *número de Mersenne* é um número de forma $2^n - 1$. Ou seja, um a menos que uma potência de 2. Um *primo de Mersenne* é um número de Mersenne que calha de ser primo. É bastante fácil provar que, neste caso, o expoente n também deve ser primo. Para os primeiros primos, $n = 2, 3, 5$ e 7, os números de Mersenne correspondentes, 3, 7, 31 e 127, são todos primos.

O interesse pelos números de Mersenne remonta a muito tempo atrás, e inicialmente se pensava que seriam primos sempre que n fosse primo. No entanto, em 1536, Hudalricus Regius provou que essa suposição era falsa, destacando que $2^{11} - 1 = 2.047 = 23 \times 89$. Em 1603, Pietro Cataldi observou que $2^{17} - 1$ e $2^{19} - 1$ eram primos, o que está correto, e afirmou que $n = 23, 29, 31$ e 37 também levariam a primos. Fermat provou que Cataldi estava errado para os números 23 e 37, e Euler destruiu sua afirmação sobre o 29. Mas Euler provou que $2^{31} - 1$ é primo.

Em seu livro *Cogitata Physico-Mathematica*, de 1644, o monge francês Marin Mersenne afirmou que $2^n - 1$ era primo quando n fosse 2, 3, 5, 7, 13, 17, 19, 31, 67, 127 e 257 – e para nenhum outro valor nessa faixa. Usando os métodos disponíveis na época, ele não poderia ter testado a maior parte desses números, portanto suas alegações não passavam de um palpite, mas seu nome acabou sendo associado ao problema.

Em 1876, Édouard Lucas desenvolveu uma maneira inteligente de testar os números de Mersenne para ver se eram primos, e mostrou que Mersenne estava certo para $n = 127$. Em 1947, todas as possibilidades dentro da faixa de Mersenne já haviam sido testadas, e ele resultou estar errado ao incluir os números 67 e 257. Mersenne também omitiu os números 61, 89 e 107. Lucas aperfeiçoou seu teste, e, nos anos 1930, Derrick Lehmer fez mais algum progresso. O teste de Lucas-Lehmer utiliza a sequência de números

4, 14, 194, 37634...

na qual cada elemento é o quadrado do anterior, subtraído de 2. Podemos provar que o n-ésimo número de Mersenne é primo se, e somente se, dividir o $(n - 1)$-ésimo termo desta sequência. O teste consegue provar que um número de Mersenne é composto sem encontrar nenhum de seus fatores primos, e consegue provar que o número é primo sem testar quaisquer fatores primos. Há um truque para fazer com que todos os números envolvidos no teste se mantenham menores que o número de Mersenne em questão.

A busca por grandes números de Mersenne ainda desconhecidos é uma maneira divertida de testar computadores novos e rápidos, e ao longo dos anos, os caçadores de primos conseguiram estender a lista. Hoje em dia, ela tem 44 primos:

N	Ano	Descobridor
2	–	conhecido desde a Antiguidade
3	–	conhecido desde a Antiguidade
5	–	conhecido desde a Antiguidade
7	–	conhecido desde a Antiguidade
13	1456	anônimo
17	1588	Pietro Cataldi
19	1588	Pietro Cataldi
31	1772	Leonhard Euler
61	1883	Ivan Pervushin
89	1911	R.E. Powers*
107	1914	R.E. Powers

---

* Powers é um matemático desconhecido, possivelmente amador. Não consegui localizar seu primeiro nome.

127	1876	Édouard Lucas
521	1952	Raphael Robinson
607	1952	Raphael Robinson
1.279	1952	Raphael Robinson
2.203	1952	Raphael Robinson
2.281	1952	Raphael Robinson
3.217	1957	Hans Riesel
4.253	1961	Alexander Hurwitz
4.423	1961	Alexander Hurwitz
9.689	1963	Donald Gillies
9.941	1963	Donald Gillies
11.213	1963	Donald Gillies
19.937	1971	Bryant Tuckerman
21.701	1978	Landon Noll e Laura Nickel
23.209	1979	Landon Noll
44.497	1979	Harry Nelson e David Slowinski
86.243	1982	David Slowinski
110.503	1988	Walter Colquitt e Luther Welsh
132.049	1983	David Slowinski
216.091	1985	David Slowinski
756.839	1992	David Slowinski *et al.*
859.433	1994	David Slowinski e Paul Gage
1.257.787	1996	David Slowinski e Paul Gage
1.398.269	1996	Joel Armengaud *et al.*
2.976.221	1997	Gordon Spence *et al.*
3.021.377	1998	Roland Clarkson *et al.*
6.972.593	1999	Nayan Hajratwala *et al.*
13.466.917	2001	Michael Cameron *et al.*
20.996.011	2003	Michael Shafer *et al.*
24.036.583	2004	Josh Findley *et al.*
25.964.951	2005	Martin Nowak *et al.*
30.402.457	2005	Curtis Cooper *et al.*
32.582.657	2006	Curtis Cooper *et al*
37.156.667	2008	Hans-Michael Elvenich
43.112.609	2008	Edson Smith

Até o 39º primo de Mersenne ($n - 13.466.917$) a lista está completa, mas pode haver mais deles ainda não descobertos, nas lacunas entre os primos conhecidos depois desse. O 46º primo de Mersenne conhecido,

$2^{43,112,609} - 1$, tem 12.978.189 algarismos decimais, sendo atualmente (em novembro de 2008) o maior primo conhecido. Os primos de Mersenne geralmente detêm este recorde, graças ao teste de Lucas-Lehmer; no entanto, sabemos desde Euclides que não existe o maior dos primos. Para obter informações atualizadas, visite o site dos Primos de Mersenne: primes.utm.edu/mersenne/. Você também pode entrar na Grande Busca de Primos de Mersenne pela Internet (GIMPS), em www.mersenne.org/.

A conjectura de Goldbach

No ano 2000, em uma campanha publicitária para o romance *Tio Petros e a conjectura de Goldbach*, a editora Faber & Faber ofereceu um prêmio de US$1 milhão para quem encontrasse uma prova da conjectura, desde que fosse apresentada antes de abril de 2002. Ninguém reivindicou o prêmio, o que não foi surpresa nenhuma para os matemáticos, já que o problema vem resistindo aos seus esforços por mais de 250 anos.

Tudo começou em 1742, quando Christian Goldbach escreveu uma carta a Leonhard Euler, sugerindo que todos os inteiros pares são a soma de dois primos – aparentemente, René Descartes se deparara com a mesma ideia um pouco antes, mas ninguém ficou sabendo disso. Nessa época, o número 1 era considerado primo, portanto 2 = 1 + 1 era aceitável, mas hoje em dia reformulamos a *conjectura de Goldbach* desta forma: todo inteiro par maior que 2 é a soma de dois primos – com algumas variações. Por exemplo,

4 = 2 +2
6 = 3 +3
8 = 5 +3
10 =7 + 3 = 5 + 5
12 = 7 + 5
14 = 11 + 3 = 7 +7

Euler respondeu, dizendo ter certeza de que Goldbach estava certo, mas não conseguiu encontrar uma prova – e essa é a situação em que nos encontramos atualmente. O que sabemos é que todo inteiro par é a soma de, no máximo, 6 primos – provado por Olivier Ramaré em 1995. Em 1973, Chen Jing-Run provou que todo inteiro par suficientemente grande é soma de um primo e um semiprimo (1 primo ou o produto de 2 primos).

Em 1998, Jean-Marc Deshouillers, Yannick Saouter e Herman te Riele verificaram a conjectura de Goldbach para todos os números pares até 10^{14}. Em 2007, Oliveira e Silva melhorou a marca para 10^{18}, e suas computações continuam. Se a hipótese de Riemann (p.225) for verdadeira, a conjectura ímpar de Goldbach – segundo a qual todo inteiro ímpar maior que 5 é a soma de 3 primos – é uma consequência do resultado de 1998.

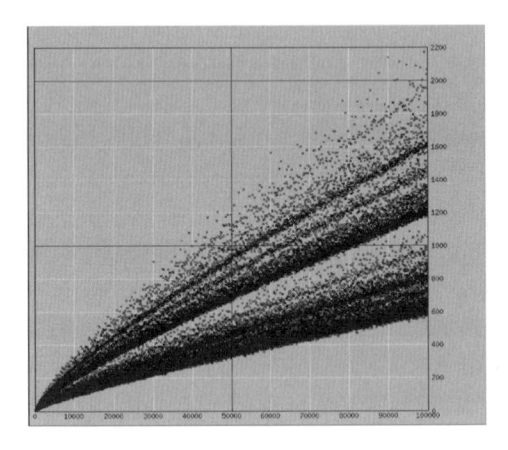

Gráfico mostrando de quantas maneiras (eixo vertical) cada número par (eixo horizontal) pode ser expresso como a soma de dois primos. Os pontos mais baixos do gráfico se movem para cima quando avançamos da esquerda para a direita, indicando que existem muitas maneiras de fazê-lo. No entanto, a qualquer momento um ponto ocasional poderia cair no eixo horizontal. Um único ponto como esse refutaria a conjectura de Goldbach.

Em 1923, Godfrey Hardy e John Littlewood obtiveram uma fórmula heurística – que não puderam provar rigorosamente, mas que parecia plausível – para o número de maneiras diferentes de escrever um certo número inteiro como a soma de 2 primos. Essa fórmula, que corresponde às evidências numéricas, indica que quando o número aumenta, há muitas maneiras de escrevê-lo como a soma de 2 primos. Portanto, podemos esperar que o menor dos 2 primos seja relativamente minúsculo. Em 2001, Jörg Richstein observou que, para números até 10^{14}, o menor primo é no máximo 5.569, e isso ocorre para

389.965.026.819.938 = 5.569 + 38.996.5026.814.369

• •

Tartarugas até lá embaixo

O infinito é uma ideia capciosa. As pessoas falam despreocupadamente da "eternidade" – um período de tempo infinito. Segundo a teoria do Big Bang, o universo surgiu há cerca de 13 bilhões de anos. Além de não haver universo antes disso, não havia "antes" antes disso.* Algumas pessoas se preocupam com isso, e a maioria delas parece muito mais feliz com a ideia de que o universo "sempre existiu". Isto é, o passado já é infinitamente longo.

Essa alternativa parece resolver a difícil questão sobre a origem do universo ao negar que tenha havido qualquer origem. Se algo sempre esteve aqui, é tolice perguntar por que está aqui agora. Não é?

Provavelmente. Mas isso ainda não explica *por que* o universo *sempre esteve aqui*.

Pode ser difícil apreender essa questão. Para torná-la mais clara, deixe-me compará-la com uma proposta diferente. Uma lenda engraçada (e muito provavelmente verdadeira) diz que um famoso cientista – Stephen Hawking costuma ser mencionado, por ter contado a história em *Uma breve história do tempo* – estava dando uma palestra sobre o universo quando uma senhora na plateia ressaltou que a Terra flutua no espaço porque está apoiada nas costas de quatro elefantes, que por sua vez se apoiam no casco de uma tartaruga.

---

* Alguns cosmologistas acreditam atualmente que, no fim das contas, pode ter havido algo antes do Big Bang – nosso universo pode ser parte de um *"multiverso"* no qual universos individuais passam a surgir e depois desaparecem novamente. A teoria é boa, mas é difícil encontrar alguma maneira de testá-la.

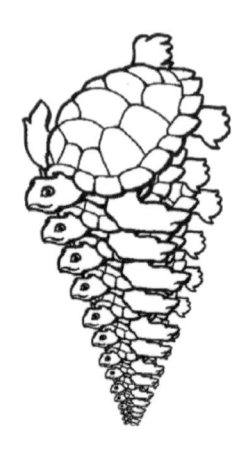

– Ah, mas onde se apoia a tartaruga? – perguntou o cientista.

– Não seja tolo – respondeu a senhora. – *Tem tartarugas até lá embaixo!*

Tudo muito divertido, mas nós não caímos nessa explicação. Uma pilha autossustentada de tartarugas é ridícula, e não só por serem tartarugas. O fato de que cada tartaruga se apoie na anterior não parece uma boa explicação para como *a pilha inteira* se mantém apoiada.

Tartarugas até lá embaixo.

Muito bem. Mas, agora substitua a Terra pelo estado atual do universo, e substitua cada tartaruga pelo estado anterior do universo. Ah, e troque "apoio" por "causa". Por que o universo existe? Porque antes existiu um universo prévio. Por que esse universo existiu? Porque antes existiu um universo prévio. Tudo começou em um tempo finito no passado? Não, tem *universos até lá atrás*.*

Assim, um universo que sempre existiu é no mínimo tão intrigante quanto um que nem sempre existiu.

• •

Hotel Hilbert

Entre os paradoxos ligados ao infinito encontra-se uma série de eventos bizarros ocorridos no hotel Hilbert. Ao redor de 1900, David Hilbert era um dos principais matemáticos do mundo. Ele trabalhou com as fundações lógicas da matemática, e tinha um interesse particular pelo infinito. Enfim, o fato é que o hotel Hilbert tem infinitos quartos, com números 1, 2, 3, 4 etc. – todos os inteiros positivos.

Durante um feriadão, o hotel estava completamente cheio. Um turista, que não tinha feito uma reserva, surgiu na recepção e pediu um

---

* Em parte, o que torna a ideia do *multiverso* interessante é o fato de reviver a ideia de que ele "sempre esteve aqui". Nosso universo não esteve, mas o *multiverso* circundante sim. São *multiversos* até lá atrás...

quarto. Em qualquer hotel finito, por maior que fosse, o viajante estaria sem sorte – mas não no hotel Hilbert.

– Sem problema, senhor – disse o gerente. – Vou pedir à pessoa do Quarto 1 que se mude para o Quarto 2, à pessoa do Quarto 2 que se mude para o Quarto 3, à pessoa do Quarto 3 que se mude para o Quarto 4 e assim por diante. A pessoa do Quarto n se mudará para o Quarto $n + 1$. E então o Quarto 1 ficará livre, e você poderá se hospedar ali.

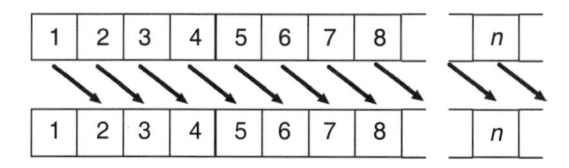

1	2	3	4	5	6	7	8		n
1	2	3	4	5	6	7	8		n

Todos se mudam um quarto à frente, e o Quarto 1 fica livre.

Em um hotel finito esse truque falha, porque a pessoa no quarto com o maior número não terá para onde ir. Mas em um hotel infinito, como o Hilbert, não há um quarto com o *maior* número. Problema resolvido.

Dez minutos depois chega um ônibus da Infinito Turismo, com infinitos passageiros sentados nas poltronas 1, 2, 3, 4 etc.

– Pois bem, não tenho como acomodá-los pedindo a cada hóspede que se mude algum número de quartos à frente – disse o gerente. – Mesmo que todos se mudassem 1 milhão de quartos à frente, isso só liberaria 1 milhão de quartos. – Parou para pensar por um momento. – Ainda assim, posso acomodá-los. Vou pedir à pessoa do Quarto 1 que se mude para o Quarto 2, à pessoa do Quarto 2 que se mude para o Quarto 4, à pessoa do Quarto 3 que se mude para o Quarto 6 e assim por diante. A pessoa do Quarto n se mudará para o Quarto $2n$. Isso vai liberar todos os quartos de número ímpar, e agora posso colocar a pessoa da Poltrona 1 do seu ônibus no Quarto 1, a pessoa da Poltrona 2 no Quarto 3, a pessoa da Poltrona 3 no Quarto 5 e assim por diante. A pessoa da Poltrona n se mudará para o Quarto $2n - 1$.

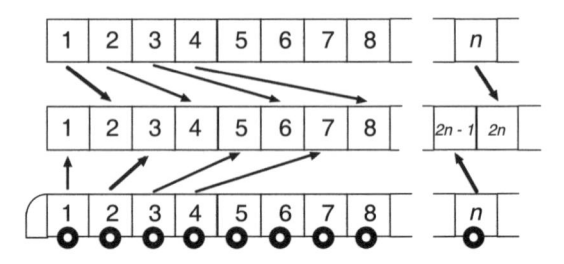

Como acomodar um ônibus com infinitos passageiros.

No entanto, os problemas do gerente ainda não tinham acabado. Dez minutos depois, ele ficou horrorizado ao ver infinitos ônibus da Transfinito Turismo parando em seu estacionamento (infinito).

Ele saiu às pressas para recebê-los.

– Estamos lotados – falou. – Mas *ainda assim* posso acomodá-los!

– Como? – perguntou o motorista do Ônibus 1.

– Vou reduzir o problema a um outro que já resolvi – disse o gerente. – Quero que você coloque todos os passageiros no Ônibus 1.

– Mas o Ônibus 1 está cheio! E há infinitos outros ônibus!

– Sem problema. Alinhe todos os ônibus lado a lado e renumere as poltronas usando uma ordem em diagonal.

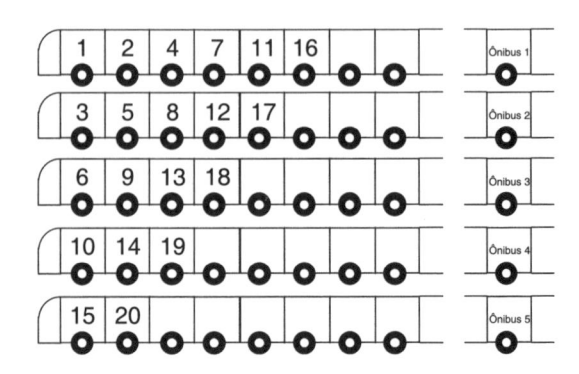

**A ordem em "diagonal" do gerente –
os números 2-3, 4-5-6, 7-8-9-10 etc. ficam inclinados à esquerda.**

– O que ganhamos com isso? – perguntou o motorista.

– Nada... ainda. Mas veja: cada passageiro, em cada um dos seus infinitos ônibus, recebeu um novo número. Cada número ocorre exatamente uma vez.

– E qual é o ponto...?

– Mude cada passageiro para a poltrona do Ônibus 1 que corresponde ao seu novo número.

O motorista obedeceu. Agora estavam todos sentados no Ônibus 1, e todos os demais ônibus estavam vazios – e foram embora dali.

– Agora temos um hotel cheio e apenas um ônibus – disse o gerente. – E eu já sei como lidar com isso.

Ônibus Contínuos

Você não se surpreenderia ao saber que o hotel Hilbert acabou por se deparar com um problema de acomodação que o gerente *não* conseguiu resolver. Desta vez, o hotel estava completamente cheio – não que isso jamais parecesse fazer muita diferença. Um dos Ônibus Contínuos Cantor parou em frente à porta.

Georg Cantor foi o primeiro a desvendar a matemática dos conjuntos infinitos. E descobriu uma propriedade notável do "contínuo" – o sistema de números reais. Um *número real* é qualquer número que possa ser escrito como um decimal, que pode parar após uma quantidade finita de algarismos, como 1,44, ou seguir em frente para sempre, como π. Eis o que Cantor descobriu.

As poltronas da Ônibus Contínuos eram numeradas usando-se números reais, e não inteiros positivos.

– Bem – pensou o gerente – um infinito é igual a outro qualquer, certo?

E assim, indicou um quarto a cada passageiro, até que o hotel estivesse cheio e o saguão, vazio. O gerente suspirou aliviado.

– Todos estão acomodados – falou consigo mesmo.

Então surgiu uma pobre figura pelas portas giratórias.

– Boa noite – disse o gerente.

– Meu nome é sr. Diagonal. Você se esqueceu de mim, cara!

– Bem, sempre posso pedir aos hóspedes que se mudem um quarto à frente...

– Não, cara, você disse "Todos estão acomodados", eu ouvi. Mas eu não estou.

– Impossível! Você deve ter ido ao seu quarto, depois saído pelos fundos e entrado de novo pela frente. Eu conheço o seu tipo!

– Não, cara. Eu posso *provar* que não estou em nenhum dos quartos. Quem está no Quarto 1?

– Não posso revelar informações pessoais sobre nossos hóspedes.

– Qual é o algarismo da 1ª casa decimal da poltrona dessa pessoa no ônibus?

– Bem, suponho que *isso* eu posso revelar. É um 2.

– Meu primeiro algarismo é um 3. Portanto, não sou a pessoa do Quarto 1, cara. De acordo?

– De acordo.

– Qual é a 2ª casa decimal da poltrona da pessoa do Quarto 2?

– É um 7.

– Meu segundo algarismo é um 5. Portanto, não sou a pessoa do Quarto 2.

– Faz sentido.

– É, cara, e continua fazendo.

– Qual é a 3ª casa decimal da poltrona da pessoa do Quarto 3?

– É um 4. E como eu disse, sempre posso mudar todos os hóspedes um quarto à frente para encaixar você.

– Não vai adiantar, cara. Tem infinitos outros como eu lá fora, sentados no estacionamento à espera de um quarto. Como quer que você distribua os passageiros nos quartos, sempre haverá alguém no ônibus cujo n-ésimo algarismo será diferente do n-ésimo algarismo da pessoa do Quarto n, para todo n. Na verdade, haverá hordas de pessoas assim. Você sempre deixará gente de fora.

Bem, você deve compreender que Cantor não escreveu sua prova exatamente nesses termos, mas essa era a ideia básica. Ele provou que não existe uma correspondência um a um entre o conjunto infinito de números reais e o conjunto infinito de números inteiros. Alguns infinitos são maiores que outros.

Uma divisão intrigante

— Por que você está estraçalhando esse tabuleiro de xadrez? — pergunta Analfamaticus.
— Quero te mostrar uma coisa sobre áreas — diz Matematófila. — Qual é a área do tabuleiro se a área de cada quadrado for de 1 unidade quadrada?

Analfamaticus pensou no assunto, e como ele sabia mais matemática do que seu nome poderia sugerir, afirmou, rapidamente:
— É 8 × 8, que é igual a 64 unidades quadradas.

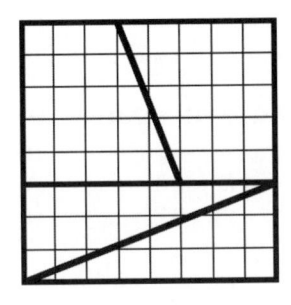

Como Matematófila dividiu o tabuleiro...

— Excelente! — diz Matematófila. — Agora, vou rearrumar as 4 peças para formar um retângulo.

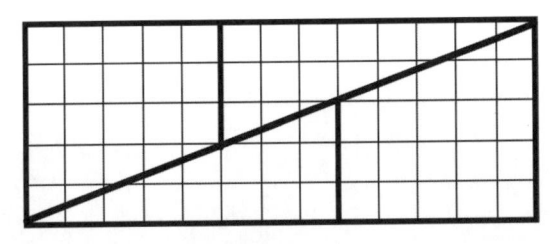

...e como ela rearrumou as peças.

— Tudo bem — diz Analfamaticus.
— Qual é a área do retângulo?

– Hmm... deve ser 64 unidades quadradas também! É formado pelas mesmas peças.

– Certo... mas qual é o tamanho do retângulo?
– Deixa eu ver... 13 vezes 5.
– E quanto é 13 vezes 5?
– 65 – respondeu Analfamaticus, para logo depois fazer uma pausa. – Então a área deve ser de 65 unidades quadradas. Isso é estranho. A área não pode mudar quando as peças são montadas de maneira diferente...

Então, *o que aconteceu?*

Resposta na p.292

Uma divisão realmente intrigante

"A área não pode mudar quando as peças são montadas de maneira diferente..."

Hmmm...

Em 1924, dois matemáticos poloneses, Stefan Banach e Alfred Tarski, provaram ser possível dissecar uma esfera em pedaços finitos, que podem ser então rearrumados de modo a formar duas esferas – ambas de tamanho igual à original. Sem sobreposições, sem pedaços faltantes – as peças se encaixam perfeitamente. Esse resultado ficou conhecido como o *paradoxo de Banach-Tarski*, embora seja um teorema perfeitamente válido, e o único elemento paradoxal é o fato de parecer obviamente falso.

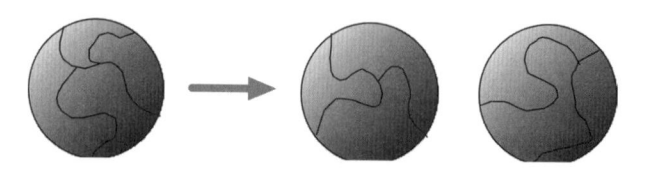

É possível... mas não com pedaços como estes.

Mas espere um pouco. É evidente que se cortarmos uma esfera em vários pedaços, o volume total dos pedaços deverá ser igual ao da esfera. Assim, como quer que rearrumemos as peças, o volume total não se alterará. Mas duas esferas idênticas têm o dobro do volume de uma só (do mesmo tamanho). Não é preciso ser nenhum gênio para perceber que isso não é possível! Na verdade, se *fosse* possível, poderíamos começar com uma esfera de ouro, cortá-la, rearrumar os pedaços e acabar com o dobro de ouro. E então repetir o processo... mas não temos como obter uma coisa a partir do nada.

Vamos com calma, então.

O argumento sobre o ouro é inconclusivo, porque os conceitos matemáticos nem sempre modelam o mundo real com exatidão. Na matemática, os volumes podem ser subdivididos em pedaços indefinidamente pequenos. No mundo real, encontramos problemas na escala atômica. Isso poderia arruinar as coisas se usássemos ouro.

Por outro lado, o argumento sobre os volumes parece à prova de falhas. Sua lógica, entretanto, tem uma pequena brecha: o pressuposto tácito de que os pedaços separados *têm* volumes bem definidos. "Volume" é um conceito tão familiar que temos a tendência de esquecer o quanto pode ser traiçoeiro.

Nada disso significa que Banach e Tarski estavam certos; apenas explica por que não estavam *obviamente* errados. Diferentemente dos belos pedaços poligonais do tabuleiro dissecado por Matemátofila, os "pedaços" de Banach-Tarski não são massas sólidas – eles se parecem mais com nuvens desconectadas de partículas de poeira infinitamente pequenas. De fato, são tão complicados que seus volumes não podem ser definidos – não se quisermos que obedeçam à regra habitual de que "quando combinamos vários pedaços, seus volumes se somam". E se essa regra falha, o argumento sobre os volumes cai por terra. A esfera única, e suas duas cópias, têm volumes bem definidos. Mas os estágios intermediários, quando estão cortadas em pedaços, não são bem assim.

Como são? Bem... não assim.

Banach e Tarski perceberam que essa brecha poderia de fato tornar impossível sua divisão paradoxal. Eles provaram que:

- Podemos dividir uma esfera única A em partes finitas muito complicadas, possivelmente desconectadas.
- Podemos fazer o mesmo com duas esferas B e C, do mesmo tamanho de A.
- Podemos fazer tudo isso de modo que as partes de B e C, juntas, correspondam exatamente às partes de A.
- Podemos rearranjar as partes correspondentes para que sejam cópias perfeitas uma da outra.

A prova do paradoxo de Banach-Tarski é complicada e técnica, e requer uma premissa da teoria dos conjuntos conhecida como o axioma da escolha. Essa premissa em particular preocupa alguns matemáticos. No entanto, o fato de que leve ao paradoxo de Banach-Tarski não é o que os preocupa, e não é motivo para rejeitá-la. Por que não? Porque o paradoxo de Banach-Tarski não é realmente muito paradoxal. Utilizando a intuição correta, podemos esperar que tais dissecções paradoxais sejam possíveis.

Deixe-me tentar transmitir essa intuição. Tudo se baseia no estranho comportamento daquilo que chamamos de conjuntos infinitos. Embora uma esfera tenha tamanho finito, ela contém infinitos *pontos*. Isso deixa margem para que a esquisitice do infinito surja na geometria da esfera.

Uma analogia prática utiliza o alfabeto de 26 letras, A, B, C, ..., Z. Essas letras podem ser combinadas para formar *palavras*, e podemos listar todas as palavras permitidas em um *dicionário*. Suponha que todas as sequências possíveis de letras sejam permitidas, por mais longas ou curtas que sejam. Assim, AAAAVDQX é uma palavra, assim como NGU ou ZZZ... Z, com 10 milhões de Zs. Não podemos imprimir um dicionário assim, mas para os matemáticos, trata-se de um conjunto bem definido que contém infinitas palavras.

Agora, podemos dissecar esse dicionário em 26 pedaços. O primeiro deles contém todas as palavras que começam com A, o segundo, todas as que começam com B e assim por diante até o 26º pedaço, que contém todas as palavras que começam com Z. Esses pedaços não se sobrepõem, e cada palavra ocorre exatamente em um pedaço.

Cada pedaço, no entanto, tem exatamente a mesma estrutura que o dicionário original. O segundo, por exemplo, contém as palavras BAAAVDQX, BNGU e BZZZ... Z. O terceiro contém CAAAAVDQX, CNGU e CZZZ... Z. Podemos transformar cada pedaço no dicionário inteiro – para isso, basta eliminar a primeira letra de cada partícula.

Em outras palavras: podemos cortar o dicionário em pedaços e rearranjar as peças de modo a fazer 26 cópias exatas do dicionário.

Banach e Tarski encontraram uma maneira de fazer algo parecido com o conjunto infinito de pontos de uma esfera sólida. Seu alfabeto eram as duas diferentes rotações da esfera; suas palavras eram as sequências dessas rotações. Utilizando uma versão mais complicada da brincadeira com o dicionário aplicada às rotações, podemos criar uma dissecção análoga da esfera. Como agora há 2 "letras" no alfabeto, convertemos a esfera original em 2 cópias idênticas.

Os leitores mais atentos observarão que eu trapaceei um pouquinho, para manter a simplicidade. Quando eu elimino a letra B inicial do segundo pedaço, por exemplo, não obtenho apenas todo o dicionário inicial: também obtenho a palavra "vazia" que surge quando o B inicial é eliminado da palavra B. Assim, na verdade, minha dissecção transforma o dicionário em 26 cópias de si mesmo mais 26 palavras adicionais A, B, C, ..., Z de extensão 1. Para que tudo se mantenha limpo e ordenado, temos que absorver as 26 palavras adicionais nos pedaços. Na construção de Banach e Tarski, ocorre um problema semelhante – mas é um detalhe muito pequeno. Se o ignorarmos, ainda assim duplicaremos a esfera – teremos apenas alguns pontos *de sobra*. O que é igualmente surpreendente.

Quando Banach e Tarski provaram seu teorema, os matemáticos começaram a se perguntar qual seria o número mínimo de peças para executar a duplicação. Em 1947, Abraham Robinson provou que ela poderia ser feita com cinco peças, e não menos. Se você estiver disposto a ignorar o ponto único no centro da esfera, esse número se reduz a quatro.

O paradoxo de Banach-Tarski não trata realmente de dissecar esferas. Trata da impossibilidade de definirmos um conceito razoável de "volume" em formas realmente complicadas.

Nada nesta manga...

Você consegue soltar um pedaço de barbante amarrado ao redor do seu braço sem tirar a mão do bolso?

Mais precisamente: pegue um pedaço de barbante de 2m de comprimento e amarre as pontas, formando uma alça fechada. Vista um paletó, abotoe-o e passe o braço por dentro da alça, colocando então a mão no bolso. Agora você deverá soltar o barbante sem tirar a mão de lá – e sem fazer com que o fio deslize para dentro do paletó, retirando-o furtivamente por baixo das pontas dos dedos.

Solte o barbante sem tirar a mão do bolso.

Resposta na p.293

Nada nesta perna...

Agora que a sua plateia aprendeu a resolver o problema anterior, peça a alguém que tente fazer o mesmo, ainda vestindo o paletó, mas agora com a mão no bolso da *calça*.

Resposta na p.293

Duas perpendiculares

A geometria euclidiana é conhecida por sua consistência lógica: não há dois teoremas que se contradigam. Mas, na verdade, há certos erros em Euclides. Eis um exemplo.

Um dos teoremas de Euclides prova que se tivermos uma reta e um ponto fora da reta, há *exatamente 1* "perpendicular" que passa pelo ponto e cruza a reta. Ou seja, existe uma reta que passa pelo ponto e encontra a reta original em um ângulo reto – e só existe uma reta assim (se houvesse 2, elas seriam paralelas, portanto não poderiam passar pelo mesmo ponto).

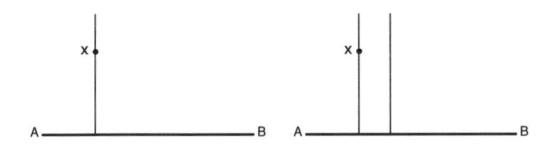

Dados AB e X, podemos encontrar P tal que PX seja perpendicular a AB. Não pode haver um outro ponto Q com essa propriedade, porque a reta que passa por Q seria paralela a PX, portanto não poderia passar por X.

Um segundo teorema euclidiano prova que se tomarmos um círculo e unirmos as duas extremidades de um diâmetro a um ponto na circunferência, encontramos um ângulo reto.

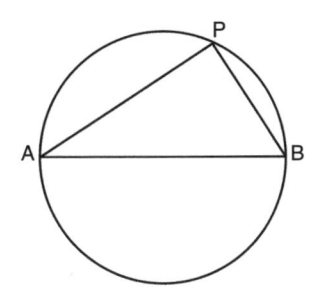

Se AB é um diâmetro da circunferência, o ângulo APB é reto.

Juntemos agora os dois teoremas e vejamos o que acontece.

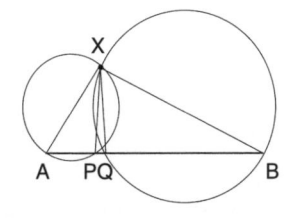

Como encontrar duas perpendiculares.

Dada a reta AB e o ponto X, desenhe circunferências de diâmetros AX e BX. Faça com que a reta AB encontre a 1ª circunferência em P e a 2ª em Q. Então, o ângulo APX é reto, pois AX é um diâmetro da primeira circunferência. Da mesma forma, o ângulo BQX também é reto. Portanto, existem 2 perpendiculares XP e XQ que passam por X e cruzam AB.
Qual dos dois teoremas de Euclides está errado?

Resposta na p.294

Você consegue ouvir a forma de um tambor?

O pano de fundo do palco ilustra uma cena marcante: o vale do Reno à luz da Lua. No fosso, a orquestra ensaia *O crepúsculo dos deuses*. A história chega à trágica morte de Siegfried, e o maestro, Otto von Ograf, ergue sua batuta ao início da "Marcha fúnebre". Primeiro os tímpanos, um ritmo intrincado e repetido em um dó sustenido grave...

– Não, não, não! – grita Von Ograf, jogando a batuta no chão. – Assim não, seus animais incompetentes!

O timpanista principal protesta, não muito sabiamente.

– Mas herr Von Ograf, o ritmo estava absolutamente per...

– Ritmo uma ova! – diz o regente.

– O andamento estava exatamente igual ao indicado na partitu...

– Não estou reclamando do *andamento*! – grita o maestro.

– O tom estava perfeito, um dó susteni...

– Tom? *Tom*? É *claro* que o tom estava perfeito! Eu mesmo ouvi quando a orquestra estava afinando! Tenho ouvido absoluto!

– Então o que...

– A *forma*, seu idiota! A forma!

O timpanista parece perplexo. É difícil descrever. Von Ograf tenta expressar o que ouviu:

– Um dos tambores soava muito... Bem, muito quadrado. Os outros tímpanos tinham o som... *arredondado* de sempre, mas um deles... bom, um deles tinha cantos.

– Vamos lá, herr Von Ograf... você não está dizendo que consegue *ouvir* a forma de um tambor, está?

— Eu ouço o que ouço – diz o maestro, resoluto. – Um dos tambores está quadrado demais.

E o que podemos dizer? Ele estava certo. São as funções de Bessel, sabe?

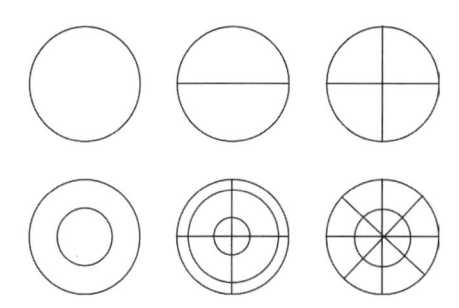

Alguns modos vibracionais de um tambor circular.

Deixe-me explicar. Quando batemos em um tambor, ele gera muitas notas ao mesmo tempo; cada uma corresponde a um diferente *modo* de vibração. Cada um deles tem sua própria frequência, que equivale a um tom. Euler calculou o espectro de vibrações de um tambor circular – a lista de frequências desses modos básicos – usando apetrechos matemáticos chamados *funções de Bessel*. Em um tambor quadrado, obtemos senos e cossenos. Em ambos os casos, há padrões característicos de *linhas nodais*, nas quais o tambor se mantém estacionário. A cada instante, a pele do tambor é lançada para cima em um dos lados da linha nodal e para baixo no outro. Com a vibração da pele, cada região entre as linhas nodais oscila para cima e para baixo. Oscilações rápidas geram tons agudos, oscilações lentas geram tons graves.

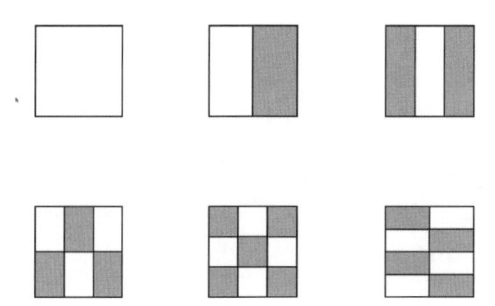

Alguns dos modos de um tambor quadrado.

A matemática das vibrações prova que a forma de um tambor determina sua lista de frequências – basicamente, como ele poderá soar. Mas será que podemos fazer o caminho inverso, deduzindo o formato a partir do som? Em 1966, Mark Kac tornou a pergunta mais precisa: dado o espectro, será possível encontrar a forma do tambor?

A pergunta de Kac é muito mais importante do que poderia sugerir sua formulação incomum. Quando ocorre um terremoto, a Terra inteira ressoa como um sino, e os sismólogos deduzem muitas coisas a respeito da estrutura interna do planeta a partir do "som" produzido e da maneira como esses sons ecoam ao serem refletidos em distintas camadas de rochas. A pergunta de Kac é a mais simples que podemos fazer sobre tais técnicas. "Pessoalmente, acredito que não possamos 'ouvir' a forma", escreveu Kac. "Mas é bem possível que eu esteja errado, e não estou disposto a apostar uma grande quantia em nenhuma das duas possibilidades."

O primeiro indício significativo de que Kac estava certo surgiu em um problema análogo, em dimensões maiores. John Milnor escreveu um artigo de uma página provando que 2 toros (basicamente, formas generalizadas da rosquinha) distintos de 16 dimensões têm o mesmo espectro. Os primeiros resultados para tambores comuns, em 2 dimensões, seguiram em uma direção mais positiva: diversas características da forma *podem* ser deduzidas a partir do espectro. O próprio Kac provou que o espectro de um tambor determina sua área e perímetro. Uma consequência curiosa é que podemos ouvir se um tambor é circular ou não, porque um círculo tem o menor perímetro para uma área dada. Se conhecermos a área A e o perímetro p e descobrirmos que $p^2 = 4A$ – como em qualquer círculo –, então o tambor é circular; caso contrário, não é. Assim, quando Von Ograf diz que os tímpanos deveriam ter um som bem "arredondado", ele sabe exatamente do que estava falando.

Em 1989, Carolyn Gordon, David Webb e Scott Wolpert responderam à pergunta de Kac, construindo dois tambores matemáticos diferentes que produziam uma gama idêntica de sons. Desde então, foram encontrados exemplos mais simples. Portanto, agora sabemos que há limites quanto às informações que podemos deduzir a partir do espectro de vibrações de uma forma.

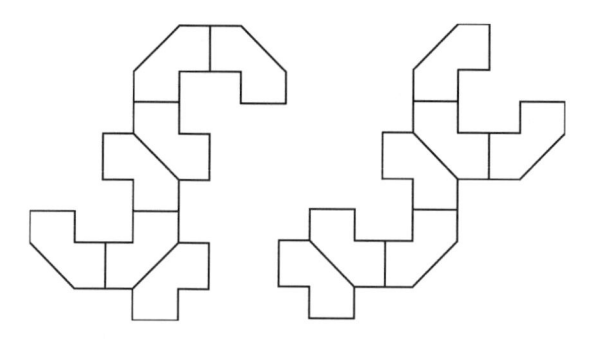

Primeiro exemplo de tambores de formatos diferentes, mas com mesmo som.

O que é *e*, e por quê?

O número *e*, que é aproximadamente igual a 2,7182, é a "base dos logaritmos naturais", um termo que se refere à sua origem histórica. Uma das maneiras de enxergar seu surgimento é observar o crescimento de uma quantia de dinheiro quando aplicamos juros compostos em intervalos cada vez menores. Suponha que você depositou $1 no Banco de Logaritmênia...

Não, não, não. Estamos no século XXI. As pessoas não depositam poupanças nos bancos. Elas pegam empréstimos.

Muito bem, suponha que você contraiu uma dívida de $1 no seu cartão de crédito de Logaritmênia (o mais provável é que fossem $4.675,23, mas é mais fácil pensar em $1). Uma vez esgotado o prazo de isenção de juros – cerca de uma semana depois de adquirido o cartão – o banco aplica uma taxa de juros de 100%, 1 vez ao ano. Assim, depois de um ano, você estará devendo:

Dívida de $1 + juros de $1 = total de $2

Se, em vez disso, você pagasse 50% de juros compostos (de modo que os juros sejam incluídos nos juros futuros) a cada 6 meses, então após 1 ano você estaria devendo:

Dívida de $1 + juros de $0,50 + juros de $0,75 = total de $2,25

Isto é $(1 + 1/2)^2$, e o padrão continua dessa forma. Assim, por exemplo, se você pagasse juros de 10% em intervalos de 1/10 de ano, você acabaria pagando:

$(1 + 1/10)^{10} = 2.5937$

O banco está gostando desses cálculos, e assim, decide aplicar a taxa de juros com frequência cada vez maior. Se você pagasse juros de 1% em intervalos de 1/100 de ano, acabaria devendo:

$(1 + 1/10)^{100} = 2.7048$

Se pagasse juros de 0,1% em intervalos de um 1/1 mil de ano, acabaria devendo:

$(1 + 1/1.000)^{1.000} = 2.7169$

E assim por diante.

À medida que os intervalos se tornam menores, a quantia devida não aumenta ilimitadamente. Apenas parece aumentar. A dívida se torna cada vez mais próxima de $2,7182 – que recebe o símbolo *e*. Este é um desses números esquisitos que, como π, surge naturalmente na matemática mas não pode ser expressado como uma fração, por isso recebe um símbolo especial. É especialmente importante no cálculo, sendo amplamente utilizado em aplicações científicas.

Questão de casal

Em uma única jogada, a dama do xadrez pode caminhar qualquer número de casas em linha reta – na horizontal, vertical ou diagonal (a menos que outra peça a interrompa, mas vamos ignorar essa possibilidade neste problema).

Ela começa na casa D e quer visitar o rei na casa R. No caminho, quer visitar todos seus outros súditos, que vivem nas outras 62 casas. Só

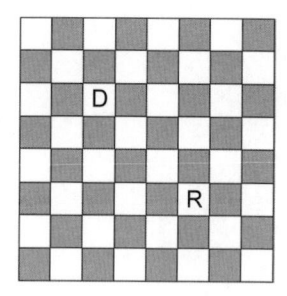

Mova a dama de D a R, visitando cada casa exatamente uma vez no menor número possível de jogadas.

de passagem, veja bem – ela não precisa parar em cada casa, mas de fato terá que parar de vez em quando. Como ela poderá visitar todas as casas e terminar na casa do rei, sem passar por nenhuma casa duas vezes – no menor número de jogadas?

Resposta na p.294

Muitos joelhos, muitos assentos

Um poliedro é um sólido com um número finito de *faces* planas. As faces se encontram em linhas chamadas *arestas*; as arestas se encontram em pontos chamados *vértices*. O clímax do livro *Elementos*, de Euclides, é a prova de que existem precisamente 5 *poliedros regulares*, nos quais cada face é um polígono regular (de lados iguais, ângulos iguais), todos idênticos, e cada vértice é cercado exatamente pelo mesmo arranjo de faces. Os 5 poliedros regulares (também chamados sólidos regulares) são:

- O tetraedro, com 4 faces triangulares, 4 vértices e 6 arestas.
- O cubo, ou hexaedro, com 6 faces quadradas, 8 vértices e 12 arestas.
- O octaedro, com 8 faces triangulares, 6 vértices e 12 arestas.
- O dodecaedro, com 12 faces pentagonais, 20 vértices e 30 arestas.
- O icosaedro, com 20 faces triangulares, 12 vértices e 30 arestas.

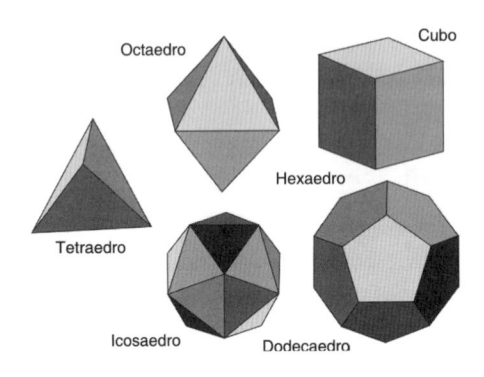

Os cinco sólidos regulares.

Os nomes começam com a palavra grega para o número de faces, e "edro" significa justamente "face". Originalmente significava "assento", o que não é bem a mesma coisa. Mas já que estamos discutindo linguística, o "gono" de "polígono" originalmente significava "joelho", e posteriormente adquiriu o significado técnico de "ângulo". Assim, um polígono tem muitos joelhos, e um poliedro tem muitos assentos.

Os sólidos regulares existem na natureza – em particular, ocorrem em organismos minúsculos chamados radiolários. Os primeiros três também ocorrem em cristais; o dodecaedro e o icosaedro não, embora às vezes sejam vistos dodecaedros irregulares.

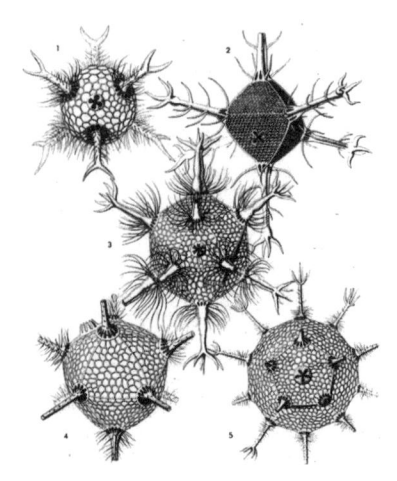

Radiolários com as formas dos sólidos regulares.

É bastante fácil fazer modelos de poliedros em cartolina, cortando um conjunto de faces interligadas – chamado de *planificação* do sólido –, dobrando as arestas e colando, ou unindo com fita adesiva os pares correspondentes de faces. É uma boa ideia acrescentar abas a uma das faces de cada par, como na ilustração.

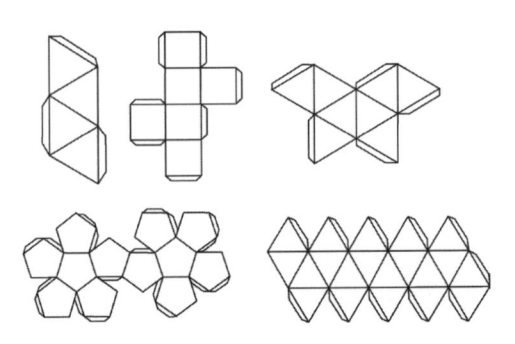

Planificações de sólidos regulares.

Eis um pouco de conhecimento de iniciado: se as arestas tiverem uma unidade de comprimento, os volumes destes sólidos (em unidades cúbicas) serão:

Tetraedro: $\frac{\sqrt{2}}{12} \approx 0.117851$

Cubo: 1

Octaedro: $\frac{\sqrt{2}}{3} \approx 0.471405$

Dodecaedro: $\frac{\sqrt{5}}{6}\phi^4 \approx 7.66312$

Icosaedro: $\frac{\sqrt{5}}{6}\phi^2 \approx 2.18169$

Onde ϕ é o número áureo (p.104), que surge sempre que houver pentágonos por perto – assim como π surge sempre que houver esferas ou círculos. E $\sim$ significa "aproximadamente igual a".

Análogos dos poliedros regulares podem ser definidos em espaços de 4 ou mais dimensões, sendo chamados *polítopos*. Existem 6 polítopos regulares em 4 dimensões, mas apenas 3 polítopos regulares em 5 dimensões ou mais.

A fórmula de Euler

Os sólidos regulares possuem um padrão curioso, que na verdade é muito mais geral. Se F é o número de faces, A é o número de arestas e V o número de vértices, então

$$F - A + V = 2$$

para todos os 5 sólidos. De fato, a mesma fórmula vale para qualquer poliedro que não contenha "buracos" dentro de si – ou seja, qualquer poliedro topologicamente equivalente a uma esfera. Essa relação é chamada *fórmula de Euler*, e suas generalizações em dimensões maiores são importantes na topologia.

A fórmula também se aplica ao mapa no plano, desde que consideremos a região infinita fora do mapa como uma face adicional – ou que ignoremos essa "face" e substituamos a fórmula por

$$F - A + V = 1$$

que equivale ao mesmo, mas é mais fácil de se utilizar. Vou chamar essa expressão de *fórmula de Euler para mapas*.

A figura a seguir mostra, usando um exemplo típico, por que essa fórmula é válida. O valor de F – A + V está escrito abaixo de cada etapa no processo. O método da prova consiste em simplificar o mapa, etapa por etapa. Se escolhermos uma face adjacente ao exterior do mapa e removermos essa face e uma aresta adjacente ao exterior, então tanto F como A diminuirão em 1 unidade. Com isso, F – A se mantém inalterado. Já que não alteramos V, F – A + V também se mantém inalterado. Podemos continuar a apagar faces e arestas correspondentes, até que todas as faces tenham sido removidas. Resta-nos uma rede de arestas e vértices, e isso forma uma "árvore" – as arestas não formam mais polígonos fechados. No exemplo mostrado na figura, chegamos a esse estágio na sexta etapa, quando F – A + V = 0 – 7 + 8.

5-12+8   4-11+8   3-10+8   2-9+8

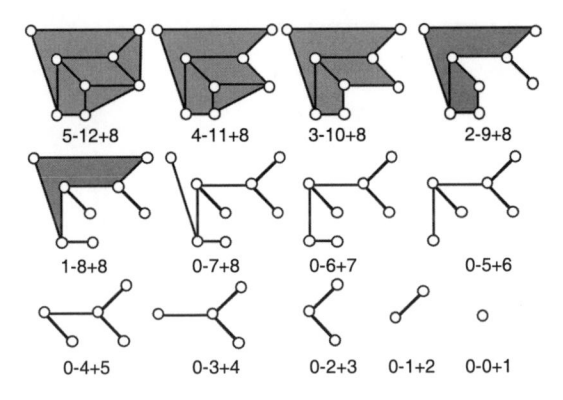

1-8+8   0-7+8   0-6+7   0-5+6

0-4+5   0-3+4   0-2+3   0-1+2   0-0+1

Prova da fórmula de Euler para mapas no plano.

Agora, simplifiquemos a árvore, arrancando, de cada vez, um "galho" – uma aresta em uma das pontas da árvore, juntamente com o vértice no lado externo dessa aresta. Agora F se mantém em 0, enquanto A e V se reduzem em 1 a cada galho arrancado. Novamente, F – A + V não se altera. Por fim, resta 1 único vértice. Agora, F = 0, A = 0 e V = 1. Portanto, ao final do processo, F – A + V = 1. Como o processo não altera esta quantidade, também deve ter sido igual a 1 quando começamos.

A prova explica por que os sinais se alteram – menos, mais, menos – quando passamos das faces para as arestas e para os vértices. Um truque semelhante funciona na topologia de dimensões mais elevadas, essencialmente pelo mesmo motivo.

Há uma premissa topológica oculta na prova: o mapa está desenhado sobre o plano. Da mesma forma, quando lidamos com poliedros, eles devem ser "desenháveis" na superfície de uma esfera. Se o poliedro ou o mapa estiverem em uma superfície topologicamente diferente de uma esfera, como um toro, o método da prova pode ser adaptado, mas o resultado final é ligeiramente diferente. Por exemplo, a fórmula para os poliedros se torna

$$F - A + V = 0$$

quando o poliedro é topologicamente equivalente a um toro. Um exemplo é este poliedro em forma de "moldura de quadro", em que F = 16, A = 32 e V = 16:

Poliedro em forma de "moldura de quadro".

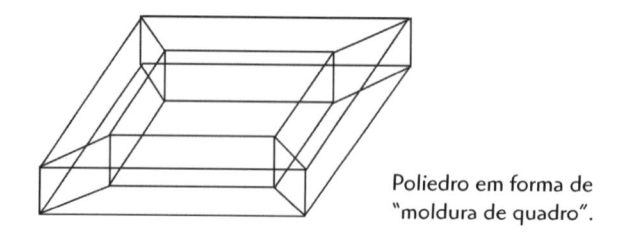

Em uma superfície com g buracos, a fórmula se torna $F - A + V = 2 - 2g$, e assim podemos calcular o número de buracos desenhando o poliedro na superfície. Dessa maneira, uma formiga que habitasse a superfície e não pudesse enxergá-la "do lado de fora" ainda seria capaz de decifrar a topologia dessa superfície. Hoje em dia, os cosmologistas estão tentando decifrar a forma topológica do nosso universo – que *nós* não conseguimos observar "do lado de fora" – usando ideias topológicas mais elaboradas, mas do mesmo tipo.

Que dia é hoje?

Ontem, papai se confundiu quanto ao dia da semana em que estávamos.
– Sempre que saímos de férias, eu esqueço – disse.
– Sexta-feira – respondeu Darren.
– Sábado – contradisse Delia, sua irmã gêmea.
– Que dia será amanhã, então? – perguntou a mamãe, tentando resolver a disputa sem muito estresse.
– Segunda – disse Delia.
– Terça – disse Darren.
– Pelo amor de Deus! Que dia foi ontem, então?
– Quarta – disse Darren.
– Quinta – disse Delia.
– Grrrrrrr! – disse a mamãe, fazendo sua famosa imitação de Marge Simpson. – Cada um de vocês deu uma resposta correta e duas erradas.

Que dia é hoje?

Resposta na p. 294

Estritamente lógico

Somente um elefante ou uma baleia podem dar à luz uma criatura que pesa mais de 100kg.
O presidente pesa 150kg.
Portanto...
(Aprendi esta com o escritor e editor Stefan Themerson.)

Lógico ou não?

Se os porcos tivessem asas, eles voariam.
Os porcos não voam se o tempo estiver ruim.
Se os porcos tivessem asas, uma pessoa precavida levaria um guarda-chuva.
Portanto:
Se o tempo estiver ruim, a pessoa precavida levará um guarda-chuva.
A dedução é logicamente válida?

Resposta na p.294

Uma questão de criação

O fazendeiro Hogswill vai à quermesse do vilarejo, onde encontra cinco amigos: Borba Gato, Calos K. Nino, Benjamin Hamster, Paulo Porco e Zoé Zebra. Por uma coincidência incrível – que sempre foi motivo de diversão –, cada um deles é especializado na criação de um tipo diferente de animal: gato, cachorro, hamster, porco e zebra, mas nenhum cria animais que lembrem seu sobrenome.

– Parabéns, Borba! – diz Hogswill. – Ouvi dizer que você acabou de ganhar o 3º lugar na competição de criação de porco!
– Isso mesmo – diz Zoé.
– E o Benjamin ganhou o 2º lugar na criação de canino!

– Não – diz Benjamin. – Ocê sabe muito bem que eu num incosto um dedo em canino. Nem em zebra também não.

Hogswill se vira para a pessoa cujo sobrenome lembra o animal criado por Zoé.

– E você ganhou alguma coisa?

– Sim, uma medalha de ouro pelo meu hamster premiado.

Presumindo que todas as afirmações sejam verdadeiras, quem cria o quê?

Resposta na p.295

Divisão justa

Em 1944, enquanto o exército russo lutava para retomar a Polônia dos alemães, o matemático Hugo Steinhaus, preso na cidade de Lvov, buscou distração em um quebra-cabeça. Como você.

O problema era este: várias pessoas querem dividir um bolo (fique à vontade para substituí-lo por uma pizza, se desejar) e querem que o procedimento seja justo, isto é, que ninguém fique com a impressão de ter recebido um pedaço injustamente pequeno.

Steinhaus sabia que, para 2 pessoas, há um método simples: uma pessoa corta o bolo em 2 pedaços, e a outra escolhe o pedaço que quiser. A 2ª pessoa não poderá se queixar, pois foi ela que fez a escolha. A 1ª também não – pois se não gostar da divisão, foi ela mesma quem a fez.

E se forem 3 pessoas, como elas poderão fazer uma divisão justa do bolo?

Resposta na p.295

O sexto pecado capital

É a inveja, e o problema é como evitá-la.

Stefan Banach e Bronislaw Knaster estenderam o método de Steinhaus da divisão justa do bolo para qualquer número de pessoas, e simplificaram o método para 3 pessoas. Seu trabalho essencialmente sintetizou toda a área, até que surgisse uma leve deficiência: o procedimento pode ser justo, mas não leva em consideração a inveja. Uma divisão é feita *sem inveja* se ninguém pensar que alguma outra pessoa tem um pedaço maior que o seu. Toda divisão sem inveja é justa, mas uma divisão justa ainda pode deixar inveja. E nem o método de Steinhaus, nem o de Banach e Knaster, permitem uma divisão sem inveja.

Por exemplo, Belinda pode achar que a divisão de Arthur é justa. Então, o método de Steinhaus para após a 3ª etapa, e tanto Arthur como Belinda consideram que todos os pedaços têm 1/3 do tamanho. Charlie deve pensar que seu pedaço tem no mínimo 1/3, portanto a alocação é proporcional. Mas se Charlie achar que o pedaço de Arthur tem 1/6 e o de Belinda 1/2, ficará com inveja de Belinda, porque ela conseguiu pegar um pedaço que, *na opinião de Charlie*, é maior que o dele.

Você consegue encontrar um método para dividir um bolo sem inveja entre 3 pessoas?

Resposta na p.296

Estranha aritmética

– Não, Henry, você não pode fazer isso – diz o professor, apontando para o caderno de exercícios de Henry, onde ele escrevera

$$\frac{1}{4} \times \frac{8}{5} = \frac{18}{45}$$

– Desculpe, professor – disse Henry. – O que está errado? Já cheguei na calculadora, e parece estar tudo certo.

– Bem, Henry, imagino que a *resposta* esteja certa – admitiu o professor. – Ainda assim, você provavelmente deveria dividir tudo por 9, ficando com 2/5, que é mais simples. O que está errado é...

Explique o erro a Henry. A seguir, encontre todos os cálculos semelhantes, com um único algarismo diferente de zero em cada uma das duas primeiras frações, que geram a resposta correta.

Resposta na p.297

Qual é a profundidade do poço?

Em um episódio da série de televisão britânica *Time Team*, os infatigáveis arqueólogos querem medir a profundidade de um poço medieval. Eles soltam alguma coisa dentro dele e contam o tempo de queda, que é incrivelmente longo – 6 segundos. Ouve-se o objeto ressoando lá embaixo por um longo tempo. Os arqueólogos chegam perigosamente perto de calcular a profundidade usando as leis de Newton, mas mudam de ideia no último momento, usando, em vez disso, três fitas métricas muito longas, unidas uma na outra.

A fórmula que eles quase chegam a expressar é

$$s = \frac{1}{2}gt^2$$

onde s é a distância viajada na queda, caindo a partir do repouso, e g é a aceleração da gravidade. Aplica-se a fórmula quando a resistência do ar pode ser ignorada. A fórmula foi descoberta experimentalmente por Galileu Galilei e posteriormente generalizada por Isaac Newton, de modo a descrever o movimento sob a influência de *qualquer* força.

Supondo que $g = 10 m/s^2$ (metros por segundo por segundo), *qual é a profundidade do poço?*

Você tem três dias para responder.

Resposta na p.298

Quadrados de McMahon

Este quebra-cabeça foi inventado pelo combinatorialista P.A. McMahon, em 1921.* Ele estava pensando em um quadrado dividido por diagonais

---

* Um combinatorialista é uma pessoa que inventa este tipo de coisa.

em 4 regiões triangulares. McMahon se perguntou quantas maneiras diferentes haveria de colorir as diversas regiões, usando 3 cores. Descobriu que, se as rotações e reflexões forem consideradas como a mesma coloração, há exatamente 24 possibilidades. Encontre-as.

Pois bem, um retângulo de 6 × 4 contém 24 quadrados de 1 × 1. Você consegue encaixar 24 quadrados e formar tal retângulo, de modo que as regiões adjacentes tenham a mesma cor, e que todo o perímetro do retângulo tenha a mesma cor?

Resposta na p.298

Qual é a raiz quadrada de −1?

A raiz quadrada de um número é o número cujo quadrado gera o número dado. Por exemplo, a raiz quadrada de 4 é 2. Se permitirmos números negativos, então −2 é uma segunda raiz quadrada de 4, porque menos com menos dá mais. Como menos com menos sempre dá mais, o quadrado de qualquer número − positivo ou negativo − é sempre positivo. Assim, ao que parece, os números negativos, particularmente −1, não podem ter raízes quadradas.

Apesar disso, os matemáticos (e físicos, engenheiros e qualquer pessoa que trabalhe em qualquer ramo da ciência) descobriram utilidade em dar uma raiz quadrada a −1. Não se trata de um número no sentido habitual, portanto ele recebeu um novo símbolo, que é *i* se você for matemático e *j* se for engenheiro.

As raízes quadradas de números negativos surgiram pela primeira vez na matemática por volta de 1450, em um problema de álgebra. Naqueles dias a ideia era um grande enigma, porque as pessoas pensavam nos números como coisas reais. Até mesmo os números negativos fizeram muita gente coçar a cabeça, mas as pessoas logo se acostumaram com eles quando perceberam o quanto poderiam ser úteis. Com *i* aconteceu essencialmente a mesma coisa, mas levou mais tempo.

Uma grande questão era como visualizar *i* geometricamente. Todo mundo estava acostumado com a ideia de uma reta numérica, como uma régua infinitamente longa, com números positivos à direita e negativos à esquerda, e frações e decimais entre eles:

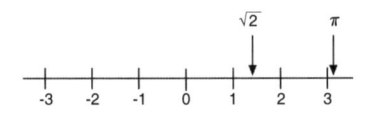

A reta numérica "real".

Esses tipos mais familiares de número ficaram coletivamente conhecidos como números *reais*, porque correspondem diretamente a quantidades físicas. Podemos *observar* 3 vacas ou 2,73kg de açúcar.

O problema é que não parecia haver nenhum lugar na reta numérica para o "novo" número *i*. Por fim, os matemáticos perceberam que ele *não precisava entrar na reta numérica*. De fato, sendo um novo tipo de número, não poderia caber ali. Em vez disso, *i* teve que viver em uma segunda reta, em ângulos retos com a reta numérica real:

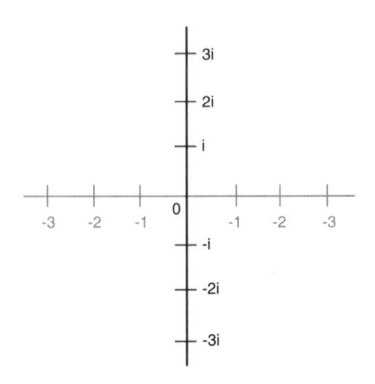

A reta numérica "imaginária", colocada ortogonalmente em relação à reta real.

E se somarmos um número imaginário a um número real, a resposta deveria estar no plano definido pelas duas retas:

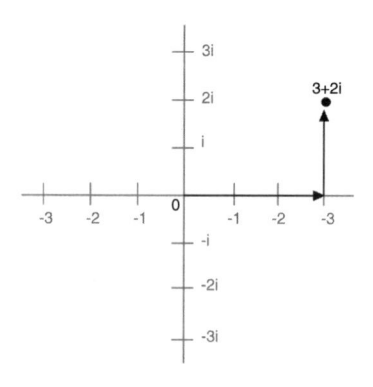

Um número complexo é um número real somado a um número imaginário.

A multiplicação era mais complicada. A ideia principal era que, ao multiplicarmos um número por *i*, ele é girado ao redor da origem O em sentido anti-horário, em um ângulo reto. Por exemplo, 3 multiplicado por *i* é 3i, e é isso o que obtemos quando giramos o ponto chamado 3 em um ângulo de 90°.

Os novos números estenderam a conhecida reta numérica real a um espaço mais amplo, o plano complexo. Três matemáticos descobriram essa ideia independentemente: o norueguês Caspar Wessel, o francês Jean-Robert Argand e o alemão Carl Friedrich Gauss.

Os números complexos não surgem em situações cotidianas, como quando revisamos a conta do supermercado ou tiramos as medidas de alguém para fazer um terno. Suas aplicações se encontram em áreas como engenharia elétrica e desenvolvimento de aviões, que geram tecnologias que podemos utilizar sem termos que conhecer a matemática subjacente.

Os engenheiros, porém, precisam conhecê-la.

A mais bela fórmula

De vez em quando surgem pesquisas para descobrir qual é considerada a mais bela fórmula matemática de todos os tempos – sim, as pessoas realmente fazem isso, não estou brincando –, e a vencedora é quase sempre uma fórmula famosa descoberta por Euler, que usa os números complexos para ligar duas constantes famosas, e e π. A fórmula é:

$$e^{i\pi} = -1$$

Ela tem profunda influência em um ramo da matemática chamado análise complexa.

Por que a bela fórmula de Euler é verdadeira?

Muitas vezes me perguntam se existe uma maneira simples de explicar por que a fórmula $e^{i\pi} = -1$ é verdadeira. De fato, há uma maneira, mas é necessária uma certa preparação – cerca de dois anos de estudo na faculdade de matemática.

Isso é desagradavelmente parecido à piada sobre o professor que diz, em uma palestra, que algum fato é óbvio, e quando questionado, sai da sala durante uma hora e meia, volta, e diz: "Sim, é óbvio". E continua a aula sem maiores explicações. Só que a coisa leva dois anos, em vez de uma hora e meia. Portanto, vou dar a explicação. Pule esta parte se não fizer sentido – mas ela ilustra como a matemática mais elevada pode chegar a novas concepções ao unir ideias diferentes de maneiras inesperadas. Os ingredientes necessários são alguma geometria, algumas equações diferenciais e um pouco de análise complexa.

A ideia principal é resolver a equação diferencial

$$\frac{dz}{dt} = iz$$

onde z é uma função complexa do tempo t, com a condição inicial $z(0) = 1$. Nos cursos sobre equações diferenciais, sempre se ensina que a solução é

$$z(t) = e^{it}$$

De fato, podemos *definir* a função exponencial e^w dessa maneira.

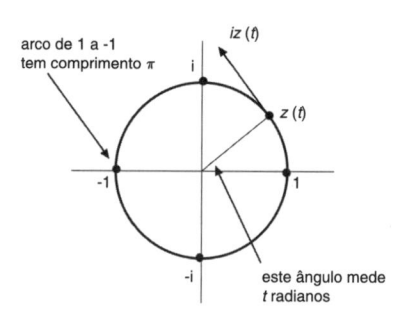

Geometria da equação diferencial.

Agora, vamos interpretar a equação geometricamente. A multiplicação por *i* é o mesmo que fazer uma rotação em ângulo reto, portanto *iz* está a um ângulo reto de *z*. Logo, o vetor tangente $iz(t)$ para a solução de qualquer ponto $z(t)$ sempre está em ângulos retos do "vetor raio" de 0 a $z(t)$, e tem extensão 1. Assim, a solução $z(t)$ sempre se encontra na circunferência de raio unitário, e o ponto $z(t)$ se move ao redor dessa circunferência com velocidade angular 1, medida em radianos por segundo (a medida do radiano de um ângulo é o comprimento do arco da circunferência de raio unitário que corresponde a esse ângulo). O perímetro de uma circunferência de raio unitário é 2π, então $t = \pi$ é a metade do caminho ao redor da circunferência. Mas a metade do caminho é claramente o ponto $z = -1$. Portanto, $e^{i\pi} = -1$, que é a fórmula de Euler.

Todos os ingredientes da prova são bem conhecidos, mas o conjunto geral não parece ser muito valorizado. Sua grande vantagem é explicar por que as circunferências (que levam a π) têm alguma relação com as funções exponenciais (definidas usando-se *e*). Assim, dado o contexto apropriado, a fórmula de Euler deixa de ser misteriosa.

A sua chamada poderá ser monitorada por motivo de treinamento

"O número que você discou é imaginário. Por favor, gire seu telefone 90° e tente novamente."

Arquimedes, seu velho embusteiro!

"Deem-me um ponto de apoio, e eu moverei a Terra." Essa foi a famosa afirmação de Arquimedes, dramatizando a lei da alavanca, que ele acabara de descobrir. E que, neste caso, assume a forma

> Força exercida por Arquimedes × distância de Arquimedes ao fulcro
> *igual a*
> Massa da Terra × distância da Terra ao fulcro

O *fulcro* é o pivô – o triângulo preto na figura:

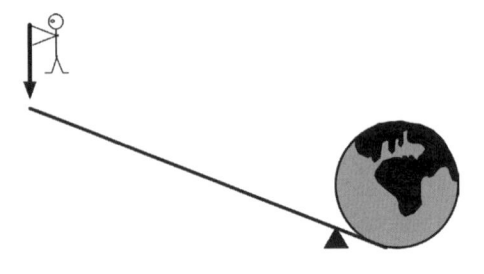

A lei da alavanca.

Pois bem, acho que Arquimedes não estava interessado na posição da Terra no espaço, mas ele queria que o fulcro fosse fixo (eu sei que ele disse "um ponto de apoio", mas, se o fulcro se mover, a coisa toda muda de figura, portanto, presume-se que foi isso o que ele quis dizer). Ele também precisaria de uma alavanca perfeitamente rígida de massa zero, e provavelmente não se deu conta de que também precisaria de gravidade uniforme, contrária à realidade astronômica, para converter massa em peso. Não importa. Não quero entrar em discussões sobre inércia ou outras picuinhas. Vamos lhe conceder isso tudo. Minha pergunta é: quando a Terra se move, *que distância* se desloca? E Arquimedes conseguirá atingir o mesmo resultado de alguma maneira mais fácil?

Resposta na p.299

Fractais: a geometria da natureza

De quando em quando, surge uma área inteiramente nova na matemática. Uma das mais conhecidas nos últimos tempos é a *geometria fractal*, desbravada por Benoît Mandelbrot, que cunhou o termo "fractal" em 1975. Em termos gerais, trata-se de um método matemático para lidar com as aparentes irregularidades do mundo natural, revelando sua estrutura oculta. O tema é mais bem conhecido por seus gráficos gerados por computador, belos e complexos, mas é muito mais profundo que isso.

Parte do conjunto de Mandelbrot, um famoso fractal.

As formas tradicionais da geometria euclidiana são triângulos, quadrados, circunferências, cones, esferas e afins. Elas são simples, e não têm nenhuma estrutura detalhada em particular. Se você ampliar uma circunferência, por exemplo, qualquer porção se parecerá mais e mais com uma linha reta sem grandes características distintivas. Essas formas desempenharam um papel proeminente na ciência – por exemplo, a Terra tem a forma aproximada de uma esfera, e para muitos propósitos, esse nível de detalhamento é suficiente.

Mas diversas formas naturais são muito mais complexas. As árvores são uma massa de ramos, as nuvens são vagas e enroladas, as montanhas são entalhadas, os litorais são sinuosos... Para compreender matematicamente essas formas, e para resolver problemas relacionados a elas, precisamos de novas complexidades. A oferta de problemas, por sinal, é infindável – como as árvores dissipam a energia do vento, como as ondas erodem um litoral, como a água corre das montanhas para os rios? São questões práticas, muitas vezes ligadas à ecologia e ao meio-ambiente, e não apenas a problemas teóricos.

Os litorais são bons exemplos. São curvas sinuosas, mas não podemos usar qualquer curva sinuosa já conhecida. Eles possuem uma propriedade curiosa: são muito parecidos em qualquer escala do mapa. Mas se o mapa mostrar mais detalhes, poderemos distinguir sinuosidades adicionais. A forma exata varia, mas a "textura" parece essencialmente a mesma. O jargão nesse caso é "estatisticamente autossimilar". Todas as características estatísticas de uma costa, como a proporção de baías de um certo tamanho, são as mesmas, independentemente do nível de ampliação em que estejamos trabalhando.

Mandelbrot criou a palavra *fractal* para descrever qualquer forma que tenha uma estrutura intrincada, independentemente do quanto a ampliemos. O fractal não precisa ser estatisticamente autossimilar – mas fractais com essa característica são mais fáceis de compreender. E os fractais exatamente autossimilares são ainda mais interessantes – foi deles que surgiu o tema.

Cerca de um século atrás, os matemáticos inventaram um monte de formas estranhas para diversos propósitos esotéricos. Essas formas não eram apenas estatisticamente autossimilares – eram exatamente autossimilares. Quando adequadamente ampliadas, o resultado parecia idêntico ao original. A mais famosa é a *curva do floco de neve*, inventada por Helge von Koch, em 1904. Podemos montá-la a partir de três cópias da curva mostrada na figura à direita.

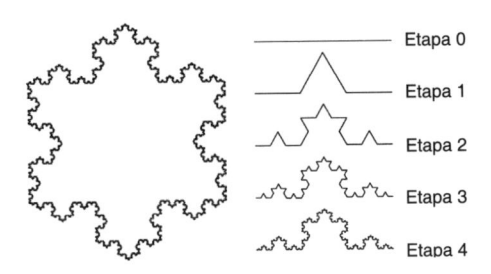

A curva em floco de neve e as sucessivas etapas de sua construção

Essa curva componente é exatamente autossimilar (embora o floco de neve como um todo não seja). Podemos ver que cada etapa da construção é formada por 4 cópias da etapa anterior, cada uma com um terço do tamanho. As 4 cópias se encaixam como na Etapa 1. Passando ao limite infinito, obtemos uma curva infinitamente intrincada construída a partir de 4 cópias de si mesma, cada uma com 1/3 do tamanho – portanto, a curva é autossimilar.

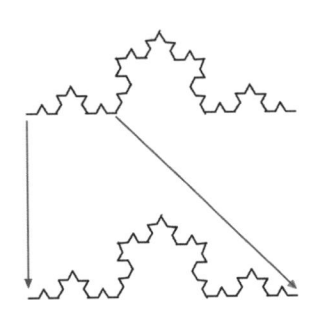

Cada quarto da curva, com tamanho ampliado em três vezes, é semelhante à curva original.

Essa forma é regular demais para representar um litoral real, mas seu grau de sinuosidade é aproximadamente correto, e curvas menos regulares formadas da mesma maneira realmente parecem litorais. O grau de sinuosidade pode ser representado por um número, chamado *dimensão fractal*.

Para mostrar como isso funciona, vou tomar algumas formas *não* fractais mais simples e ver como se encaixam em diferentes escalas de ampliação. Se eu partir uma reta em pedaços com 1/5 do tamanho, preciso de 5 delas para reconstruir a reta. Com um quadrado, preciso de 25 pedaços, que é 5^2. E com cubos, preciso de 125, que é 5^3.

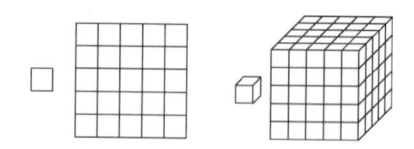

Efeito da escala em "cubos" de 1, 2 e 3 dimensões.

A potência sobre o 5 em cada caso é igual à dimensão da forma em questão: 1 para uma reta, 2 para um quadrado, 3 para um cubo. Em geral, se a dimensão é d e queremos encaixar k pedaços de tamanho $1/n$ de modo a remontar a forma original, então $k = n^d$. Usando logaritmos, descobrimos que:

$$d = \frac{\log k}{\log n}$$

Agora, respirando fundo, vamos tentar usar esta fórmula no floco de neve. Nesse caso, precisamos de $k = 4$ pedaços, cada um com $1/3$ do tamanho, portanto $n = 3$. Assim, nossa fórmula gera:

$$d = \frac{\log 4}{\log 3}$$

que é aproximadamente 1,2618. Dessa forma, a "dimensão" da curva do floco de neve não é um número inteiro!

Isso seria ruim se quiséssemos pensar em "dimensões" do modo convencional, como o número de direções independentes disponíveis. Mas está tudo bem se o que quisermos for uma medida numérica da sinuosidade, com base na autossimilaridade. Uma curva com dimensão 1,2618 é mais sinuosa que uma curva de dimensão 1, como uma linha reta; mas é menos sinuosa que uma curva de dimensão 1,5, por exemplo.

Há dezenas de maneiras tecnicamente distintas de definir a dimensão de um fractal. A maior parte delas funciona quando o fractal não é autossimilar. A definição usada pelos matemáticos é chamada *dimensão de Hausdorff-Besicovitch*. É uma coisa espinhosa de se definir e de se calcular, mas tem propriedades agradáveis. Os físicos geralmente usam uma versão mais simples, chamada *box dimension*. Esta é fácil de calcular, mas carece de quase todas as propriedades agradáveis da dimensão de Hausdorff-Besicovitch. Apesar disso, as duas dimensões geralmente são iguais. Portanto, o termo *dimensão fractal* é usado para se referir a ambas.

Os fractais não precisam ser curvas: podem ser superfícies ou sólidos altamente intrincados, ou também formas de maiores dimensões. A dimensão fractal, portanto, mede a *aspereza* do fractal, e com que eficiência ele preenche o espaço. A dimensão fractal surge na maioria das aplicações dessas figuras, tanto em cálculos teóricos como em testes experimentais. Por exemplo, a dimensão fractal dos litorais reais geralmente se aproxima de 1,25 – surpreendentemente próxima à da curva do floco de neve.

Os fractais avançaram muito, sendo hoje em dia usados rotineiramente como modelos matemáticos em muitas áreas da ciência. Também são a base de um método eficaz para comprimir arquivos de vídeo digitais. Porém, o mais interessante é o fato de serem "a" geometria de muitas formas naturais. Um exemplo interessante é um tipo de couve-flor chamado brócolis romanesco. Você talvez o encontre em um supermercado. Cada flor tem essencialmente a mesma forma que o brócolis inteiro, e tudo está disposto em uma série de espirais de Fibonacci cada vez menores. Esse exemplo é a ponta de um iceberg – a estrutura fractal das plantas. Ainda que restem muitas coisas por descobrir, já está claro que a estrutura fractal surge no modo como as plantas crescem, o que, por sua vez, é regulado por sua genética. Portanto, neste caso a geometria é mais que uma simples brincadeira visual.

Brócolis romanesco – não dá para ficar muito mais autossimilar do que isso!

Os fractais têm muitas aplicações, que variam da estrutura detalhada dos minerais à forma de todo o universo. Formas fractais foram usadas para construir antenas de telefones celulares – essas formas são mais eficientes. Técnicas fractais de compressão de imagens permitem que enfiemos quantidades colossais de dados em CDs e DVDs. Há até mesmo aplicações médicas: por exemplo, a geometria fractal pode ser usada para detectar células cancerosas, cujas superfícies são amarrotadas, tendo uma dimensão fractal mais alta que as células normais.

Cerca de 10 anos atrás, uma equipe de biólogos (Geoffrey West, James Brown e Brian Enquist) descobriu que a geometria fractal poderia explicar um velho enigma sobre padrões em criaturas vivas. Os padrões estavam ligados a "leis de escala" estatísticas. Por exemplo, as taxas metabólicas de muitos animais parecem ser proporcionais à 3/4-ésima potência de suas massas, e o tempo necessário para que o embrião se desenvolva é proporcional à –1/4-ésima potência da massa do adulto. O principal enigma neste caso é a fração 1/4. Uma lei de potência com o valor 1/3 seria explicada em termos de volume, que é proporcional ao cubo do comprimento da criatura. Mas 1/4, e frações relacionadas como 3/4 ou –1/4, são mais difíceis de explicar.

A ideia da equipe foi muito elegante: uma restrição básica ao crescimento dos organismos é o transporte de líquidos, como o sangue, pelo corpo. A natureza resolve esse problema construindo uma rede ramificada de veias e artérias. Uma rede como essa obedece a três regras básicas: deve chegar a todas as regiões do corpo; deve transportar líquidos usando a menor energia possível; e seus menores tubos devem ter todos aproximadamente o mesmo tamanho (porque o tubo não pode ser menor que uma única célula sanguínea, caso contrário o sangue não poderá fluir). Que formas satisfazem essas condições? Os fractais capazes de preencher o espaço – e a estrutura fina é interrompida no ponto limitante, o do tamanho de uma única célula. Essa abordagem – que leva em consideração alguns detalhes físicos e biológicos importantes, como a flexibilidade dos tubos e a ocorrência de pulsos no sangue graças aos batimentos cardíacos – prevê essa intrigante 1/4-ésima potência.

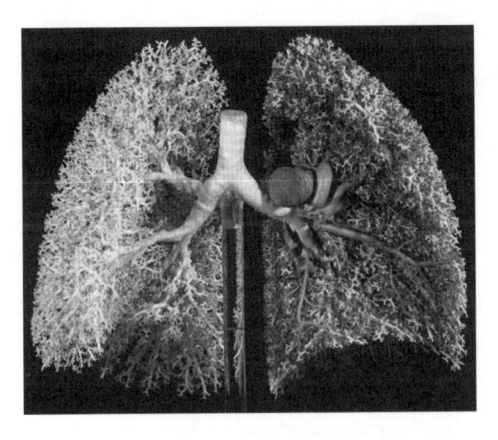

Ramificação fractal dos vasos sanguíneos dos pulmões.

O símbolo que faltava

Coloque um símbolo matemático comum entre 4 e 5 para encontrar um número maior que 4 e menor que 5.

Resposta na p.300

Pedra sobre pedra

No condado de Hexshire, os campos são separados por muros construídos com as pedras locais – que, por algum motivo, são todas feitas de pedaços hexagonais unidos. Talvez tenham se originado como colunas de basalto, como as que se veem na Calçada dos Gigantes, na Irlanda. De qualquer forma, o fazendeiro Hogswill tem 7 pedras, cada uma formada por 6 hexágonos. Há precisamente 7 possíveis combinações de 4 hexágonos:

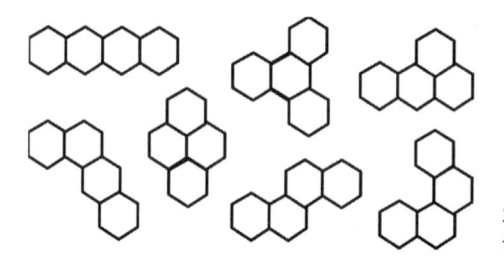

Sete pedras para formar um muro.

Ele precisa fazer um muro com esta forma:

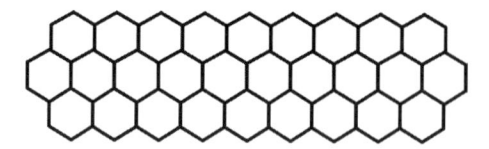

O muro necessário.

Como poderá fazê-lo? (Ele pode girar as pedras ou virá-las para obter imagens espelhadas, se necessário.)

Resposta na p.300

Constantes até 50 casas decimais

π	3,14159265358979323846264338327950288419716939937511
e	2,71828182845904523536028747135266249775724709369996
$\sqrt{2}$	1,41421356237309504880168872420969807856967187537695
$\sqrt{3}$	1,73205080756887729352744634150587236694280525381038
log 2	0,69314718055994530941723212145817656807550013436026
ϕ	1,61803398874989484820458683436563811772030917980576
γ	0,57721566490153286060651209008240243104215933593994
δ	4,66920160910299067185320382046620161725818557747576

Na lista acima, ϕ é o número áureo (p.136), γ é a constante de Euler (p.136) e δ é a *constante de Feigenbaum*, que é importante na teoria do caos (p.125). Veja: en.wikipedia.org/wiki/Logistic_map e mathworld.wolfram.com/FeigenbaumConstant.html

O paradoxo de Richard

Em 1905, Jules Richard, um lógico francês, inventou um paradoxo muito curioso. Na língua portuguesa, algumas frases definem números inteiros positivos e outras não. Por exemplo, "O ano da Proclamação da República" define o número 1889, enquanto "O significado histórico da Proclamação da República" não define número nenhum. E o que dizer desta sentença: "O menor número que não pode ser definido por uma frase em língua portuguesa contendo menos de 20 palavras". Observe que, qualquer que seja esse número, acabamos de defini-lo usando uma frase em língua portuguesa contendo somente 19 palavras. Opa.

A saída plausível seria dizer que a sentença proposta, na verdade, não define um número específico. No entanto, deveria fazê-lo. A língua portuguesa tem um número finito de palavras, portanto o número de frases com menos de 20 palavras também é finito. É claro que muitas dessas frases não fazem sentido, e muitas das que fazem sentido não definem nenhum número inteiro positivo – mas isso nos diz apenas que temos menos frases a considerar. Elas definem um conjunto finito de inteiros positivos, e um teorema convencional da matemática nos diz que, nessas circunstâncias, há um número que é o menor inteiro positivo que não está no conjunto. Portanto, frente a isto, a frase de fato define um inteiro positivo específico.

Mas, logicamente, não pode fazê-lo.

Possíveis ambiguidades na definição, tais como "Um número que, quando multiplicado por zero, dá zero" não nos permitem escapar desta armadilha lógica. Se uma frase é ambígua, devemos descartá-la, porque uma frase ambígua não define nada. A frase problemática será a ambígua, então? Exclusividade também não entra na questão: não pode haver 2 menores-números-não-definíveis-etc. diferentes, porque um deles deve ser menor que o outro.

Uma possível via de escape envolve o modo como decidimos quais frases definem ou não um inteiro positivo. Por exemplo, se as analisarmos em uma espécie de ordem, excluindo as que não servem, as frases sobreviventes dependem da ordem em que são consideradas. Suponha que duas sentenças consecutivas sejam:

(1) O número expressado pela próxima frase, mais um.
(2) O número expressado na frase anterior, mais dois.

Essas frases não podem ser ambas válidas – caso contrário, iriam contradizer uma à outra. Mas uma vez que excluímos uma delas, a outra passa a ser válida, porque agora se refere a uma frase inteiramente diferente.

Se proibirmos esse tipo de sentença, entraremos em um processo potencialmente perigoso, pois cada vez mais frases serão excluídas por diversas razões. Tudo isso sugere fortemente que a frase em questão não define efetivamente um número específico – embora pareça fazê-lo.

Conectando serviços

Três casas precisam ser conectadas a 3 companhias de serviços – água, gás e eletricidade. Cada casa deve estar conectada a *todos os três* serviços. Como fazê-lo sem que as conexões se cruzem? (Trabalhe "no plano" – não existe uma terceira dimensão na qual os canos possam ser passados por cima ou por baixo dos cabos. E você não pode passar os cabos ou canos através de uma casa ou do prédio de uma das companhias.)

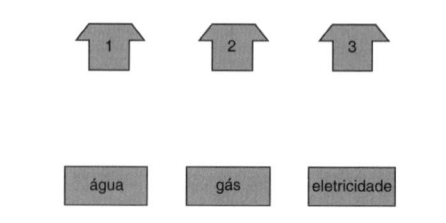

Conecte as casas aos serviços, sem cruzamentos.

Resposta na p. 300

Os problemas difíceis são fáceis?
ou Como ganhar US$1 milhão provando o óbvio

Naturalmente, não é tão óbvio *assim*. Mas todos podemos sonhar.

Estou me referindo a um dos sete Problemas do Milênio (p.136), cuja solução fará com que algum felizardo fique US$1 milhão mais tranquilo. Tecnicamente, é conhecido como "P = NP?", que é um nome bastante bobo. Mas ele trata de uma questão de vital importância: os limites inerentes da eficácia dos computadores.

Os computadores resolvem problemas processando programas, que são listas de instruções. Um programa que sempre termina com a resposta certa (presumindo que o computador esteja fazendo o que seus projetistas esperam que faça) é chamado "algoritmo". O nome é uma homenagem ao matemático árabe Abu Já'far Muhammad ibn Musa al-Khwarizmi, que viveu em torno de 800 d.C., na região que corresponde atualmente ao Iraque. Seu livro *Hisab al-jabr w'al-muqabala* nos apresentou à palavra "álgebra", e consiste em uma série de procedimentos – algoritmos – para resolver vários tipos de equações algébricas.

Um algoritmo é um método para resolver um tipo específico de problema, mas na prática é inútil a menos que consiga gerar a resposta de maneira razoavelmente rápida. No caso, a questão teórica não se refere à velocidade do computador, mas ao número de cálculos que o algoritmo deverá realizar. Até mesmo para um problema específico – por exemplo, encontrar a menor rota para visitar um certo número de cidades – o número de cálculos depende de quão complicada é a questão. Se houver mais cidades a visitar, o computador terá de executar mais trabalho para encontrar a resposta.

Por esses motivos, uma boa maneira de medir a eficácia de um algoritmo é descobrir quantos passos computacionais ele leva para resolver um problema de um certo tamanho. Ha uma divisão natural entre os cálculos "fáceis", nos quais o tamanho do cálculo é alguma potência fixa dos dados a serem inseridos, e os "difíceis", nos quais o crescimento é muito maior, muitas vezes exponencial. A multiplicação de 2 números de n algarismos, por exemplo, pode ser feita em aproximadamente n^2

passos usando o bom e velho algoritmo da multiplicação, portanto o cálculo é "fácil". Encontrar os fatores primos de um número de n algarismos, por outro lado, leva cerca de 3^n passos se experimentarmos todos os divisores possíveis até a raiz quadrada de n, que é a abordagem mais óbvia, portanto este cálculo é "difícil". Dizemos que os algoritmos em questão são processados em *tempo polinomial* (classe P) e *tempo não polinomial* (não-P), respectivamente.

Descobrir a rapidez com que um algoritmo será processado é relativamente simples. A parte difícil é descobrir se algum outro algoritmo poderia ser mais rápido. O mais difícil de tudo é mostrar que o que temos em mãos é o algoritmo mais rápido possível, e basicamente não sabemos como fazer isso. Assim, problemas que consideramos difíceis poderão acabar se tornando fáceis se encontrarmos um método melhor para resolvê-los, e é aí que entra o milhão de dólares. O prêmio vai para quem conseguir provar que algum problema específico é inevitavelmente difícil – que não existe nenhum algoritmo em tempo polinomial para resolvê-lo. Outra possibilidade é provar que não existe nenhum problema difícil – embora isso não pareça provável, neste universo em que estamos.

Porém, antes que você se apresse em botar as mãos na massa, é melhor ter algumas ideias em mente. A primeira é que existe um tipo "trivial" de problema que é automaticamente difícil, simplesmente porque o tamanho do resultado emitido é gigantesco. "Liste todas as maneiras de rearranjar os primeiros n números" é um bom exemplo. Por mais rápido que seja o algoritmo, levará ao menos $n!$ passos para emitir a resposta. Assim, este tipo de problema deve ser desconsiderado, e isso é feito usando-se o conceito de um problema em *tempo polinomial não determinístico*, ou NP (note que NP é diferente de não-P). Estes são problemas nos quais podemos verificar uma *resposta* proposta em tempo polinomial – ou seja, são fáceis.

Meu exemplo preferido de um problema NP é o de resolver um quebra-cabeça tradicional. Pode ser muito difícil encontrar uma solução, mas se alguém nos mostrar um quebra-cabeça supostamente pronto, saberemos instantaneamente se foi armado da maneira correta. Um exemplo mais matemático é o de encontrar um fator de um número: é muito mais fácil fazer a divisão e descobrir se algum número funciona do que encontrar o número diretamente.

O problema P = NP? pergunta se todo problema NP é P. Ou seja: se for possível verificar facilmente uma resposta proposta, podemos *encontrá-la* facilmente? A experiência nos dá indícios muito fortes de que a resposta deve ser "não" – a parte difícil é encontrar a resposta. Porém, o incrível é que ninguém sabe como provar essa ideia, nem sequer se está correta. E é por isso que você poderá embolsar US$1 milhão se provar que P é diferente de NP, ou então provando que, pelo contrário, ambos são iguais.

Um detalhe final é que todos os possíveis candidatos a mostrar que P ≠ NP são, em um certo sentido, equivalentes. Um problema é chamado *NP-completo* se um algoritmo em tempo polinomial para resolver esse problema em particular levar automaticamente a um algoritmo em tempo polinomial para resolver *qualquer* problema NP. Quase todos os candidatos razoáveis para provar que P ≠ NP são sabidamente NP-completos. A dura consequência desse fato é que nenhum candidato em particular deve ser mais abordável que qualquer um dos outros – todos eles vivem ou morrem juntos. Resumidamente: sabemos *por que* P = NP? deve ser um problema muito difícil, mas isso não nos ajuda a resolvê-lo.

Imagino que existam maneiras mais fáceis de ganhar um milhão.

Fuja do bode

Havia nos EUA um programa de auditório apresentado por Monty Hall, no qual um participante tinha que escolher uma dentre três portas.* Atrás de uma delas havia um prêmio valioso – um carro esporte, por exemplo. Atrás das outras duas havia prêmios de consolação – bodes.

Depois que o participante escolhia sua porta, o apresentador abria uma das *outras*, revelando um caprino (como ele podia escolher dentre duas portas, sempre revelava a cabra, pois sabia onde estava o carro).

---

* O show se chamava *Let's Make a Deal* e foi ao ar na TV americana desde 1963, seguindo, apresentado por Hall, com algumas interrupções, até 1991. Em 2003, ele ganhou uma nova versão, com um novo apresentador, e é exibido até hoje em vários países. (N.E.)

Hall então oferecia ao participante a chance de mudar de ideia, trocando sua escolha para a outra porta fechada.

Quase ninguém aceitava a oportunidade – talvez por um bom motivo, como vou explicar ao final. Por agora, vamos considerar o problema sem grandes elucubrações, presumindo que o carro tenha igual probabilidade (um terço) de estar atrás de qualquer porta. Vamos também presumir que todos sabem previamente que Monty Hall *sempre* oferece ao participante a chance de mudar de ideia, após revelar o bode. O participante deve trocar sua escolha?

O argumento contrário diz o seguinte: as duas portas restantes têm igual probabilidade de conter um carro ou um bode. Já que as chances são de 50%, não há nenhum motivo para mudar a escolha.

Ou será que há?

Resposta na p.301

Todos os triângulos são isósceles

Este problema requer algum conhecimento de geometria euclidiana, que hoje em dia não é ensinada... Ainda assim é acessível se você estiver disposto a acreditar em alguns fatos que vou apresentar.

Um triângulo *isósceles* tem 2 lados iguais (o 3º também pode ser igual: isso o torna um triângulo *equilátero*, mas ainda assim conta como um triângulo isósceles). Como é bastante fácil desenhar triângulos com 3 lados diferentes, o título desta seção é claramente *falso*. Ainda assim, há uma boa prova geométrica de que é verdadeiro.

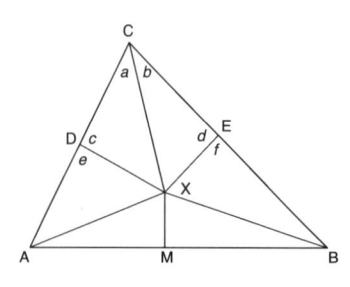

Este triângulo é isósceles – só que, claramente, não é.

(1) Tome qualquer triângulo ABC.

(2) Desenhe uma reta CX que corte o ângulo superior ao meio, de modo que os ângulos *a* e *b* sejam iguais. Desenhe uma reta MX em ângulos retos com o lado inferior em seu ponto médio, de modo que AM = MB. Essa reta vai se encontrar com a anterior, CX, em algum lugar dentro do triângulo, no ponto X.

(3) Desenhe retas de X para os outros dois ângulos A e B. Desenhe XD e XE de modo que os ângulos *c*, *d*, *e* e *f* sejam todos retos.

(4) Os triângulos CXD e CXE são *congruentes* – ou seja, têm a mesma forma e tamanho (ainda que estejam apontados para lados diferentes). Isso ocorre porque os ângulos *a* e *b* são iguais, os ângulos *c* e *d* são iguais e o lado CX é comum a ambos os triângulos.

(5) Portanto, as retas CD e CE são iguais.

(6) O mesmo ocorre com as retas XD e XE.

(7) Já que M é o ponto médio de AB, e MX forma ângulos retos com AB, as retas XA e XB são iguais.

(8) Mas agora, os triângulos XDA e XEB são congruentes. O motivo é que XD = XE, XA = XB, e o ângulo *e* é igual ao ângulo *f*.

(9) Portanto DA = EB.

(10) Combinando os passos 5 e 9: CA = CD + DA = CE + EB = CB Portanto as retas CA e CB são iguais, e o triângulo ABC é isósceles.

O que está errado aqui? (Dica: não é o uso de triângulos congruentes.)

Resposta na p. 303

• •

Ano quadrado

Era meia-noite do dia 31 de dezembro de 2001. Alfie e Betty – que tinham ambos menos de 60 anos de idade – estavam conversando sobre o calendário.

— Em algum momento no passado, o ano era o quadrado da idade do meu pai — disse Betty, orgulhosa. — Ele morreu com 100 anos!

— E em algum momento no futuro, o ano vai ser o quadrado da *minha* idade — respondeu Alfie. — Mas não sei se vou chegar aos 100.

Em que anos nasceram Alfie e o pai de Betty?

Resposta na p. 303

Teoremas de Gödel

Em 1931, o matemático lógico Kurt Gödel provou dois importantes teoremas, muito originais, que definiram limites inevitáveis às possibilidades do raciocínio formal na matemática. Gödel estava respondendo a um programa de pesquisa iniciado por David Hilbert, que estava convencido de que toda a matemática poderia ser colocada sobre uma base axiomática. Isso queria dizer que deveria ser possível citar uma lista de premissas básicas, ou "axiomas", e deduzir o restante da matemática a partir dela. Além disso, Hilbert esperava ser capaz de provar duas propriedades essenciais:

- O sistema era *logicamente consistente* — não é possível deduzir duas premissas que contradigam uma à outra.
- O sistema era *completo* — cada premissa tem uma prova ou uma refutação.

O tipo de "sistema" axiomático que Hilbert tinha em mente era mais básico que, digamos, a aritmética — era algo como a teoria dos conjuntos criada por Georg Cantor em 1879 e desenvolvida nos anos seguintes. Começando com conjuntos, há maneiras de definir números inteiros, as operações aritméticas habituais, números negativos e racionais, números reais, números complexos e assim por diante. Dessa maneira, dar uma base axiomática à teoria dos conjuntos automaticamente faria o mesmo pelo resto da matemática. E provar que um sistema axiomático para a teoria dos conjuntos é consistente e completo também faria o mesmo pelo resto da matemática. Como a teoria dos conjuntos é conceitualmente mais simples que a aritmética, isso parecia um procedimento razoável. De fato, houve até mesmo axiomatização candidata para a teoria dos conjuntos, desenvolvida por Bertrand Russell e Alfred North Whitehead em seu épico livro em três volumes *Principia Mathematica*. Houve também várias alternativas.

Hilbert foi bem-sucedido no avanço de uma boa parte de seu programa, mas ainda havia algumas lacunas quando Gödel entrou em cena. O artigo de Gödel, escrito em 1931, "Sobre proposições formalmente indecidíveis em *Principia Mathematica* e sistemas relacionados", deixou o programa de Hilbert em ruínas ao provar que tal abordagem jamais poderia ser bem-sucedida.

Gödel fez um grande esforço para colocar suas provas em um contexto lógico rigoroso e evitar diversas armadilhas lógicas sutis. De fato, a maior parte de seu artigo se dedica a apresentar essas ideias de fundo, que são muito técnicas – "conjuntos recursivamente enumeráveis". O ápice de seu artigo pode ser apresentado informalmente, na forma de dois teoremas arrebatadores:

- Em um sistema formal rico o suficiente para incluir a aritmética, devem haver proposições *indecidíveis* – proposições que não podem ser provadas nem refutadas dentro desse sistema.
- Se um sistema formal rico o suficiente para incluir a aritmética for logicamente consistente, então é impossível provar sua consistência dentro desse sistema.

O primeiro teorema não indica apenas que é difícil encontrar uma prova ou refutação para uma proposição. Ele estabelece que não existe nenhuma prova *e* não existe nenhuma refutação. Isso significa que a distinção lógica entre "verdadeiro" e "falso" *não* é idêntica à distinção entre "provável" e "refutável". Na lógica convencional – inclusive aquela utilizada no *Principia Mathematica* –, toda proposição é verdadeira ou falsa, e não pode ser as duas coisas ao mesmo tempo. Como a negação não-P de qualquer proposição P é falsa, e a negação de uma proposição falsa é verdadeira, a lógica convencional obedece à "lei do meio excluído": dada qualquer proposição P, exatamente uma dentre P e não-P será verdadeira, e a outra será falsa. Só existem duas possibilidades: 2 + 2 é igual a 4, ou 2 + 2 não é igual a 4. Uma das duas deve estar certa, e as duas não podem estar certas ao mesmo tempo.

Pois bem, se é possível provar P, então P deve ser verdadeira – é assim que os matemáticos estabelecem a verdade (no sentido matemático) de seus teoremas. Se é possível refutar P, então não-P deve ser verdadeira, portanto P deve ser falsa. Mas Gödel provou que, para algumas proposições P, não é possível provar P nem não-P. Portanto, uma proposição pode ser provável, refutável – ou *nenhuma das duas*. Se não for nenhuma das duas, é chamada de "indecidível". Assim, temos agora uma terceira possibilidade, e o "meio" não está mais excluído.

Antes de Gödel, os matemáticos presumiam tranquilamente que qualquer verdade seria provável, e qualquer falsidade seria refutável. *Encontrar* a prova ou refutação podia ser muito difícil, mas não havia motivos para duvidar de que uma das duas deveria existir. Dessa forma, para os matemáticos, "provável" era o mesmo que "verdadeiro", e "refutável" era o mesmo que "falso". E eles ficavam mais contentes ao pensar em conceitos de prova e refutação que em conceitos filosóficos profundos e traiçoeiros como verdade e falsidade, de modo que a maioria deles se contentava com provas e refutações. Por isso foi tão perturbador descobrir que esses conceitos deixavam uma lacuna, uma espécie de terra de ninguém na lógica. E na aritmética comum também!

Gödel montou sua proposição indecidível encontrando uma versão formal do paradoxo lógico "esta afirmação é falsa", ou, mais precisamente, "esta afirmação não possui uma prova". No entanto, na lógica matemática, uma proposição não pode se referir a si mesma – de fato, "esta proposição" não é algo que tenha significado dentro do sistema formal em questão. Gödel encontrou uma maneira inteligente de conseguir essencialmente o mesmo resultado sem quebrar as regras, ao associar um *código* numérico a cada proposição formal. Assim, uma prova para cada proposição correspondia a alguma sequência de transformações do código numérico. Dessa forma, o sistema formal pôde servir como um modelo para a aritmética – mas a aritmética também servia como modelo para o sistema formal.

Dentro desse esquema, e presumindo que o sistema formal seja logicamente consistente, a proposição P cuja interpretação é basicamente "esta proposição não possui uma prova" deve ser indecidível. Se P possui uma prova, então P é verdadeira, portanto, por sua propriedade definidora, P não possui uma prova – o que seria uma contradição. Mas se existe o pressuposto de que o sistema é consistente, isso não pode ocorrer. Por outro lado, se P não possui uma prova, então P é verdadeira. Portanto não-P não possui uma prova. Assim, nem P nem não-P possuem provas.

Deste ponto resta um pequeno passo até o segundo teorema: se o sistema formal é consistente, não pode haver uma prova de que é. Eu sempre pensei que isso fosse bastante plausível. Pense na aritmética como um vendedor de carros usados. Hilbert queria perguntar ao vendedor, "Você é honesto?", e obter uma resposta que lhe garantisse que sim. Gödel afirmou essencialmente que se lhe fizermos a pergunta e ele disser "Sim, eu sou", isso não é uma garantia de honestidade. *Você acreditaria que alguém está dizendo a verdade só porque a pessoa afirma estar dizendo a verdade?* Um tribunal certamente não acreditaria.

Devido a complicações técnicas, Gödel provou seus teoremas dentro de um sistema formal específico para a aritmética, aquele que está contido no *Principia Mathematica*. Uma possível consequência disso talvez seja que o sistema é inadequado, e precisamos de algo melhor. Mas ele ressaltou na introdução de seu artigo que uma linha de raciocínio semelhante se aplicaria a qualquer sistema formal alternativo para a aritmética. Alterar os axiomas não adiantaria nada. Seus sucessores acrescentaram os detalhes necessários, e o programa de Hilbert foi por água abaixo.

Sabe-se hoje em dia que diversos problemas matemáticos importantes são indecidíveis. O mais famoso deles provavelmente é o problema das máquinas de Turing – que essencialmente trata de encontrar um método para determinar previamente se um programa de computador vai parar em algum momento com uma resposta, ou se o processamento vai seguir em frente indefinidamente. Alan Turing provou que alguns programas são indecidíveis – não temos como provar que irão parar, e não temos como provar que não pararão.

Se π não é uma fração, como podemos calculá-lo?

O valor que aprendemos na escola para π, 22/7, não é exato. Não é nem mesmo extremamente bom. Mas é bom o suficiente para algo tão simples. Já que sabemos que π não é uma fração exata, a maneira de calculá-lo com alta precisão não é muito óbvia. Os matemáticos conseguem fazê-lo usando várias fórmulas inteligentes para π, todas elas exatas, e todas elas contendo algum processo que segue em frente para sempre. Se pararmos antes do "para sempre", podemos encontrar uma boa aproximação de π.

De fato, a matemática nos presenteia com riquezas quase excessivas, pois uma das características eternamente fascinantes de π é sua tendência a surgir em uma enorme variedade de fórmulas bonitas. Em geral, esse número surge em séries infinitas, produtos infinitos ou frações infinitas (indicadas pelas reticências) – o que não é de surpreender, já que não existe uma expressão finita simples para π, a menos que trapaceemos com o cálculo integral. Eis alguns dos pontos altos.

A fórmula a seguir foi uma das primeiras expressões de π, descoberta por François Viète em 1593. Está ligada a polígonos com $2n$ lados:

$$\frac{2}{\pi} = \sqrt{\frac{1}{2}} \times \sqrt{\frac{1}{2} + \frac{1}{2}\sqrt{\frac{1}{2}}} \times \sqrt{\frac{1}{2} + \frac{1}{2}\sqrt{\frac{1}{2} + \frac{1}{2}\sqrt{\frac{1}{2}}}} \ldots$$

Esta foi descoberta por John Wallis, em 1655:

$$\frac{\pi}{2} = \frac{2}{1} \times \frac{2}{3} \times \frac{4}{3} \times \frac{4}{5} \times \frac{6}{5} \times \frac{6}{7} \times \frac{8}{7} \times \frac{8}{9} \ldots$$

Por volta de 1675, James Gregory e Gottfried Leibniz descobriram concomitantemente que

$$\frac{\pi}{4} = 1 - \frac{1}{3} + \frac{1}{5} - \frac{1}{7} + \frac{1}{9} - \frac{1}{11} + \frac{1}{13} - \ldots$$

Essa fórmula converge muito lentamente, não sendo portanto muito útil para calcular π; isto é, uma boa aproximação requer muitíssimos termos. Mas séries bastante próximas foram usadas para descobrir muitas centenas de algarismos de π nos séculos XVIII e XIX. No século XVII, lorde Brouncker descobriu uma "fração contínua" infinita:

$$\pi = \cfrac{4}{1 + \cfrac{1^2}{2 + \cfrac{3^2}{2 + \cfrac{7^2}{2 + \cfrac{5^2}{2 + \ldots}}}}}$$

E Euler descobriu um monte de fórmulas como estas:

$$\frac{\pi^2}{6} = 1 + \frac{1}{2^2} + \frac{1}{3^2} + \frac{1}{4^2} + \frac{1}{5^2} + \frac{1}{6^2} + \ldots$$

$$\frac{\pi^3}{32} = 1 - \frac{1}{3^3} + \frac{1}{3^3} + \frac{1}{7^3} + \frac{1}{9^3} + \frac{1}{11^3} + \ldots$$

$$\frac{\pi^4}{90} = 1 - \frac{1}{2^4} + \frac{1}{3^4} + \frac{1}{4^4} + \frac{1}{5^4} + \frac{1}{6^4} + \ldots$$

(Por sinal, não parece haver uma fórmula assim para

$$1 + \frac{1}{2^3} + \frac{1}{3^3} + \frac{1}{4^3} + \frac{1}{5^3} + \frac{1}{6^3} + \ldots$$

o que é muito misterioso, e não perfeitamente compreendido. Em particular, essa soma não se trata de um simples número racional multiplicado por n^3. Sabemos que a soma da série é irracional.)

No caso das outras fórmulas, vamos precisar da "notação sigma" para as somas. A ideia é a seguinte: podemos escrever a série para $\pi^2/6$ em uma forma mais compacta:

$$\frac{\pi^2}{6} = \sum_{n=1}^{\infty} \frac{1}{n^2}$$

Deixe-me explicar. O extravagante símbolo $\sum$ é a letra grega sigma maiúscula, que indica "somatório" e informa que temos que somar todos os números à sua direita, no caso, $1/n^2$. O "$n = 1$" embaixo indica que devemos começar a soma em $n = 1$, e, por convenção, n percorre os números inteiros positivos. O símbolo ∞ acima do $\sum$ significa "infinito", informado-nos que devemos continuar a somar esses números para sempre. Assim, esta é a mesma série que a de $\pi^2/6$ que vimos antes, mas escrita como uma instrução do tipo "some os termos $1/n^2$ para $n = 1, 2, 3$ e assim por diante, continuando para sempre".

Ali por 1985, Jonathan e Peter Borwein descobriram a série

$$\frac{1}{\pi} = \frac{2\sqrt{2}}{9801} \sum_{n=1}^{\infty} \frac{(4n)!}{(n!)^4} \times \frac{1{,}103 + 26390n}{(4 \times 99)^{4n}}$$

que converge com muita rapidez. Em 1997, David Bailey, Peter Borwein e Simon Plouf encontraram uma fórmula sem precedentes,

$$\pi = \sum_{n=0}^{\infty} \left(\frac{4}{8n+1} - \frac{2}{8n+4} - \frac{1}{8n+5} - \frac{1}{8n+6} \right) \left(\frac{1}{16} \right)^n$$

O que ela tem de tão especial? Essa fórmula permite que calculemos *um algarismo* específico de π sem calcularmos os algarismos anteriores. O único detalhe é que não são algarismos decimais: são *hexadecimais* (base 16), a partir dos quais também podemos calcular um algarismo na base 8 (octal), 4 (quaternário) ou 2 (binário). Em 1998, Fabrice Ballard usou essa fórmula para mostrar que o 100º bilionésimo algarismo hexadecimal de π é 9. Dois anos depois, o recorde já havia subido para 250 trilhões de algarismos hexadecimais (um quatrilhão de algarismos binários).

O recorde atual de algarismo decimais de π pertence a Yasumasa Kanada e seus colegas, que computaram os primeiros 1,2411 trilhões de algarismos, em 2002.

Riqueza infinita

Durante o surgimento da teoria das probabilidades, foi feito um grande esforço – principalmente por parte de vários membros da família Bernoulli, que teve quatro gerações de matemáticos competentes – por desvendar um estranho problema, o *paradoxo de São Petersburgo*.

Você joga contra a banca, lançando repetidamente uma moeda até que ela caia em "cara" pela primeira vez. Quanto mais der coroa, mais a banca lhe pagará. Assim, se você jogar e cair em cara na primeira tentativa, a banca lhe paga $2. Se der cara na segunda tentativa, a banca paga $4. Se cai cara na terceira tentativa, a banca paga $8. Generalizando, se você obtiver cara na n-ésima tentativa, a banca paga $2n$.

A pergunta é: quanto você estaria disposto a pagar para participar do jogo?

Para respondê-la, você deverá calcular seu ganho "esperado" a longo prazo, e as regras da probabilidade nos ensinam a fazer esse cálculo. A probabilidade de tirar cara na primeira jogada é de 1/2, e assim você ganhará $2, portanto o ganho esperado na primeira jogada é de $1/2 \times 2 = 1$. A probabilidade de que surja cara na segunda jogada é de 1/4, e com isso você ganhará $4, portanto o ganho esperado na segunda jogada é $1/4 \times 4 = 1$. Seguindo dessa maneira, seu ganho esperado na n-ésima jogada é $\frac{1}{2}n \times 2n = 1$. No total, o ganho esperado será de

$1 + 1 + 1 + 1 + \ldots$

Essa série continua para sempre, o que gera um resultado infinito. Portanto, você deveria pagar à banca uma quantia infinita para participar do jogo.

O que está errado aqui, se é que há algo de errado?

Resposta na p. 304

Deixe a sorte decidir

Dois estudantes universitários de matemática estão tentando decidir como passar a noite.

– Vamos jogar uma moeda – diz o primeiro. – Se cair cara, vamos ao bar tomar uma cerveja.

– Ótimo! – diz sua amiga. – Se cair coroa, vamos ao cinema.

– Exato. E se cair de lado, vamos estudar.

Comentário: já presenciei, duas vezes na vida, uma moeda cair de lado. A primeira foi aos 17 anos, jogando com alguns amigos, e a moeda caiu em uma fenda da mesa. A segunda foi em 1997, quando fiz a Palestra de Natal da Royal Institution, no canal de televisão BBC. Fizemos uma grande moeda de espuma, e uma jovem da plateia a lançou para o alto como uma panqueca. Na primeira jogada, a moeda caiu exatamente sobre o lado.

Tudo bem, admito que era uma moeda bem grossa.

Quantos(as) são...

Os conjuntos diferentes de mãos de *bridge*

53.644.737.765.488.792.839.237.440.000

Isso se você distinguir as mãos de acordo com quem (N, S, L, O) as recebe. Se não, divida o resultado por 8 (os pares N-S e L-O devem ser mantidos), obtendo

6.705.592.220.686.099.104.904.680.000

Os prótons no universo, segundo sir Arthur Stanley Eddington

136×2^{256} = 15.747.724.136.275.002.577.605.653.961.181.555.468.044.717.914.527.116.709.366.231.425.076.185.631.031.296

As maneiras de rearranjar os primeiros 100 números

93.326.215.443.944.152.681.699.238.856.266.700.490.715.968.264.381.621.468.592.963.895.217.599.993.229.915.608.941.463.976.156.518.286.253.697.920.827.223.758.251.185.210.916.864.000.000.000.000.000.000.000.000

É assim, a menos que esse "rearranjo" exclua a numeração habitual, de 1, 2, 3, ..., 100. Nesse caso, o número é:

93.326.215.443.944.152.681.699.238.856.266.700.490.715.968.
264.381.621.468.592.963.895.217.599.993.229.915.608.941.463.
976.156.518.286.253.697.920.827.223.758.251.185.210.916.863.
999.999.999.999.999.999.999.999

Os zeros em um *googol*?

100

Googol é um nome inventado em 1920 por Milton Sirotta (de 9 anos de idade), sobrinho do matemático americano Edward Kasner, que popularizou o termo em seu livro A *matemática e a imaginação*. É igual a 10^{100}, que é 1 seguido de 100 zeros:

10000000000000000000000000000000000000000000000000000000000000000000000000000000000000000000000000000

Os zeros em um *googolplex*

10^{100}

Googolplex é outro nome inventado, igual a $10^{10^{100}}$, que é 1 seguido por 10^{100} zeros. O universo é pequeno demais para escrevê-lo por inteiro, e a vida do universo é curta demais, de qualquer maneira. A menos que nosso universo seja parte de um *multiverso* muito maior, e ainda assim, é difícil imaginar por que alguém se preocuparia em fazê-lo.

Qual é a forma de um arco-íris?

Todos nos lembramos de ter ouvido a explicação sobre o que causa o arco-íris. A luz do sol acerta o interior das gotas de chuva, que dividem a luz branca nas cores que a compõem. Sempre que olhamos diretamente para um arco-íris, o sol está atrás de nós, e a chuva está caindo à nossa frente. E para fechar a questão, a professora nos mostra um prisma de vidro dividindo um raio de luz branca, formando todas as cores do espectro.

Por quê?

Uma boa maneira de desviar a atenção, digna de um ilusionista. Isso explica as cores. Mas e quanto à *forma*?

Se a questão é apenas a reflexão da luz pelas gotas de chuva, por que não vemos as cores em qualquer lugar onde a chuva esteja caindo? E se isso estivesse acontecendo, por que as cores não se misturariam de volta para o branco, ou talvez para um cinza borrado? Por que o arco-íris é uma série de arcos coloridos? E qual é a forma dos arcos?

Respostas na p.305

Abdução alienígena

Dois alienígenas do planeta Porkspyn querem abduzir dois terráqueos, mas ignoram lepidamente que os objetos de sua atenção, na verdade, são leitões. À sua maneira formal, os extraterrestres jogam um jogo.

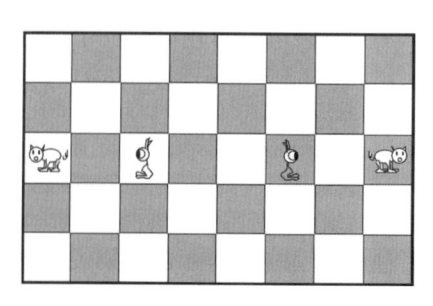

Primeiro pegue seu porco...

Na primeira jogada, cada ET se move uma casa na horizontal ou na vertical (*não* na diagonal). Cada um deles pode se mover em qualquer uma das quatro direções, independentemente do que fizer o outro. Na jogada seguinte, os porcos fazem o mesmo. Os alienígenas conseguem abduzir um porco se caírem na mesma casa que ele. Para sua surpresa, os porcos sempre conseguem escapar.

O que os alienígenas estão fazendo de errado?

Respostas na p.306

• •

A hipótese de Riemann

Se há um problema que os matemáticos teriam grande prazer em resolver, este é a hipótese de Riemann. Áreas inteiras da matemática se abririam se algum sabichão conseguisse provar esse maravilhoso teorema. E áreas inteiras da matemática se fechariam se algum sabichão conseguisse refutá-lo. Neste momento, essas áreas estão no limbo. Temos um vislumbre da Terra Prometida, mas por enquanto, sabemos que pode se tratar de uma miragem.

Ah, e sua resolução também vale US$1 milhão, oferecido pelo Instituto Clay de Matemática.

A história remonta aos tempos de Gauss, pelos idos de 1800, e à descoberta de que, embora os números primos pareçam estar distribuídos de maneira bastante aleatória ao longo da reta numérica, eles possuem claras regularidades *estatísticas*. Diversos matemáticos notaram que o número de primos até algum número x, indicado por $\pi(x)$ só para confundir todos os que acharam que $\pi = 3{,}14159$, é de aproximadamente

$$\pi(x) = \frac{x}{\log x}$$

Gauss descobriu o que parecia ser uma aproximação ligeiramente melhor, a *integral logarítmica*

$$\text{Li}(x) = \int_2^x \frac{dx}{\log x}$$

Muito bem, observar esse "teorema dos números primos" é uma coisa, mas o que realmente conta é prová-lo, e isso resultou ser bem difícil. A abordagem mais efetiva é transformar a questão em algo bastante diferente, neste caso, a análise complexa. A conexão entre os primos e as funções complexas não é nem um pouco óbvia, mas a ideia principal foi concebida por Euler.

Todo número inteiro positivo é um produto de números primos de uma maneira singular. Podemos formular analiticamente essa propriedade básica. A primeira tentativa seria notar que

$(1 + 2 + 2^2 + 2^3 + ...) \times (1 + 3 + 3^2 + 3^3 + ...) \times (1 + 5 + 5^2 + 5^3 + ...) \times ...$

onde cada série entre parênteses segue indefinidamente, e se encontrando o produto para todos os primos, é igual a

$1 + 2 + 3 + 4 + 5 + 6 + 7 + 8 + ...$

Ou seja, uma soma de todos os inteiros. Por exemplo, para descobrir de onde vem um número como 360, podemos escrevê-lo como um produto de primos:

$360 = 2^3 \times 3^2 \times 5$

e então encontrar, na fórmula, os termos correspondentes, mostrados aqui em negrito:

$(1 + 2 + 2^2 + \mathbf{2^3} + ...) \times (1 + 3 + \mathbf{3^2} + 3^3 + ...) \times (1 + \mathbf{5} + 5^2 + 5^3 + ...) \times ...$

Quando "expandimos" os parênteses, cada produto possível de potências primas ocorre exatamente uma vez.

Infelizmente isso não faz sentido nenhum, porque a série diverge para o infinito, assim como o produto. No entanto, se substituirmos cada número n por uma potência adequada n^{-s}, e tomarmos um s suficientemente elevado, tudo converge (o sinal de menos assegura que *grandes* valores de s levarão à convergência, o que é mais conveniente). Assim, obtemos a seguinte fórmula:

$$(1 + 2^{-s} + 2^{-2s} + 2^{-3s} + ...) \times (1 + 3^{-s} + 3^{-2s} + 3^{-3s} + ...) \times (1 + 5^{-s} + 5^{-2s} + 5^{-3s} + ...) \times ... = 1 + 2^{-s} + 3^{-s} + 4^{-s} + 5^{-s} + 6^{-s} + 7^{-s} + 8^{-s} + ...$$

(na qual escrevi 1 em vez de 1^{-s} porque, afinal, são iguais.) Esta fórmula faz perfeito sentido desde que s seja real e maior que 1. Ela é verdadeira porque

$$60^{-s} = 2^{-3s} \times 3^{-2s} \times 5^{-s}$$

E o mesmo vale para qualquer inteiro positivo.

De fato, a fórmula também faz perfeito sentido se $s = a + ib$ for complexo e sua parte real, a, for maior que 1. A série final da fórmula é chamada *função zeta de Riemann* de s, denotada por $\zeta(s)$. ζ é a letra grega zeta.

Em 1859, Georg Riemann escreveu um artigo curto e incrivelmente criativo, mostrando que as propriedades analíticas da função zeta revelavam profundas características estatísticas dos primos, entre elas o teorema dos números primos, de Gauss. De fato, ele foi além: conseguiu tornar muito menor o erro na aproximação de (x), acrescentando novos termos à expressão de Gauss. Infinitos termos como esses, que também formavam uma série convergente, fariam com que o erro desaparecesse por inteiro. Riemann conseguiu escrever uma expressão *exata* de (x) na forma de uma série analítica.

Para constar, eis a fórmula:

$$\pi(x) + \pi(x^{1/2}) + \pi(x^{1/3}) + ...$$
$$\text{Li}(x) + \int_x^\infty \left[(t^2 - 1)t \log t\right]^{-1} t - \log 2 - \sum_\rho \text{Li}(x^\rho)$$

onde ρ percorre todos os zeros não triviais da função zeta. Em termos estritos, essa fórmula não está precisamente correta quando o lado esquerdo tem descontinuidades, mas isso pode ser corrigido. Podemos obter uma fórmula ainda mais complicada para π(x) aplicando novamente a fórmula com o x substituído por $x^{1/2}$, $x^{1/3}$ e assim por diante.

Tudo muito bem, mas havia um pequeno detalhe. Para provar que sua série estava correta, Riemann precisava estabelecer uma propriedade aparentemente bastante clara da função zeta. Infelizmente, ele não conseguiu encontrar uma prova.

Todos os analistas complexos aprendem, desde o berço (o berço, neste caso, é Augustin-Louis Cauchy, que, juntamente com Gauss, foi o primeiro a captar este ponto) que a melhor maneira de compreender qualquer função complexa é descobrir onde estão seus *zeros*. Isto é: quais números complexos s fazem com que ζ(s) = 0? Bem, essa se torna a melhor maneira depois de realizado algum trabalho engenhoso; na região em que a série de ζ(s) converge, não há *nenhum* zero. No entanto, há uma outra fórmula, que concorda com a série sempre que ela converge, mas que também faz sentido quando ela não faz isso. Essa fórmula nos permite estender a definição de ζ(s), de modo que ela faça sentido para *todos* os números complexos s. E essa "continuação analítica" da função zeta efetivamente tem zeros. Infinitos zeros.

Alguns deles são óbvios – uma vez que vemos a fórmula envolvida no processo de continuação. Esses "zeros triviais" são os inteiros pares negativos –2, –4, –6 etc. Os demais zeros surgem em pares do tipo a + ib e a – ib, e todos os zeros que Riemann conseguiu encontrar tinham a = 1/2. Os primeiros três pares, por exemplo, são

$$\frac{1}{2} \pm 14.13i, \quad \frac{1}{2} \pm 21.02i, \quad \frac{1}{2} \pm 25.01i,$$

Indícios como esses levaram Riemann a conjecturar ("formular a hipótese de que") *todos* os zeros não triviais da função zeta deveriam estar na chamada "linha crítica" $\frac{1}{2}$ + *ib*.

Se ele conseguisse provar essa proposição – a famosa *hipótese de Riemann* –, conseguiria provar que a fórmula aproximada de Gauss para (x) estava correta. Poderia aperfeiçoá-la de modo a encontrar uma fórmula *exata* – ainda que complicada. Grandes porções da teoria dos números se abririam amplamente à nossa exploração.

Mas ele não conseguiu, e até hoje não conseguimos.

O teorema dos números primos acabou por ser provado independentemente, por Jacques Hadamard e Charles de La Vallée-Poussin, em 1896. Eles usaram a análise complexa, mas conseguiram encontrar uma prova que evitava a hipótese de Riemann. Sabemos atualmente que os primeiros 10 trilhões de zeros não triviais da função zeta se encontram na linha crítica, graças a Xavier Gourdon e Patrick Demichel, em 2004. Você talvez pense que isso encerra a questão, mas nesta área da teoria dos números, 10 trilhões são um valor ridiculamente pequeno, podendo ser enganador.

A hipótese de Riemann é importante por muitas razões. Se for verdadeira, ela nos dirá muitas coisas sobre as propriedades estatísticas dos primos. Em particular, Helge von Koch provou, em 1901, que a hipótese de Riemann é verdadeira se, e somente se, a estimativa

$$|\pi(x) - \text{Li}(x)| < C\sqrt{x}\log x$$

para o erro na fórmula de Gauss se mantiver para algum C constante. Posteriormente, Lowell Schoenfeld provou que podemos tomar $C = 1/8$ para todo $x \geq 2.657$ (desculpe, esta área da matemática tem essas coisas). A ideia, no caso, é que o erro é pequeno em comparação a x, e isso nos mostra o quanto os primos variam a partir de seu comportamento mais típico.

A fórmula exata de Riemann, naturalmente, também surgiria a partir da hipótese de Riemann. O mesmo valeria para uma enorme lista de resultados matemáticos – você pode conhecer alguns deles em wikipedia.org/wiki/Riemann_hypothesis.

No entanto, o principal motivo pelo qual a hipótese de Riemann é importante – além de "porque ela existe" – é o fato de possuir muitos análogos e generalizações extremamente influentes na teoria algébrica dos números. Alguns dos análogos foram até mesmo provados. Imagina-se que se a hipótese de Riemann puder ser provada em sua forma original, o mesmo poderá ser feito com as generalizações. Essas ideias são técnicas demais para que eu as descreva aqui, mas você pode consultar mathworld.wolfram.com/ RiemannHypothesis.html.

Apresentarei uma afirmação enganadoramente simples, que é equivalente à hipótese de Riemann. Por si só, parece inofensiva e pouco importante. Mas não é bem assim! Aí vai: se n é um número inteiro, então a soma de seus divisores, incluindo o próprio n, é escrita como $\sigma(n)$ (σ é a letra grega sigma minúscula). Portanto

$\sigma((24) = 1 + 2 + 3 + 4 + 6 + 8 + 12 + 24 = 60$
$\sigma((12) = 1 + 2 + 3 + 4 + 6 + 12 = 28$

E assim por diante. Em 2002, Jeffrey Lagarias provou que a hipótese de Riemann é equivalente à inequação

$$\sigma(n) \leq H_n + \ln(H_n)e^{H_n}$$

para todo n. Neste caso, H_n é o n-ésimo número harmônico, igual a

$$1 + \frac{1}{2} + \frac{1}{3} + \frac{1}{4} + \ldots \frac{1}{n}$$

• •

Antiateísmo

Godfey Harold Hardy, um matemático de Cambridge que trabalhou principalmente com análise, dizia acreditar em Deus – porém, diferentemente da maioria das pessoas de fé, ele acreditava que o Todo-Poderoso era seu inimigo pessoal. Hardy tinha implicância com Deus, e estava convencido de que o Criador tinha implicância com ele, o que era justo. Hardy ficava especialmente preocupado ao fazer viagens marítimas, com medo de que Deus afundasse o barco. Assim, antes de viajar, ele enviava um telegrama a seus colegas: "PROVEI HIPÓTESE DE RIEMANN. HARDY." Ao retornar, ele desdizia a alegação.

Como acabamos de discutir, a hipótese de Riemann é o mais famoso problema não resolvido da matemática, e um dos mais importantes. E assim também era nos tempos de Hardy. Quando seus colegas lhe perguntaram por que ele mandava tais telegramas, Hardy explicou que Deus nunca o deixaria morrer se isso fosse lhe dar o mérito – por mais controverso que fosse – de ter provado a hipótese de Riemann.

Refutação da hipótese de Riemann

Considere o seguinte argumento lógico:
- Elefantes nunca esquecem.
- Nenhuma criatura que já tenha ganhado no jogo de *Senha* tinha uma tromba.
- Uma criatura que nunca esquece sempre ganhará no jogo de *Senha*, contanto que jogue.
- Uma criatura que não tenha uma tromba não é um elefante.
- Em 2001, um elefante jogou *Senha*.
- Portanto:
- A hipótese de Riemann é falsa.

Esta é uma dedução correta?

Resposta na p.307

Assassinato no parque

Este quebra-cabeça – como vários outros no livro – remonta ao grande criador de charadas inglês Henry Ernest Dudeney. Ele o chamava de "Parque Ravensdene". Fiz algumas alterações triviais.

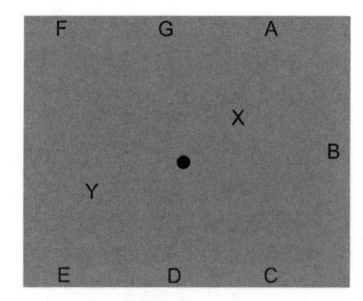

Parque Ravensdene.

Pouco depois de uma forte nevasca, Cyril Hastings entrou no Parque Ravensdene pelo portão D, caminhou diretamente até o lugar marcado com um ponto preto e então levou uma punhalada no coração. Seu corpo foi encontrado na manhã seguinte, próximo a várias pegadas na neve. A polícia fechou o parque imediatamente.

As investigações que se seguiram revelaram que cada trilha de pegadas havia sido feita por sapatos diferentes, muito característicos. Testemunhas disseram que, no momento do assassinato, havia, além de Hastings, quatro pessoas no parque. Portanto, uma delas devia ser o assassino. Examinando as pegadas, a polícia deduziu que:

- O zelador – que conseguiu provar que estava dentro da casa X no momento do assassinato – entrou pelo portão E e caminhou até X.
- O guarda florestal – que não tinha nenhum álibi – entrou pelo portão A e caminhou até sua guarita, em Y.
- Um jovem da região entrou pelo portão G e saiu pelo portão B.
- A mulher do baleiro entrou pelo portão C e saiu pelo portão F.

Nenhuma dessas pessoas entrou ou saiu do parque mais de uma vez.

Havia bastante neblina e neve, portanto os caminhos que essas pessoas seguiram muitas vezes eram bastante errantes. A polícia notou que nenhum dos percursos se cruzavam. Mas não conseguiu anotar todas as sequências de pegadas antes que a neve derretesse, apagando-os.

Quem foi o assassino?

Resposta na p.308

O cubo de queijo

Uma charada velha, mas ainda interessante. Marigold Mouse tem um cubo de queijo e uma faca. Ela quer cortar o queijo em um plano, de modo que o corte transversal forme um hexágono regular. É possível fazer isso? Em caso afirmativo, de que maneira?

Resposta na p.308

O jogo da vida*

Na década de 1970, o matemático britânico John Conway inventou *The Game of Life*, o "jogo da vida". Trata-se de uma espécie de jogo de computador no qual estranhas criaturas negras rastejam por uma grade de quadrados brancos, mudando de forma, crescendo, colapsando, congelando e morrendo. A melhor maneira de jogar *Life* (como é habitualmente conhecido) é baixar um programa da internet. Há vários gratuitos, excelentes e fáceis de encontrar. Uma versão em Java, fácil de usar e capaz de trazer horas de diversão, encontra-se em www.bitstorm.org/gameoflife/.

Life é jogado com peças pretas em uma grade potencialmente infinita de células brancas. Cada célula contém uma peça ou nenhuma. Em cada etapa, ou *geração*, o conjunto de peças define uma *configuração*. A configuração inicial na geração 0 evolui em etapas sucessivas, seguindo uma breve lista de regras. As regras estão apresentadas nas figuras a seguir. Os *vizinhos* de uma célula são as 8 células imediatamente adjacentes a ela, na horizontal, vertical ou diagonal. Todos os nascimentos e mortes ocorrem simultaneamente: o que ocorre com cada peça ou célula vazia na geração $n + 1$ depende apenas de seus vizinhos na geração n.

---

*Esta seção não se refere ao homônimo jogo de tabuleiro conhecido dos brasileiros, lançado no país na década de 1980, como versão nacional (pela Estrela) do produto da fabricante de brinquedos americana Hasbro — e criado por Milton Bradley e Reuben Klamer. A diversão familiar é oriunda do *The Checkered Game of Life*, criado por Bradley em 1860. Ele consiste em um tabuleiro no qual jogadores avançam segundo ocorrências de sua vida, do nascimento até a aposentadoria, acumulando competências, dinheiro, sucessos e/ou fracassos. (N.E.)

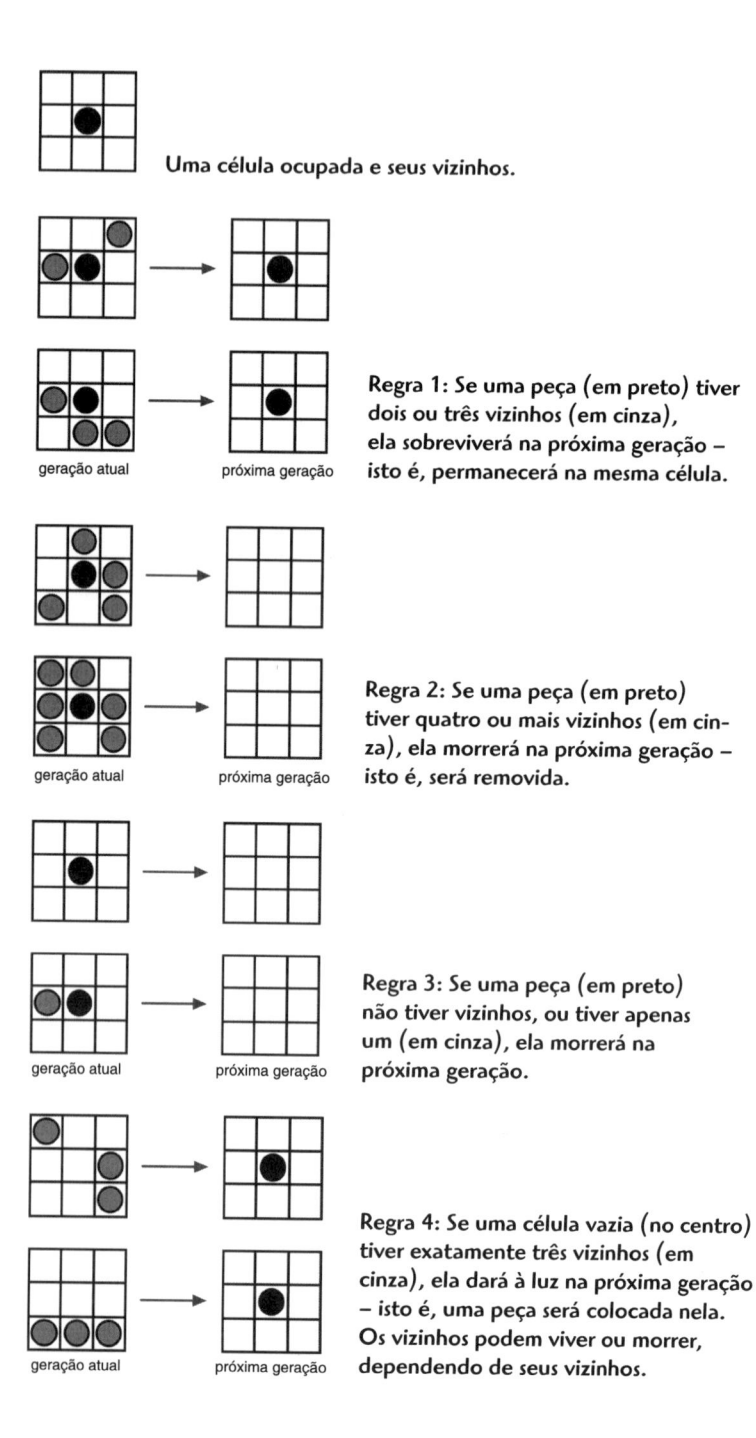

Uma célula ocupada e seus vizinhos.

Regra 1: Se uma peça (em preto) tiver dois ou três vizinhos (em cinza), ela sobreviverá na próxima geração – isto é, permanecerá na mesma célula.

Regra 2: Se uma peça (em preto) tiver quatro ou mais vizinhos (em cinza), ela morrerá na próxima geração – isto é, será removida.

Regra 3: Se uma peça (em preto) não tiver vizinhos, ou tiver apenas um (em cinza), ela morrerá na próxima geração.

Regra 4: Se uma célula vazia (no centro) tiver exatamente três vizinhos (em cinza), ela dará à luz na próxima geração – isto é, uma peça será colocada nela. Os vizinhos podem viver ou morrer, dependendo de seus vizinhos.

Começando em qualquer configuração inicial, as regras são aplicadas repetidamente, produzindo a história das gerações subsequentes. Por exemplo, aqui está a história de um pequeno triângulo construído com 4 peças:

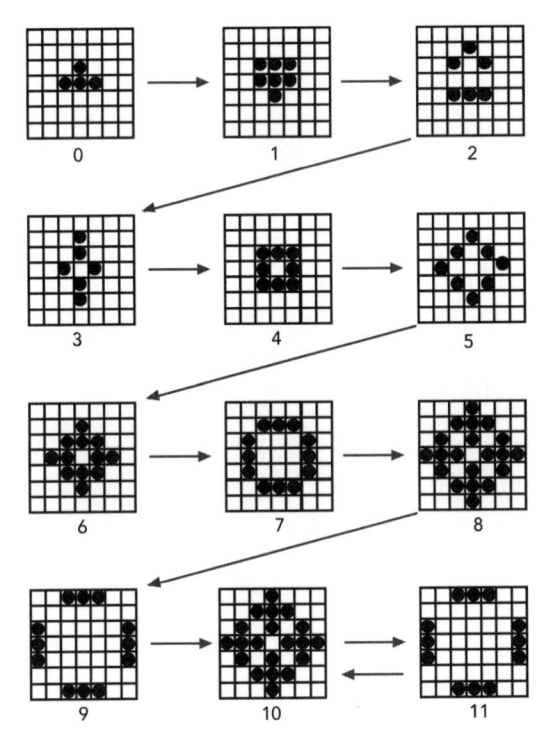

**História vital de uma configuração.
As configurações 8 e 9 se alternam periodicamente.**

Até mesmo esse exemplo pouco elaborado mostra que as regras de *Life* podem gerar estruturas complexas a partir de estruturas simples. Neste caso, a sequência de gerações se torna *periódica*: na geração 10, a configuração é igual à da geração 8, o que faz com que as configurações 8 e 9 se alternem em uma sequência conhecida como *sinal de trânsito*.

Um dos fascínios de *Life* é a incrível variedade possível de histórias, e a ausência de qualquer relação *evidente* entre a configuração inicial e aquilo que ela se torna. O sistema de regras é inteiramente determinístico – toda a estrutura infinita do sistema está implícita em seu estado inicial. Mas *Life* demonstra a diferença drástica entre determinismo e previsibilidade. É daí que vem o nome.

Do ponto de vista matemático, é natural classificar as configurações de *Life* de acordo com seu comportamento de longo prazo. Por exemplo, as configurações podem:

- Desaparecer completamente (morte).
- Atingir um estado de equilíbrio (estagnação).
- Repetir a mesma sequência muitas e muitas vezes (periodicidade).
- Repetir a mesma sequência muitas e muitas vezes, mas terminando em um novo local.
- Comportar-se caoticamente.
- Apresentar comportamento computacional (máquina de Turing universal).

Entre as configurações periódicas comuns estão os *piscadores* e os *sinais de trânsito*, com períodos de 3 e 8, respectivamente:

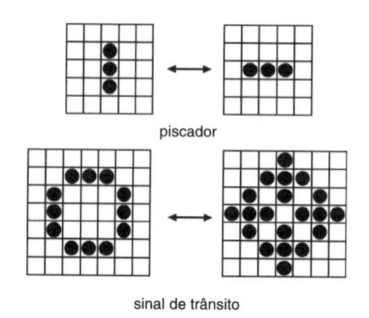

piscador

sinal de trânsito

Duas configurações periódicas.

O resultado de um jogo de *Life* é incrivelmente sensível à escolha precisa do estado inicial. Uma única célula de diferença poderá alterar completamente o estado futuro. Além disso, configurações iniciais simples podem às vezes se tornar muito complicadas. Esse comportamento – de certa forma "fabricado" pela escolha das regras – motiva o nome do jogo.

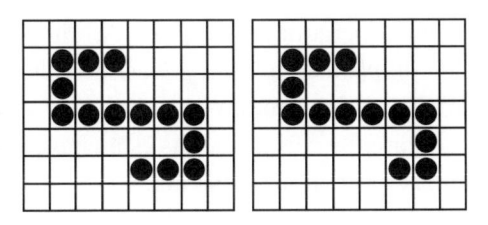

A configuração à esquerda acaba por se estabilizar após 1.405 gerações, quando já gerou 2 planadores, 24 blocos, 6 lagos, 4 pães, 18 colmeias e 8 piscadores. Se apagarmos apenas uma célula, como na configuração à direita, tudo morre completamente após 61 gerações.

O estado móvel prototípico é o *planador* (*glider*), que caminha uma célula na diagonal a cada quatro gerações:

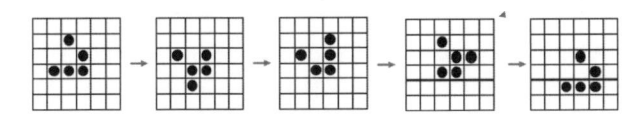

Movimento de um planador.

Três *espaçonaves* (pequena, média e grande) repetem ciclos que as fazem se mover na horizontal, lançando faíscas que desaparecem imediatamente. Espaçonaves mais compridas não funcionam por conta própria – elas se separam de maneiras complicadas – mas podem receber apoio de frotas de espaçonaves menores.

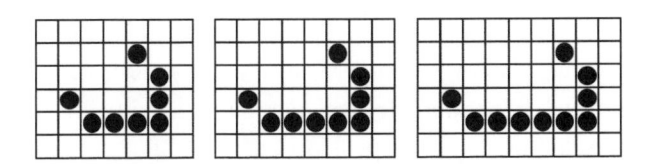

Espaçonaves.

Uma das primeiras questões matemáticas sobre *Life* foi saber se pode existir um número finito de configurações iniciais cujas configurações futuras sejam *ilimitadas* – isto é, que crescerão indefinidamente com o passar do tempo. A pergunta foi respondida afirmativamente com a invenção da *pistola de planadores* (*gun glider*) de Bill Gosper. A configuração mostrada abaixo, em preto, oscila com período 30 e dispara planadores repetidamente (os dois primeiros estão mostrados em cinza). O fluxo de planadores cresce ilimitadamente.

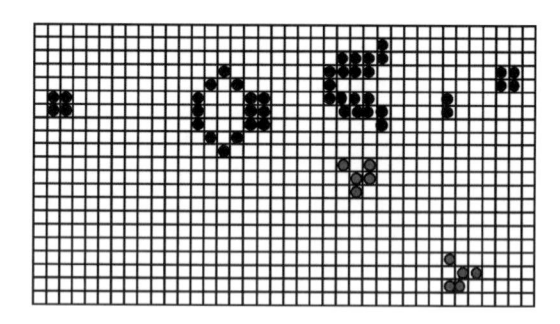

A pistola de planadores, com dois planadores já emitidos.

O interessante é que o jogo *Life* tem configurações que atuam como computadores, capazes, em princípio, de calcular qualquer coisa que possa ser especificada por um programa. Por exemplo, uma dessas configurações pode processar π até quantas casas decimais queiramos. Na prática, tais computações são incrivelmente lentas, portanto não se apresse em jogar fora o seu PC.

De fato, até mesmo "jogos" mais simples do mesmo tipo – conhecidos como autômatos celulares (p.247) – que vivem em uma linha de quadrados em vez de em uma grade bidimensional, conseguem atuar como computadores universais. Essa automação, conhecida como "regra 110", foi sugerida por Stephen Wolfram nos anos 1980, e Matthew Cook provou sua universalidade nos anos 1990. Ela ilustra, de maneira muito surpreendente, como é possível gerar comportamento incrivelmente complexo a partir de regras muito simples. Veja: mathworld.wolfram.com/Rule110.html.

Corrida de dois cavalos

Todo número inteiro pode ser obtido pela multiplicação de certos números primos. Se para isso for necessário um número par de primos, dizemos que o número é do *tipo par*. Se for necessário um número ímpar de primos, dizemos que é do *tipo ímpar*. Por exemplo, este número:

96 = 2 × 2 × 2 × 2 × 2 × 3

Ele usa 6 primos, portanto é do tipo par. Por outro lado,

105 = 3 × 5 × 7

usa 3 primos, portanto é do tipo ímpar. Por convenção, 1 é do tipo par.
Quanto aos 10 primeiros números inteiros, 1-10, os tipos são:

Ímpar		2	3		5		7			
Par	1			4		6		8	9	10

Daí surge um fato marcante: em geral, os tipos ímpares ocorrem no mínimo com tanta frequência quanto os pares. Imagine dois cavalos, um se chama Ímpar e o outro se chama Par, competindo. Ambos começam lado a lado; leia então a sequência de números: 1, 2, 3... Em cada etapa, Ímpar avança um passo à frente se o número for ímpar, e Par avança um passo à frente se o número for par. Assim:

Após 1 etapa, Par está na frente.
Após 2 etapas, Par e Ímpar estão empatados.
Após 3 etapas, Ímpar está na frente.
Após 4 etapas, Par e Ímpar estão empatados.
Após 5 etapas, Ímpar está na frente.
Após 6 etapas, Par e Ímpar estão empatados.
Após 7 etapas, Ímpar está na frente.
Após 8 etapas, Ímpar está na frente.
Após 9 etapas, Ímpar está na frente.
Após 10 etapas, Par e Ímpar estão empatados.

Ímpar sempre parece estar na frente, ou empatado. Em 1919, George Pólya conjecturou que Ímpar *nunca* estaria atrás de Par, a não ser na largada, na etapa 1. Foi demonstrado por meio de cálculos que isso seria verdadeiro para o primeiro milhão de etapas. Com essa quantidade de indícios favoráveis, a conjectura certamente deve ser válida para qualquer número de etapas, não é mesmo?

Sem um computador, você poderia passar muito tempo para descobrir, portanto vou lhe dizer logo a resposta: Pólya estava *errado*! Em 1958, Brian Haselgrove provou que em alguma etapa (desconhecida), Par passaria à frente de Ímpar. Uma vez inventados computadores razoavelmente rápidos, tornou-se fácil testar números cada vez maiores. Em 1960, Robert Lehman descobriu que Par está na liderança na etapa 906.180.359. Em 1980, Minoru Tanaka provou que Par *passa* à liderança pela primeira vez na etapa 906.150.257.

Coisas como essa são o que fazem com que os matemáticos insistam em obter provas. E mostram que até mesmo um número como 906.150.257 pode ser interessante e incomum.

Desenhando uma elipse – e mais?

É bem sabido que uma maneira fácil de desenhar uma elipse é fixar 2 tachinhas em um papel, amarrar um pedaço de barbante ao redor delas e passar um lápis, de modo que o barbante se mantenha teso. Os jardineiros às vezes usam esse método para desenhar canteiros elípticos. As duas tachinhas são os *focos* da elipse.

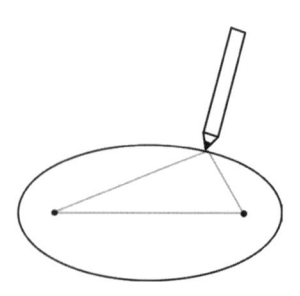

Como desenhar uma elipse.

Mas suponha que você usou 3 tachinhas, formando um triângulo. Não precisa ser um triângulo equilátero ou isósceles.

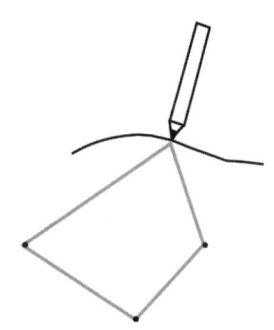

Por que isto não é interessante também?

Esse método deveria gerar algumas curvas novas e interessantes. Então, por que os livros de matemática não o mencionam?

Resposta na p.308

Piadas matemáticas 3

Dois matemáticos estão em um bar, discutindo o quanto as pessoas comuns entendem da ciência deles. Um acha que a população é desgraçadamente ignorante; o outro diz que um bocado de gente, na verdade, sabe bastante sobre o assunto.

– Aposto R$20 como estou certo – diz o primeiro, levantando-se para ir ao banheiro.

Enquanto ele não volta, seu colega chama a garçonete:

– Olha só, eu te dou R$10 se você vier aqui quando meu amigo voltar e responder uma pergunta. A resposta é "um terço de x ao cubo". Pegou?

– Eu digo "Um treco deixeis alcubo?" e ganho R$10?

– Não, um terço de x ao cubo.

– Um terço dechis alcubo?

– É, isso serve.

O outro matemático retorna, e a garçonete se aproxima.

– Ei! Qual é a integral de x ao quadrado?

– Um terço de x ao cubo – diz a garçonete. Enquanto se afasta, ela acrescenta por sobre o ombro: – Mais uma constante.

O problema de Kepler

Os matemáticos aprenderam que questões aparentemente simples podem ser muito difíceis de responder, e fatos aparentemente óbvios podem ser falsos, ou podem ser verdadeiros, mas extremamente difíceis de provar. O problema de Kepler é um desses casos: foram necessários quase 300 anos para resolvê-lo, ainda que todos conhecessem a resposta certa desde o início.

Tudo começou em 1611, quando Johannes Kepler, matemático e astrólogo (sim, ele lia horóscopos; muitos matemáticos faziam o mesmo na época – era uma maneira fácil de ganhar dinheiro), quis dar a seu patrono um presente de Ano Novo. O mecenas tinha o curioso nome de Johannes Mathäus Wacker von Wackenfels, e Kepler queria lhe dizer "obrigado por todo o dinheiro", sem ter que gastar nenhum. Assim, escreveu um livro e o deu de presente ao seu benfeitor. Seu título (em Latim) era *O floco de neve de seis cantos*. Kepler começou com as formas curiosas dos flocos de neve, que muitas vezes formam belos cristais de simetria com seis dobras, e se perguntou por que isso ocorria.

Um típico floco de neve "dendrítico".

Muitas vezes se diz que "não há dois flocos de neve iguais". Meu lógico interior se pergunta, "Como é que você sabe?", mas um cálculo rápido sugere que há tantas características em um floco de neve "dendrítico", como o ilustrado na figura, que a chance de que dois deles sejam idênticos é bastante próxima de zero.

Não importa. O importante é que a análise de Kepler sobre o floco de neve o levou à ideia de que sua simetria de 6 reflexões surge por ser a maneira mais eficiente de dispor círculos em um plano.

Pegue várias moedas do mesmo valor – de um centavo, por exemplo. Se você as colocar em uma mesa e as comprimir umas contra as outras, logo descobrirá que se encaixam perfeitamente, formando o desenho de um favo de mel, ou uma disposição hexagonal:

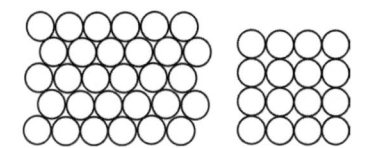

(à esquerda) A maneira mais compacta de embalar círculos, e (à direita) uma maneira menos eficiente.

E esse é o modo mais *compacto* de embalá-los – o que preenche o espaço com mais eficiência, no caso ideal em que houvesse um número infinito de círculos dispostos em um plano. Outras alternativas, como a disposição quadrada à direita, são menos eficientes.

Veja bem, essa afirmação inocente só foi provada em 1940, quando László Fejes Tóth lidou com ela (Axel Thue esboçou uma prova em 1892, e apresentou mais detalhes em 1910, mas deixou algumas lacunas). A prova de Tóth era bastante difícil. Por que essa dificuldade? Para começo de conversa, não sabemos se a forma mais eficiente de dispor os círculos forma uma disposição regular. Talvez algo mais aleatório funcionasse melhor (para disposições *finitas*, como dentro de um quadrado, isso pode efetivamente acontecer – veja o próximo problema, sobre um caixote com garrafas de leite).

No meio do caminho, Kepler se aproximou bastante da ideia de que toda a matéria é formada por minúsculos componentes indivisíveis, que hoje em dia chamamos de "átomos". Isso é bastante impressionante, já que ele não fez nenhum experimento enquanto escrevia o livro. A teoria atômica foi expressa pela primeira vez pelo grego Demócrito, mas não se estabeleceu experimentalmente até cerca de 1900.

Kepler, porém, tinha em mente algo um pouco mais complicado: a maneira mais compacta de dispor esferas idênticas no espaço. Ele conhecia 3 disposições regulares, que chamamos atualmente de disposições *hexagonal, cúbica* e *cúbica de face centrada*. A 1ª é formada empilhando-se várias camadas de esferas dispostas como favos de mel, de modo que os centros das esferas formem linhas verticais. A 2ª é formada por camadas quadradas, também empilhadas verticalmente. Na 3ª, empilhamos camadas hexagonais, mas encaixamos as esferas de cada camada nos espaços ocos deixados pela camada abaixo.

Podemos obter o mesmo resultado, ainda que inclinado, empilhando camadas quadradas de modo que as esferas se encaixem nos espaços deixados pela camada de baixo – isso não é inteiramente óbvio, e, como o problema do caixote de leite, mostra que a intuição pode não ser um bom guia nesta área. A imagem revela como isso ocorre: as camadas horizontais são quadradas, mas as camadas inclinadas são hexagonais.

Parte de uma disposição cúbica de face centrada.

Pois bem, qualquer verdureiro sabe que a melhor maneira de empilhar laranjas é usar a disposição cúbica de face centrada.* Pensando em sementes de romã, Kepler fez o comentário casual de que, usando-se a disposição cúbica de face centrada, "o encaixe será o mais compacto possível".

---

* Eles não a chamam assim, mas empilham as laranjas dessa maneira.

Isso, em 1611. A prova de que Kepler estava certo só viria em 1998, quando Thomas Hales anunciou ter encontrado a prova com grande auxílio do computador. Basicamente, Hales considerou todas as maneiras possíveis de cercar uma esfera com outras esferas, e mostrou que se a disposição não fosse a cúbica de face centrada, sempre seria possível encontrar uma disposição mais compacta para as esferas. A prova de Tóth no plano usava as mesmas ideias, mas ele só precisou checar cerca de 40 casos.

Hales precisou checar milhares, e assim, reformulou o problema em termos que pudessem ser verificados por um computador. Isso levou a um processamento gigantesco – mas cada etapa é essencialmente trivial. Quase toda a prova foi checada por fontes independentes, mas ainda resta um nível muito pequeno de dúvida. Assim, Hales iniciou um novo projeto, baseado no computador, para gerar uma prova que possa ser verificada por programas tradicionais de verificação. Mesmo assim, um computador estará envolvido nessas verificações, mas o programa em questão faz coisas tão simples – em princípio – que um ser humano poderá verificar se o programa está fazendo o que deve ser feito. O projeto provavelmente levará 20 anos. Se quiser, você ainda poderá ter suas objeções filosóficas, mas estará se atendo a detalhes realmente muito pequenos.

O que torna o problema tão difícil? Os verdureiros geralmente começam com uma caixa quadrada de base plana, e assim empilham naturalmente as laranjas em camadas, dispondo cada camada em uma disposição regular. Então, é bastante natural fazer com que a segunda camada preencha os espaços da camada anterior, e assim por diante. Se, por acaso, começarem com uma camada hexagonal, vão obter a mesma disposição, só que inclinada. Gauss provou, em 1831, que a disposição de Kepler é o arranjo *regular* mais compacto. No entanto, o problema matemático consiste em provar o mesmo, mas sem presumir, no princípio, que o arranjo forma camadas planas. As esferas dos matemáticos podem flutuar no espaço sem nenhum apoio. Portanto, a "solução" do verdureiro traz toda uma série de pressupostos (bem, na verdade, laranjas). Como experimentos não são provas, e neste caso, até o experimento é traiçoeiro, podemos ver que o problema pode ser mais difícil do que parece.

O problema do caixote de leite

Eis uma questão mais simples, do mesmo tipo. Um leiteiro quer embalar garrafas cilíndricas idênticas em um caixote quadrado. Para ele, é óbvio que para qualquer número *quadrado* de garrafas – 1, 4, 9, 16 etc. –, a maneira mais compacta de embalá-las é em uma disposição quadrada regular (ele nota que, com um número não quadrado de garrafas, restam espaços, e as garrafas talvez possam ser dispostas de outra maneira, a fim a ocupar menos espaço).

O leiteiro está certo?

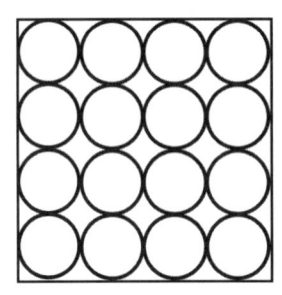

Como o leiteiro encaixa 16 garrafas no menor caixote quadrado possível.

Resposta na p.309

Direitos iguais

Uma das principais matemáticas mulheres do início do século XX foi Emmy Noether, que estudou na Universidade de Göttingen. Porém, após terminar seu doutorado, o governo não permitiu que ela avançasse ao cargo de *Privatdozent*, que lhe permitiria cobrar honorários de seus alunos pelas aulas que dava. O motivo declarado foi que não era permitido às mulheres participar de encontros de docentes no conselho universitário. Conta-se que o chefe do departamento de matemática, o grande David Hilbert, comentou: "Cavalheiros! Não há nada de errado em termos uma mulher no conselho. O conselho não é um banheiro público."

Rede de estradas

Quatro cidades – Aylesbury, Beelsbury, Ceilsbury e Dealsbury – se encontram nos cantos de um quadrado de lado 100km. O departamento de estradas quer conectá-las usando a menor rede de estradas possível.

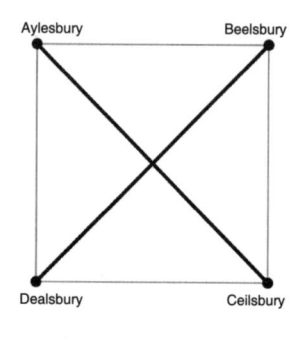

Assim não.

– Podemos construir estradas de Aylesbury para Beelsbury, daí para Ceilsbury e daí para Dealsbury – diz o projetista assistente. – São 300km de estradas.

– Não, há um jeito melhor que esse! – responde o chefe. – Duas diagonais, que, se você se lembra de Pitágoras, totalizam $200\sqrt{2}$km – cerca de 282km.

Qual é a rede mais curta? As diagonais do quadrado *não* são a resposta correta.

Resposta na p.310

Ciência da complexidade

A ciência da complexidade, ou teoria dos sistemas complexos, ganhou proeminência com a fundação do Santa Fe Institute (SFI), em 1984, por George Cowan e Murray Gell-Mann. O instituto era, e ainda é, um centro de pesquisas privado para ciências interdisciplinares, com ênfase nas "ciências da complexidade". Você pode pensar que "complexidade" talvez se refira a qualquer coisa complicada, mas o principal objetivo do SFI tem sido desenvolver e disseminar novas técnicas matemáticas que possam esclarecer sistemas nos quais ocorre uma interação entre uma grande quantidade de agentes ou entidades, seguindo regras relativamente simples. Um de seus fenômenos fundamentais é chamado *emergência*, no qual o sistema como um todo se comporta de maneiras que não estão acessíveis às entidades individuais.

Um exemplo real de sistema complexo é o cérebro humano. Nele, as entidades são as células nervosas – neurônios –, e entre as características emergentes estão a inteligência e a consciência. Os neurônios não são inteligentes nem conscientes, mas quando muitos deles estão interligados, essas propriedades emergem. Outro exemplo é o sistema financeiro mundial. Nesse caso, as entidades são os banqueiros e negociadores, e as características emergentes incluem os grandes crescimentos e quebras de mercados. Outros exemplos são os formigueiros, os ecossistemas e a evolução. Você provavelmente saberá dizer quais são as entidades de cada um desses sistemas e pensar em algumas características emergentes. Qualquer um pode brincar disso.

O mais difícil, e é disso que o SFI tratava, e ainda trata, é criar modelos matemáticos de tais sistemas de um modo que se reflita sua estrutura subjacente, na forma de um sistema interativo de componentes simples. Uma das técnicas para criar esses modelos é o uso de um autômato celular – uma versão mais geral do jogo *Life*, de John Conway. É como um jogo de computador jogado em uma grade quadrada. A qualquer instante dado, cada quadrado se encontra em um certo estado, geralmente representado por sua cor. No instante seguinte, cada quadrado muda de cor segundo uma lista de regras. As regras dizem respeito às cores dos quadrados vizinhos, e podem ser algo do tipo, "um quadrado vermelho muda para verde se tiver entre 2 e 6 vizinhos azuis". Ou qualquer coisa assim.

Pode parecer improvável que um apetrecho tão rudimentar consiga gerar qualquer coisa interessante, que dirá resolver problemas da ciên-

Três tipos de padrão formados por um autômato celular simples: estático (blocos da mesma cor), estruturado (as espirais) e caótico (por exemplo, a mancha irregular embaixo, à direita).

cia da complexidade, mas o fato é que os autômatos celulares podem se comportar de maneiras ricas e inesperadas. Seu primeiro uso, empregado por John von Neumann na década de 1940, foi provar a existência de um sistema matemático abstrato capaz de se autorreplicar – fazer cópias de si mesmo.* Isso sugeriu que a capacidade reprodutiva das criaturas vivas é uma consequência lógica de sua estrutura física, e não algum processo miraculoso ou sobrenatural.

A evolução, no sentido darwinista, é um exemplo típico da abordagem da teoria da complexidade. O modelo matemático tradicional

---

* Atualmente, há um grande interesse em fazer o mesmo com máquinas reais, usando-se a nanotecnologia. Muitas histórias de ficção científica falam de "máquinas de Von Neumann", muitas vezes utilizadas por alienígenas ou culturas de máquinas para invadir planetas como o nosso. As técnicas usadas para embalar milhões de componentes eletrônicos em um minúsculo chip de silício estão sendo atualmente utilizadas para construir máquinas extremamente pequenas, "nanobôs", e talvez não estejamos muito longe de construir uma máquina verdadeiramente replicante. Invasões alienígenas não são uma grande preocupação, mas a possibilidade de uma máquina de Von Neumann mutante capaz de transformar a Terra no que a ficção científica tem chamado de *grey goo* (algo como "grude cinzento") – um cenário apocalíptico no qual nanomáquinas de escala molecular consomem toda matéria a seu redor enquanto se reproduzem – despertaram questionamentos quanto à segurança e ao controle da nanotecnologia. Veja en.wikipedia.org/wiki/Grey_goo.

da evolução é conhecido como genética populacional, que remonta ao estatístico britânico sir Ronald Fisher, em torno de 1930. Essa abordagem enxerga um ecossistema – uma floresta tropical cheia de plantas e insetos diferentes, ou um recife de coral – como um vasto reservatório de genes. À medida que os organismos se reproduzem, seus genes se misturam em novas combinações.

Por exemplo, uma população hipotética de lesmas talvez tenha genes para pele verde ou vermelha, e outros genes para uma tendência a viver em arbustos ou em flores vermelhas. As combinações habituais de genes são verde-arbusto, verde-flor, vermelho-arbusto e vermelho-flor. Algumas combinações geram maior capacidade de sobrevivência que outras. Digamos, lesmas com a combinação vermelho-arbusto poderão ser facilmente vistas por pássaros, enquanto as do tipo vermelho-flor serão menos visíveis.

À medida que a seleção natural eliminar as combinações menos vantajosas, as combinações que ajudam os organismos a sobreviver tenderão a proliferar. Mutações genéticas aleatórias fazem com que o reservatório de genes continue a fermentar. A matemática está centrada nas *proporções* de genes específicos na população, examinando de que maneira essas proporções se alteram em resposta à seleção.

Um modelo da evolução das lesmas com base na ciência da complexidade seria muito diferente. Por exemplo, montaríamos um autômato celular, dando a cada célula diversas características ambientais. Assim, uma célula poderá corresponder a um pedaço de arbusto, a uma flor ou qualquer outra coisa. A seguir, escolhemos uma seleção aleatória de células e as povoamos com "lesmas virtuais", designando uma combinação de genes de lesma a cada célula. Por exemplo, uma delas poderia ser vermelho-arbusto, e assim por diante. Outras células poderiam ser "predadores virtuais". A seguir, especificamos as regras que determinarão de que maneira os organismos se movem na grade e interagem uns com os outros. Por exemplo, a cada instante uma lesma poderá ficar onde está ou se mover para uma célula vizinha aleatória. Por outro lado, um predador poderá "ver" a lesma mais próxima e caminhar 5 células em direção a ela, "comendo-a" se alcançar a célula da lesma – de modo que essa lesma virtual seja removida da memória do computador.

Teríamos que montar as regras de modo que as lesmas verdes fossem menos "visíveis" se estiverem em arbustos, e não em flores. Então, esse jogo matemático seria processado durante alguns milhões de instantes de tempo, e examinaríamos as proporções de diversas combinações de genes de lesma.

Os teóricos da complexidade inventaram inúmeros modelos baseados na mesma ideia: construir regras simples para as interações de muitos indivíduos e então as simular em um computador para ver o que acontece. O termo "vida artificial" foi cunhado para descrever essas atividades. Um exemplo famoso é *Tierra*, inventado por Tom Ray por volta de 1990. Nele, pequenos segmentos de código de computador competem uns com os outros dentro da memória, reproduzindo-se e sofrendo mutações (veja www.nis.atr.jp/~ray/tierra/). Suas simulações mostram aumentos espontâneos de complexidade, formas rudimentares de simbiose e parasitismo, períodos prolongados de estagnação pontuados por mudanças rápidas – e até mesmo um tipo de reprodução sexuada. Assim, a mensagem trazida por essas simulações é que todos esses fenômenos são inteiramente naturais, desde que sejam vistos como propriedades emergentes de regras matemáticas simples.

Na economia vemos a mesma diferença entre as filosofias de trabalho. A economia matemática convencional se baseia em um modelo no qual cada participante tem informações completas e instantâneas. Nas palavras do economista Brian Arthur, da Universidade de Stanford, o pressuposto é que "se dois negociantes se sentarem para negociar um acordo, em teoria, cada um deles é capaz de visualizar todas as incertezas, calcular todas as possíveis ramificações e escolher, sem esforço, a melhor estratégia". O objetivo é demonstrar matematicamente que qualquer sistema econômico rapidamente chegará a um estado de equilíbrio, e ali permanecerá. No equilíbrio, cada participante tem a certeza quanto ao melhor retorno financeiro possível para si mesmo, com base nas limitações gerais do sistema. A teoria acrescenta um detalhamento formal às palavras de Adam Smith sobre a "mão invisível do mercado".

A teoria da complexidade contesta essa confortável utopia capitalista de muitas maneiras. Um dos princípios centrais da teoria econômica clássica é a *Lei dos Rendimentos Decrescentes*, que se originou com o economista inglês David Ricardo por volta de 1820. Essa lei afirma que qualquer atividade econômica que sofra crescimento acabará sendo limitada por certas restrições. Por exemplo, a indústria do plástico depende do suprimento de petróleo como matéria-prima. Quando o petróleo é barato, muitas companhias podem trocar componentes de metal por componentes de plástico. Mas isso gera um aumento da demanda pelo petróleo, e com isso o preço sobe. Em algum nível, tudo se equilibra.

No entanto, as indústrias modernas de alta tecnologia não seguem nem de longe esse padrão. A construção de uma fábrica para produzir a última geração de chips de memória para computadores talvez custe um US$1 bilhão, e até que a fábrica inicie a produção, o rendimento é igual a zero. Porém, uma vez que a fábrica está em operação, o custo da produção de chips é minúsculo. Quanto mais prosseguir a produção, mais baratos se tornarão os chips. Portanto, vemos aqui uma lei dos rendimentos *crescentes*: quanto mais bens são produzidos, menor é o custo de produzi-los.

Do ponto de vista dos sistemas complexos, o mercado não é algo que simplesmente busca o equilíbrio, e sim um "sistema adaptativo complexo" no qual os agentes, com suas interações, modificam as regras que governam seus próprios comportamentos. Os sistemas adaptativos complexos muitas vezes geram padrões interessantes, estranhamente parecidos às complexidades do mundo real. Por exemplo, Brian Arthur e seus colegas bolaram modelos computadorizados do mercado financeiro nos quais os agentes buscam padrões – genuínos ou ilusórios – no comportamento do mercado e adotam regras de compra ou venda de acordo com o que percebem. Esse modelo tem muitas das características dos mercados financeiros reais. Por exemplo, se muitos agentes "acreditam" que o preço de uma ação subirá, eles a comprarão, e a crença se autorrealizará.

Segundo a teoria econômica convencional, nenhum desses fenômenos deveria ocorrer. Por que, então, ocorrem em modelos da complexidade? A resposta é que os modelos clássicos possuem, em seu interior, limitações matemáticas que impedem a ocorrência da maioria das dinâmicas "interessantes". A grande força da teoria da complexidade está no fato de se parecer com a desordenada criatividade do mundo real. Paradoxalmente, ela exalta a simplicidade, chegando a grandes conclusões a partir de modelos que utilizam ingredientes simples – mas cuidadosamente escolhidos.

A curva do dragão

A imagem mostra uma sequência de curvas chamadas curvas do dragão (observe a última). A sequência pode avançar indefinidamente, gerando curvas cada vez mais complicadas.

Qual é a regra para formá-las? Ignore o "arredondamento" dos cantos pelas linhas curtas, que é feito para que as curvas mais à frente na sequência se mantenham inteligíveis.

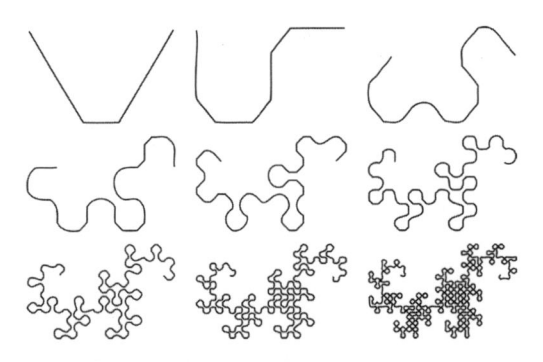

As primeiras nove curvas do dragão.

Resposta na p.310

Contragiro

Faça peças circulares de cartolina, pretas de um lado e brancas do outro (o número preciso não importa, mas 10 ou 12 serão suficientes). Disponha-as em uma fileira, com uma escolha aleatória de cores voltadas para cima.

Sua tarefa agora é remover todas as peças por meio de uma série de jogadas. Cada movimento consiste em escolher uma peça preta, removê-la e virar quaisquer peças vizinhas, mudando sua cor. As peças são "vizinhas" se estiverem adjacentes uma à outra na fileira original de peças; a remoção de uma peça cria um espaço. Com a progressão do jogo, uma peça pode ter 2, 1 ou nenhuma peça vizinha.

Eis um exemplo de jogo no qual um jogador conseguiu remover todas as peças:

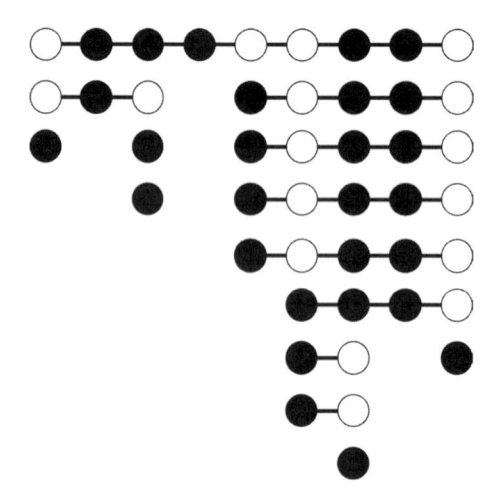

Exemplo de um jogo de contragiro. Linhas mostram vizinhos.

O segredo deste jogo é simples, mas nem um pouco evidente: se você jogar bem, sempre conseguirá vencer se o número inicial de peças pretas for ímpar. Se for par, não existe solução.

Você pode jogar o jogo por diversão, sem analisar sua estrutura matemática. Se estiver se sentindo ambicioso, poderá procurar uma estratégia que sempre vença – e explicar por que não é possível ganhar quando o número inicial de peças pretas é par.

Resposta na p.311

Pão esférico fatiado

Araminta Posonby levou seus 2 grupos de gêmeos quíntuplos à Padaria Arquimedes, que faz pães esféricos. Ela gosta dessa padaria porque cada pão é cortado em 10 fatias de igual espessura, e com isso cada criança pode receber uma fatia de pão. Os filhos têm apetites diferentes – isso é uma sorte, porque algumas fatias têm volume menor que outras. Porém, sendo extremamente bem comportados, todos os 10 filhos adoram a casca do pão, e querem a maior quantidade de casca possível.

Qual é a fatia com a maior casca?

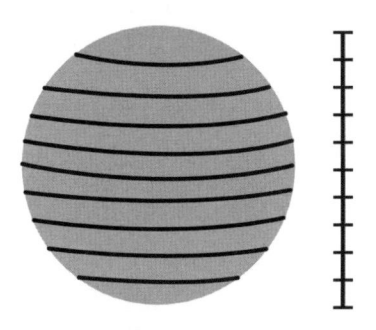

As fatias têm a mesma espessura. Qual delas tem a maior casca?

Presuma que o pão é uma esfera perfeita, que as fatias são formadas por planos paralelos igualmente espaçados e que a casca é infinitamente fina.

Resposta na p.312

Teologia matemática

Conta-se que durante a segunda passagem de Leonhard Euler pela corte de Catarina, a Grande, o filósofo francês Denis Diderot estava tentando converter a corte ao ateísmo. Como a realeza geralmente alega ter sido apontada por Deus, seus esforços não estavam sendo fenomenalmente bem-sucedidos. De qualquer modo, Catarina pediu a Euler que botasse água no chope de Diderot. Assim, Euler disse à corte que conhecia uma prova algébrica da existência de Deus. Encarando o filósofo, ele declamou: "Senhor, $a + b^n/n = x$, portanto Deus existe. Responda!" Diderot não soube o que responder, e deixou a corte debaixo de gargalhadas, humilhado.

Sim, bem... Essa história, que parece ter se originado no livro *Budget of Paradoxes*, do matemático inglês Augustus De Morgan, tem alguns probleminhas. Como ressaltou o historiador Dirk Struik, em 1967, Diderot era um matemático competente, que havia publicado trabalhos sobre geometria e probabilidades e que teria sido capaz de reconhecer o absurdo ao escutá-lo. Euler, um matemático ainda melhor, não confiaria muito na eficácia de algo tão simplório. A fórmula é uma equação sem sentido a menos que saibamos o que representam a, b, n e x. Como observa Struik, "não há motivo para pensarmos que o reflexivo Euler tivesse se comportado da maneira asinina descrita".

Euler era um homem religioso, que aparentemente acreditava na verdade literal da Bíblia, mas também cria que o conhecimento derivava, em parte, de leis racionais. No século XVIII havia debates ocasionais sobre a possibilidade de uma prova algébrica da existência do Divino, e Voltaire menciona uma dessas provas, composta por Maupertuis, em sua *Diatribe*.

Uma tentativa muito melhor foi encontrada entre os artigos não publicados de Kurt Gödel. Naturalmente, está formulada nos termos da lógica matemática e, para constar, aqui está ela, na íntegra

Ax. 1. $P(\varphi) \land \Box \, \forall x[\varphi(x) \to \psi(x)] \to P(\psi)$
Ax. 2. $P(\neg\varphi) \leftrightarrow \neg P(\varphi)$
Th. 1. $P(\varphi) \to \Diamond \, \exists x \, [\varphi(x)]$
Df. 1. $G(x) \iff \forall\varphi[P(\varphi) \to \varphi(x)]$
Ax. 3. $P(G)$
Th. 2. $\Diamond \, \exists x \, G(x)$

Df. 2. φ ess $x \iff \varphi(x) \wedge \forall \psi \{\psi(x) \to \Box \, \forall x [\varphi(x) \to \psi(x)]\}$
Ax. 4. $P(\varphi) \to \Box \, P(\varphi)$
Th. 3. $G(x) \to G$ ess x
Df. 3. $E(x) \iff \forall \varphi [\varphi$ ess $x \to \Box \, \exists x \, \varphi(x)]$
Ax. 5. $P(E)$
Th. 4. $\Box \, \exists x \, G(x)$

Esse simbolismo pertence a um ramo da lógica matemática chamado *lógica modal*. Em termos gerais, a prova trabalha com "propriedades positivas", denotadas por P. A expressão $P(\varphi)$ significa que φ é uma propriedade positiva. A propriedade "ser Deus" é definida (Df. 1) pela necessidade de que Deus tenha *todas* as propriedades positivas. Aqui, $G(x)$ significa que "x tem a propriedade de ser Deus", que é uma maneira pomposa de dizer "x é Deus". Os símbolos $\Box$ e $\Diamond$ denotam, respectivamente, "verdade necessária" e "verdade contingente". A seta $\to$ significa "implica", $\forall$ significa "para todo" e $\exists$ significa "existe". O símbolo $\neg$ significa "não", $\wedge$ é "e", e $\leftrightarrow$ e $\Leftrightarrow$ são versões ligeiramente diferentes de "se e somente se". O símbolo "ess" é definido em Df. 2. Os axiomas são Ax. 1-5. Os teoremas (Th. 1-4) culminam na declaração "existe x tal que x tem a propriedade de ser Deus" – ou seja, Deus existe.

A distinção entre verdade necessária e contingente é uma novidade fundamental da lógica modal. É uma distinção entre premissas que *devem* ser verdadeiras (como "2 + 2 = 4" num tratamento axiomático adequado da matemática) e as que podem vir a ser falsas (como "hoje está chovendo"). Na lógica matemática convencional, a proposição "Se A, então B" é sempre considerada verdadeira quando A é falso. Por exemplo, "2 + 2 = 5 implica que 1 = 1" é verdadeira, portanto "2 + 2 = 5 implica que 1 = 42". Isso pode parecer estranho, mas é possível provar que 1 = 1 se partirmos de 2 + 2 = 5, e também é possível provar que 1 = 42 partindo de 2 + 2 = 5. Portanto a convenção faz bastante sentido. *Você consegue encontrar alguma dessas provas?*

Se estendermos essa convenção às atividades humanas, a proposição "Se Hitler tivesse vencido a Segunda Guerra Mundial, hoje em dia a Europa seria um único país" é trivialmente verdadeira, porque Hitler *não* venceu a Segunda Guerra Mundial. Mas "Se Hitler tivesse vencido a Segunda Guerra Mundial, então hoje os porcos teriam asas" *também* é trivialmente verdadeira, pelo mesmo motivo. Na lógica modal, porém, seria razoável debater a verdade ou falsidade das primeiras partes destas proposições, dependendo de como a história teria se alterado se os nazistas tivessem ganhado a guerra. A segunda seria falsa, porque os porcos não têm asas.

No fim das contas, a sequência de proposições de Gödel é uma versão formal do argumento ontológico apresentado por Santo Anselmo de Canterbury em seu *Proslogion*, de 1077-78. Definindo "Deus" como "a maior entidade concebível", Anselmo argumentou que Deus é concebível. Mas se ele não for real, poderíamos concebê-Lo sendo ainda maior, por existir na realidade. Portanto, Deus deve ser real.

Deixando de lado questões profundas sobre o significado da palavra "maior", entre outras, esse pensamento tem uma falha lógica fundamental, que todo matemático aprende desde o berço. Antes de podermos deduzir qualquer propriedade de alguma entidade ou conceito a partir de sua definição, devemos primeiro provar que existe algo que satisfaça à definição. Caso contrário, a definição poderá ser autocontraditória. Por exemplo, suponha que definamos n como "o maior número inteiro". Então, podemos facilmente provar que $n = 1$. Pois se não for, $n^2 > n$, o que contradiz a definição de n. Portanto 1 é o maior número inteiro. A falha está no fato de que não podemos usar nenhuma propriedade de n até sabermos que n existe. De fato, ele não existe – mas mesmo se existisse, teríamos que *provar* que existe antes de podermos prosseguir com a dedução.

Em resumo: para provar que Deus existe pela linha de raciocínio de Anselmo, devemos primeiro estabelecer que Deus existe (por alguma outra linha de raciocínio, caso contrário a lógica é circular). É claro que simplifiquei as coisas aqui, e filósofos posteriores tentaram remover a falha, sendo mais cuidadosos com a lógica ou a filosofia. A prova de Gödel é essencialmente uma versão formal de uma prova proposta por Leibniz. Gödel jamais publicou sua prova, pois temia que fosse vista como uma demonstração rigorosa da existência de Deus, enquanto ele a via como uma declaração formal dos pressupostos tácitos de Leibniz, que ajudaria a revelar possíveis erros lógicos. Para uma análise mais avançada, veja en.wikipedia. http://en.wikipedia.org/wiki/Gödel's_ontological_proof , e para uma discussão detalhada da lógica modal e seu uso na prova, veja www.stats.uwaterloo.ca/~cgsmall/ontology1.html.

Respostas na p.313

A cola do malandro professor Stewart

Na qual tanto o leitor perspicaz quanto o desesperado encontrarão respostas às perguntas que atualmente possuem soluções conhecidas.... Com alguns fatos suplementares e mais edificantes.

• • **Encontro alienígena**

Alfy é um veracitor, já Betty e Gemma são tagarelix.
    São 8 possibilidades, então você pode testar 1 de cada vez. Mas há uma maneira mais rápida. Betty disse que Alfy e Gemma pertencem à mesma raça, mas eles deram respostas diferentes à mesma pergunta, portanto Betty é tagarelix. Alfy disse exatamente isso, o que o torna um veracitor. Gemma disse o contrário, portanto ela deve ser tagarelix.

• • **Cálculos curiosos**

$1 \times 1 = 1$
$11 \times 11 = 121$
$111 \times 111 = 12.321$
$1.111 \times 1.111 = 1.234.321$
$11.111 \times 11.111 = 123.454.321$

Se você sabe executar o algoritmo de multiplicação, entenderá por que surge este padrão interessante. Por exemplo,

$111 \times 111 =$
  $11.100 +$
    $1.110 +$
      111

Encontramos um "1" na coluna das unidades, 2 na coluna das dezenas, 3 nas centenas; a seguir, os números encolhem novamente, com 2 nos milhares e 1 nas dezenas de milhares. Portanto, a resposta deve ser 12.321.
    O padrão efetivamente continua – mas a sua calculadora fica sem dígitos. De fato,

$111.111 \times 111.111 = 12.345.654.321$
$1.111.111 \times 1.111.111 = 1.234.567.654.321$
$11.111.111 \times 11.111.111 = 123.456.787.654.321$
$111.111.111 \times 111.111.111 = 12.345.678.987.654.321$

Depois disso o padrão se perde, porque os algarismos "caminham" e o deturpam.

142.857 × 2 = 285.714
142.857 × 3 = 428.571
142.857 × 4 = 571.428
142.857 × 5 = 714.285
142.857 × 6 = 857.142
142.857 × 7 = 999.999

Quando multiplicamos 142.857 por 2, 3, 4, 5 ou 6, obtemos a mesma sequência de algarismos em ordem cíclica, mas começando em um ponto diferente. O 999.999 é um bônus.

Esse fato curioso não é um mero acidente. Basicamente, ele ocorre porque 1/7, em decimais, é 0,142857142857..., repetindo-se para sempre.

•• **Triângulo de cartas**

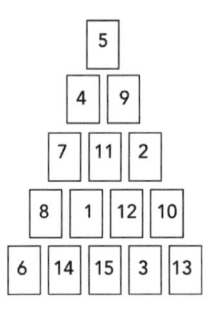

```
        5
      4   9
    7  11   2
  8   1  12  10
6  14  15  3  13
```

Triângulo de diferença com 15 cartas.

•• **Na boa safra**

Hogswill começou com 400 nabos.

Para resolver este problema, devemos trabalhar de trás para a frente. Suponha que no início da hora 4, Hogswill tinha x nabos. Ao final dessa hora, ele vendeu $\frac{6x}{7} + \frac{1}{7}$ nabos, e como não resta nenhum, isso é igual a x. Portanto, $x - \frac{6x}{7} + \frac{1}{7} = \frac{x-1}{7}$, e $x = 1$. Da mesma forma, se ele tinha x nabos ao início da hora 3, então $\frac{x-1}{7} = 1$, portanto $x = 8$. Se ele tinha x nabos ao início da hora 2, então $\frac{x-1}{7} = 8$, portanto $x = 57$.

Finalmente, se ele tinha x nabos ao início da hora 1, então $\frac{x-1}{7} = 57$, portanto $x = 400$.

• • O teorema das quatro cores

A ilustração mostra os quatro condados nos quais cada um é adjacente a todos os demais. O do meio é West Midlands – que, coincidentemente, é onde eu moro – e os três que o cercam são, em sentido horário a partir de cima, Staffordshire, Warwickshire e Worcestershire.

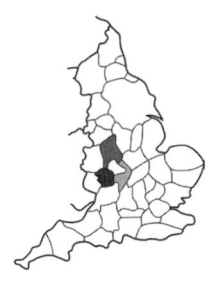

Estes condados fazem com que sejam necessárias ao menos quatro cores.

• • História para cão dormir

Em primeiro lugar, a aritmética evasiva. O método "funciona" porque os termos do testamento são inconsistentes. As frações não somam 1. De fato,

$$\frac{1}{2} + \frac{1}{3} + \frac{1}{9} = \frac{17}{18}$$

o que torna o truque bastante óbvio.

Quem quer que tenha bolado este problema foi inteligente – há muito poucos números que funcionam, e esta escolha mascara muito bem a inconsistência. Veja bem, o que você pensaria de um problema no qual o tio tem 1.129 cães, os filhos herdam 4/7, 3/11 e 2/15 deles, e Lanchealote vai ao resgate montado em 26 cães?*

---

* Uma adaptação clássica deste problema no Brasil é a do professor Júlio César de Melo e Souza (1895-1974), que escrevia seus livros sob o pseudônimo de Malba Tahan. Em sua obra mais célebre, *O homem que calculava*, publicado pela primeira vez em 1939, Beremiz Samir, o matemático árabe, resolve o litígio de três irmãos, que herdavam 35 camelos, segundo a seguinte distribuição: ao mais velho, a metade; ao do meio a terça parte; e ao mais novo, 1/9 dos camelos. Assim como no caso dos cães-de-montaria, o número total ímpar impede a divisão imediata. A solução de Beremiz é oferecer seu próprio camelo – para protesto de seu companheiro de viagem –, sob a condição de receber a sobra da divisão, se esta fosse satisfatória. Com a soma de um camelo, o número fica divisível: o primeiro filho recebe metade de 36, 18; o segundo, 1/3=12; e o terceiro, 1/9=4.

Entretanto, há uma outra possibilidade, elegante: exatamente a mesma, só que o terceiro filho recebe 1/7 dos cães. Se o mesmo truque funciona, quantos são os cães?

Resposta à resposta
A dica é que

$$\frac{1}{2} + \frac{1}{3} + \frac{1}{7} = \frac{41}{42}$$

Portanto, eram 41 cães.

Continuação da resposta
Opa, quase me esqueci da verdadeira *pergunta*: o que foi que Gingerbere disse a Ethelfred, que deixou sir Lanchealote tão ofendido?
Foi o seguinte: "Nossa, mas esse bicho é mesmo o cão chupando manga!"
Eu disse que era uma história para cão dormir.

Confissão
A História para cão dormir foi inspirada, em parte, no conto de ficção científica "Fall of knight", de A. Bertram Chandler, publicado na revista *Fantastic Universe*, em 1958.

• • Coelhos na cartola

Não há nada de errado com o cálculo, mas a interpretação não faz sentido. Quando combinamos as diversas probabilidades, estamos calculando a probabilidade de retirar um coelho preto em relação a *todas as combinações possíveis* de coelhos. É falacioso imaginar que essa probabilidade é válida para qualquer combinação específica. A falácia é evidente se houver apenas um coelho na cartola. Com um coelho, um argumento semelhante (ignorando o acréscimo e a remoção de um coelho preto, que não altera nada de essencial) seria o seguinte: a cartola contém P ou B, cada um com probabilidade 1/2. A probabilidade de retirar um coelho preto, portanto, é

O problema dos camelos, como essa história ficou conhecida no Brasil, resulta com o triunfo do calculista: 18+12+4=34 e ele recebe, como sobra, não apenas um camelo de pagamento pelo serviço como o camelo que havia dado aos irmãos para resolver a querela. Da mesma maneira como Stewart, Melo e Souza também se aproveita de um problema anterior, de autor desconhecido. (N.E.)

$$\frac{1}{2} \times 1 + \frac{1}{2} \times 0$$

que é 1/2. Portanto (é mesmo?), a metade dos coelhos é branca e a metade é preta. Mas só há um coelho na cartola...

•• Cruzando o rio 1 – Produtos da fazenda

Há duas soluções. Uma delas é:

- Leve a cabra para o outro lado.
- Volte sem carga nenhuma, pegue o lobo e o leve desta vez.
- Volte com a cabra, mas deixe o lobo.
- Largue a cabra, pegue os repolhos, cruze o rio, e os deixe na outra margem.
- Volte sem carga nenhuma, pegue a cabra e a leve para o outro lado.

Na outra solução, basta trocar o lobo pelo repolho.

Gosto de resolver este enigma geometricamente, usando uma imagem no *espaço* lobo-cabra-repolho. Este espaço é formado por trios (l, c, r) no qual cada símbolo é 0 (deste lado do rio) ou 1 (do outro lado). Assim, por exemplo, (1, 0, 1) significa que o lobo e o repolho estão do outro lado do rio, mas a cabra está deste lado. O problema é como passar de (0, 0, 0) para (1, 1, 1) sem que nada seja comido. Não precisamos dizer onde está o fazendeiro, já que ele sempre trafega no bote durante as travessias.

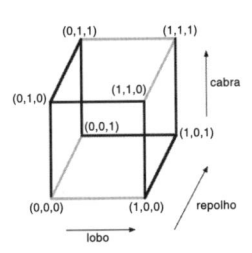

Espaço lobo-cabra-repolho: agora a solução fica óbvia.

Há 8 trios possíveis, e podemos pensar neles como os vértices de um cubo. Como apenas um item pode acompanhar o fazendeiro em cada travessia, os movimentos permitidos são as arestas do cubo. No entanto, 4 arestas (mostradas em cinza) não podem ser usadas, pois permitem que coisas sejam comidas. As arestas resultantes (em preto) não causam nenhuma desgraça.

Assim, o enigma se reduz a uma questão geométrica: encontrar um caminho ao longo das arestas pretas, de (0, 0, 0) para (1, 1, 1). As duas soluções ficam imediatamente evidentes.

•• Mais cálculos curiosos

(1) 13 × 11 × 7 = 1.001, e é por isso que o truque funciona. Se multiplicarmos um número de 3 algarismos *abc* por 1.001, o resultado é *abcabc*. Por quê? Bem, multiplicando por 1.000, temos *abc*000. Então somamos o *abc* final para multiplicar por 1.001.

(2) Para números de 4 algarismos, vale o mesmo, mas temos que multiplicar por 10.001. Podemos fazê-lo em duas etapas – multiplicar por 73 e depois por 137 –, porque 73 × 137 = 10.001.

(3) Para números de 5 algarismos, temos que multiplicar por 100.001. Podemos fazê-lo em duas etapas – multiplicar por 11 e depois por 9.091 –, porque 11 × 9.091 = 100.001. No entanto, este truque fica meio artificial se apresentado entre amigos.

(4) Obtemos 471.471.471.471 – os mesmos 3 algarismos repetidos 4 vezes. Por quê? Porque

$$7 \times 11 \times 13 \times 101 \times 9.901 = 1.001.001.001$$

(5) Somando o 128 final, temos 128 milhões – um milhão de vezes o número original. O truque funciona para todos os números de 3 algarismos, porque

$$3 \times 3 \times 3 \times 7 \times 11 \times 13 \times 37 = 999.999$$

Ao qual, somando-se 1, tem-se um milhão.

Você pode transformar todos esses truques em mágicas para apresentar aos amigos. Por exemplo, o truque que transforma 471.471 em 471 pode ser apresentado da seguinte maneira: o mágico, com os olhos vendados, pede a um membro da plateia que escreva um número de três algarismos (471, p.ex.) em um quadro-negro ou em uma folha de papel. Uma segunda pessoa repete então o número (471.471). Uma terceira, armada com uma calculadora, divide esse número por 13 (obtendo 36.267). Uma quarta divide o resultado por 11 (obtendo 3.297). Enquanto isto acontece, o mágico faz uma grande algazarra com relação ao fato de que a divisão por nenhum desses números deixe resto. O mágico pergunta então qual é o resultado final, e anuncia instantaneamente que o número original era 471.

Para fazê-lo, ele divide 3.297 por 7. Tudo bem, você precisa conseguir fazer isso, mas se souber a tabuada do sete, é fácil.

•• Extraindo a cereja

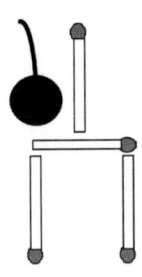

Depois de mover dois fósforos.

Transforme-me em um pentágono

Ate um nó na faixa e a achate – com cuidado.

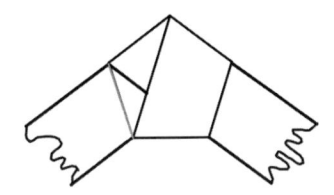

Pentágono a partir de fita achatada.

Um desafio interessante é provar que o resultado é realmente um pentágono regular – em uma versão euclideana idealizada do problema. Vou deixar esse desafio a quem esteja interessado.

•• Copos vazios

Pegue o segundo copo a partir da esquerda e despeje seu conteúdo no quinto copo, recolocando o segundo copo em seu lugar.

•• Três rapidinhas

(1) Se você e seu parceiro têm todas as espadas, seus adversários não têm nenhuma, e vice-versa. Portanto, a probabilidade dos dois casos é a mesma.

(2) 3. Você *pegou* 3, então esse é o número com que vai ficar.

(3) Zero. Se 5 cartas estão no envelope certo, a 6ª também está.

• • Passeios do cavalo

Não existe um passeio fechado no tabuleiro de 5 × 5. Imagine colorir os quadrados em preto e branco, como em um tabuleiro de xadrez. Assim, o cavalo muda de cor a cada jogada. Um passeio fechado deve ter um número igual de casas pretas e brancas. Mas 5 × 5 = 25 é ímpar. O mesmo argumento descarta passeios fechados em todos os quadrados com lados ímpares.

Também não existe um passeio no quadrado de 4 × 4. O principal obstáculo neste caso é que as casas dos cantos só se ligam a duas outras casas, e o canto oposto, na diagonal, *também* se liga a essas duas casas. Uma pequena reflexão prova que se existir um passeio que passe por todas as 16 casas, ele deverá começar em um canto e terminar em um canto adjacente. A consideração sistemática de possibilidades mostra que isso é impossível.

No entanto, há um passeio que visita 15 das 16 casas (mostrando que o caso do passeio completo é delicado):

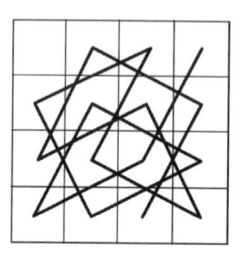

Como o cavalo pode visitar 15 casas.

• • Gatos de rabo branco

Suponha que são g gatos, dos quais b têm rabo branco. Temos $g(g - 1)$ pares ordenados de gatos diferentes, e $b(b - 1)$ pares ordenados de gatos de rabo branco. (Podemos escolher o primeiro gato do par de c maneiras, mas o segundo de apenas $c - 1$ maneiras, pois já usamos um gato. Idem para os gatos de rabo branco. "Ordenado" significa que escolher primeiro o gato A e depois o gato B é diferente de escolher primeiro o B e depois o A. Se você não gostar disso, então basta dividir as duas fórmulas por 2, para obter o mesmo resultado.)

Isso significa que a probabilidade de que *ambos* os gatos tenham rabo branco é

$$\frac{b(b-1)}{g(g-1)}$$

Que deve ser igual a 1/2. Portanto

$$g(g-1) = 2b(b-1)$$

onde g e b são números inteiros. A menor solução é $g = 4$, $b = 3$. A seguinte é $g = 21$, $b = 15$. Como a sra. Smith tem menos de 20 gatos, ela deve ter 4 gatos, dos quais 3 têm rabo branco.

•• Calendário perpétuo

Cada cubo deve trazer os algarismos 1 e 2, para que 11 e 22 possam ser representados. Se apenas um cubo tiver um 0, então no máximo 6 dos 9 números 01-09 poderão ser representados, portanto ambos devem trazer também o 0. Isso deixa 6 faces para os 7 algarismos 3-9, portanto o problema parece insolúvel... até que você perceba que o cubo que traz o número 6 pode ser virado de cabeça para baixo, de modo a representar o 9. Assim, o branco traz os números 0, 1, 2, 6 (e também o 9), 7 e 8, e o cubo cinza traz os números 0, 1, 2, 3, 4 e 5 (note que eu mostrei um 5 em meu cubo cinza, e isso nos mostra qual cubo é qual).

•• Dados enganadores

Não existe um dado melhor que os outros. Se Analfamáticus jogar, e Matematófila escolher corretamente (o que ela fará, porque ela é assim), então a longo prazo ele perderá. A probabilidade sempre favorecerá Matematófila.

Como é possível? É que ela bolou os dados de modo que, em média, o dado amarelo vença o vermelho, o vermelho vença o azul... e o azul vença o amarelo! À primeira vista, isso parece impossível, então deixe-me explicar por que é verdade.

Cada número ocorre duas vezes em cada dado, portanto a chance de se tirar qualquer número em particular é sempre 1/3. Assim, posso fazer uma tabela das possibilidades e ver quem ganha em cada combinação de números tirados. Todas as combinações têm a mesma probabilidade, 1/9.

	Amarelo contra vermelho		
	1	5	9
3	Vermelho	Amarelo	Amarelo
4	Vermelho	Amarelo	Amarelo
8	Vermelho	Vermelho	Amarelo

Aqui, o amarelo ganha em 5 das 5 possibilidades, e o vermelho ganha em 4.

Vermelho contra azul

	3	4	8
2	Vermelho	Vermelho	Vermelho
6	Azul	Azul	Vermelho
7	Azul	Azul	Vermelho

Nesse caso, o vermelho ganha em 5 das 9 possibilidades, e o azul ganha em 4.

Azul contra amarelo

	2	6	7
1	Azul	Azul	Azul
5	Amarelo	Azul	Azul
9	Amarelo	Amarelo	Amarelo

E dessa vez, o azul ganha em 5 das 9 possibilidades, e o amarelo ganha em 4.

Assim, o amarelo ganha do vermelho em 5/9 das vezes, o vermelho ganha do azul em 5/9 das vezes, e o azul ganha do amarelo em 5/9 das vezes.

Isso favorece Matematófila se ela escolher *depois*, que é exatamente o modo como ela espertamente armou as coisas. Se Analfamáticus escolher o dado vermelho, ela escolhe o amarelo. Se ele escolher o amarelo, ela escolhe o azul. E se ele escolher o azul, ela escolhe o vermelho.

Pode não ser uma grande vantagem – 5 vitórias em cada 9, contra 4 em cada 9 –, mas ainda assim é uma vantagem. A longo prazo, Analfamáticus perderá seus trocados. Se ele quiser jogar, um cavalheiresco "Não, escolha *você*" seria uma boa ideia.

Pode parecer impossível que o amarelo seja "melhor" que o vermelho, que o vermelho seja "melhor que" o azul, mas que o amarelo não seja "melhor que" o azul. O problema é que o significado de "melhor que" depende de qual dado está sendo usado. É como se tivéssemos três times de futebol:

- O Vermelho tem um bom goleiro e uma boa defesa, mas um ataque ruim. Eles ganham se, e somente se, o goleiro adversário for ruim.
- O Amarelo tem um goleiro ruim, uma boa defesa e um bom ataque. Eles ganham se, e somente se, a defesa adversária for ruim.
- O Azul tem um bom goleiro, uma defesa ruim e um bom ataque. Eles ganham se, e somente se, o ataque adversário for ruim.

Então (veja só!) o Vermelho sempre ganha do Amarelo, o Amarelo sempre ganha do Azul e o Azul sempre ganha do Vermelho.

Dados assim são ditos *intransitivos*. ("Transitivo" significa que se A ganha de B e B ganha de C, então A ganha de C. Isso não acontece neste caso.) Em termos práticos, a existência de dados não transitivos nos mostra que alguns pressupostos "óbvios" sobre o comportamento econômico, na verdade, estão errados.

•• Um velho problema de idade

Delicius tinha 69 anos. Não houve um ano 0 entre as datas a.C. e d.C. (Se você pensou que ele talvez tivesse 68 anos caso houvesse morrido mais cedo no dia de seu aniversário, ganha 1 ponto pela perspicácia. Mas perde 2 por se ater às minúcias, já que é comum aumentar em 1 ano a idade da pessoa no momento em que começa seu aniversário, imediatamente após a meia-noite.)

•• Fantasia de garça

A dedução está correta. Considere um gato com garras rombudas que brinque com um gorila, não se fantasie de garça, tenha rabo, não tenha bigodes e seja antissocial. As primeiras 5 afirmações são verdadeiras, mas a 6ª não.

Eu explicaria a questão da fantasia de garça, mas meu gato não me autorizou a fazê-lo, pois isso o incriminaria.

•• Como desfazer uma cruz grega

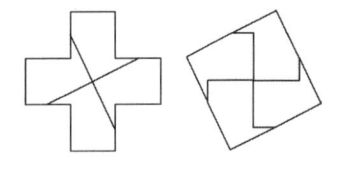

Convertendo uma cruz grega em quadrado.

• • O passeio pentagonal de Euler

Eis uma solução para (b) que automaticamente resolve (a). Há outras, mas todas devem começar e terminar nos dois vértices de valência 3, e há uma solução simétrica que sempre deve ter o lado de baixo do pentágono no meio do caminho.

Uma solução com simetria entre esquerda e direita.

• • Anéis uróboros

Um possível anel uróboro para grupos de 4 algarismos é

1111000010100110

Existem outros. Este tema tem uma longa história, que remonta a Irving Good, em 1946. Há anéis uróboros para todos os grupos de m formados por n algarismos diferentes. Por exemplo, neste:

000111222121102202101201002

Cada trio formado pelos três algarismos, 0, 1, 2 ocorre exatamente uma vez.

Quantos anéis uróboros existem? Em 1946, Nicholas de Bruijn provou que, para grupos de m formados pelos dois algarismos 0 e 1, o número é $2^{2^{m-1}-m}$, que cresce extremamente rápido. Neste caso, os anéis obtidos pela rotação de algum outro são considerados o mesmo anel.

m	Número de anéis uróboros
2	1
3	2
4	16
5	2.048
6	67.108.864
7	144.115.188.075.855.872

•• O urótoro

Existe uma solução única, a não ser por várias transformações simétricas – rotação, reflexão e translações horizontais ou verticais. Tenha em mente a ideia de que os lados opostos do quadrado estão unidos. Assim você pode, por exemplo, cortar fora os 4 pedaços da direita e os mover para a esquerda.

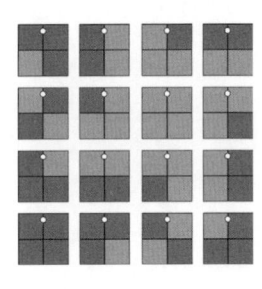

Solução para o quebra-cabeça do urótoro.

•• Uma grande furada

A única razão para incluir esse tipo de pergunta neste livro é a possibilidade de que ocorra algo de surpreendente, e a única coisa surpreendente que faz sentido é que a resposta *não* dependa do raio da esfera.

Isso parece estranho – e se a esfera fosse a Terra? Mas para que o furo tenha apenas 1m de comprimento, teríamos que remover quase todo o planeta, deixando apenas uma faixa *muito* fina ao redor do Equador, de 1m de altura. Então, é possível que...

Aqui vem a parte fácil. Presumindo que o raio realmente não importe, podemos calcular a resposta considerando o caso especial em que o furo é muito estreito – de fato, quando sua largura é igual a zero.

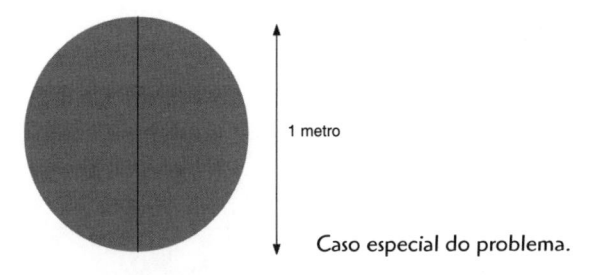

1 metro

Caso especial do problema.

Agora, o volume de cobre é igual ao de toda a esfera, e o diâmetro da esfera é 1m. Portanto seu raio é $r = 1/2$, e seu volume é dado pela famosa fórmula

$$V = \frac{4}{3}\pi r^3$$

Que é igual a $\pi/6$ quando $r = 1/2$.

Ah, mas como *sabemos* que a resposta não depende do raio? Isso é um pouco mais complicado, e utiliza um pouco mais de geometria. (Você também pode resolver o problema usando o cálculo, se souber como.)

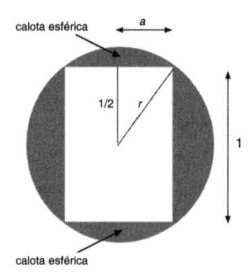

Recolocando as calotas esféricas para auxiliar nos cálculos.

Recoloque as "calotas esféricas" que faltam em cima e embaixo. Suponha que o raio da esfera seja r, e que o raio do furo cilíndrico seja a. Assim, o teorema de Pitágoras aplicado ao pequeno triângulo acima, à direita, nos diz que

$$r^2 = a^2 + (1/2)^2$$

Portanto

$$a^2 = r^2 - (1/4)$$

Agora precisamos de três fórmulas de volume:

- O volume de uma esfera de raio r é $\frac{4}{3}\pi r^3$
- O volume de um cilindro com base de raio a e altura h é $\pi a^2 h$.
- O volume de uma calota esférica de altura k em uma esfera de raio r é $\frac{1}{3}\pi r^2(3r - k)$

Não se preocupe, eu também tive que consultar esta última.

O volume de cobre necessário é o volume da esfera menos o do cilindro menos o das duas calotas esféricas (pois são duas calotas), que é

$$\frac{4}{3}\pi r^3 - \pi a^2 h - \frac{2}{3}\pi k^2 (3r - k)$$

Mas $h = 1$, $k = r - 1/2$, e $a^2 = r^2 - 1/4$, portanto o volume é

$$\frac{4}{3}\pi r^3 - \pi\left(r^2 - \frac{1}{4}\right) - \frac{2}{3}\pi\left(r - \frac{1}{2}\right)^2 \left[3r - \frac{1}{2}\right]$$

Fazendo os cálculos, quase tudo se anula milagrosamente, e só o que resta é π/6.

•• Século digital

123 − 45 − 67 + 89 = 100

Essa solução foi encontrada pelo grande criador de quebra-cabeças inglês Henry Ernest Dudeney e se encontra em seu livro *Amusements in Mathematics*. Existem muitas respostas se você usar 4 ou mais símbolos aritméticos.

•• A quadratura do quadrado

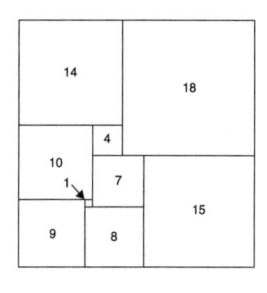

Como os azulejos de Morón formam um retângulo.

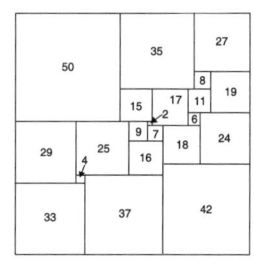

Como os azulejos de Duijvestijn formam um quadrado.

Você também pode girar ou refletir esses arranjos.

•• Andando em círculos

A diferença, em metros, é de 20π, ou aproximadamente 63m, para estradas no plano. Isso não depende do comprimento da via, nem de quantas curvas ela tem, contanto que a curvatura seja suficientemente gradual para que "10m de distância entre as pistas" não seja ambíguo.

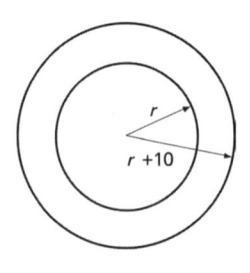

Dados válidos para uma M25 circular.

Vamos começar com uma versão idealizada, na qual a M25 é uma circunferência perfeita. Se a pista que gira em sentido horário tem raio r, a pista em sentido anti-horário tem raio $r + 10$. Seus perímetros, portanto, são $2\pi r$ e $2\pi(r + 10)$. A diferença é de

$$2\pi (r + 10) - 2\pi r = 20\pi$$

Valor que é independente de r.

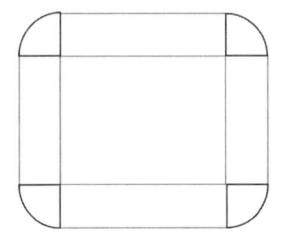

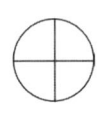

Uma rodovia retangular também gera um excesso de 20π.

Entretanto, a M25 não é circular. Para testar o argumento, vamos tentar com um retângulo. Agora, a pista externa tem 4 trechos retos, que são idênticos aos da pista interna, além de 4 quartos de círculo nos cantos. Esses arcos adicionais se encaixam, formando uma circunferência de raio 10. Novamente, temos um excesso de exatamente 20π.

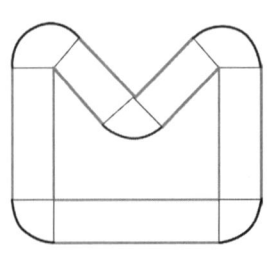

Em um polígono não convexo, a diferença também é de 20π.

A mesma ideia vale para qualquer estrada "poligonal" – composta por linhas retas e arcos circulares nos cantos. As partes retas são iguais; os arcos se somam, formando uma circunferência completa de raio 10. Isso vale até mes-

mo quando o polígono não é convexo, como a forma em M mostrada acima.*
Agora, a pista externa tem arcos que, somados, geram uma circunferência e 1/4, e a pista interna tem seu próprio 1/4 de circunferência. Mas este 1/4 tem curvatura oposta, portanto anula o 1/4 a mais da pista externa. A ideia é que podemos aproximar tanto quanto quisermos qualquer curva suficientemente lisa usando polígonos, portanto a diferença é de 20π em *todos* os casos.

O mesmo argumento se aplica a corredores em uma pista curva. Na corrida de 400m, os atletas começam em posições afastadas, de modo que a distância total de cada pista seja a mesma. A diferença entre as pistas adjacentes deve ser de 2π vezes a largura da pista. Essa largura geralmente é de 1,22m, portanto a diferença deve ser de 7,66m por faixa – desde que aplicada em uma seção reta da pista. Na prática, a região em que os atletas iniciam a corrida muitas vezes é parte de uma curva, portanto os números são um pouco diferentes. A maneira mais fácil de calculá-los é garantir que cada corredor corra exatamente 400m, como afirmam as regras.

• • Hexágono mágico

A única solução (além de suas rotações e reflexões) é

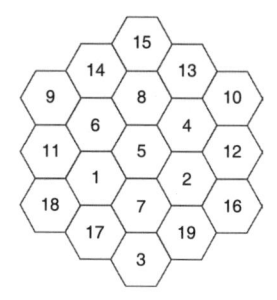

O único hexágono mágico não trivial.

O hexágono mágico foi descoberto independentemente por várias pessoas entre 1887 e 1958. Se utilizarmos padrões semelhantes de hexágonos com n células nas bordas, em vez de 3, então o único outro caso em que existe um hexágono mágico (usando os números consecutivos 1, ..., n) é o padrão trivial quando $n = 1$: um único hexágono contendo o número 1. Charles W. Trigg explicou o porquê disso em 1964, ao provar que a constante mágica deve ser

---

* Só não é verdade se o polígono cruzar a si mesmo, como na pista de Fórmula 1 de Suzuka, no Japão. Mas, por algum motivo, as pistas em forma de 8 não parecem ser muito populares.

$$\frac{9(n^4 - 2n^3 + 2n^2 - n) + 2}{2(2n - 1)}$$

Que é um número inteiro somente quando $n = 1$ ou 3.

•• Pentalfa

A forma em estrela serve apenas para enganar. O que importa na estrutura é saber quais círculos estão a 2 passos de quais, porque é neles que cada nova peça começa e termina. Concentrando-nos nisso, podemos desenhar uma figura muito mais simples:

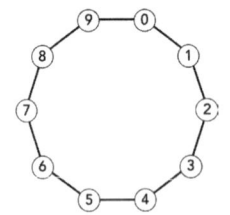

Versão transformada do quebra-cabeça.

Agora, a regra para a colocação de números é: ponha cada nova peça em um círculo vazio e a faça deslizar para um círculo vazio adjacente. Assim, a maneira de cobrir os 9 círculos fica evidente. Por exemplo, coloque uma peça no 1 e a deslize para o 0. A seguir, coloque uma peça no 2 e faça o mesmo em direção ao 1. Depois coloque uma peça no 3 e a leve para o 2. Continue dessa maneira, colocando cada nova peça a 2 círculos vazios de distância da sequência já formada.

Para resolver o quebra-cabeça, copie essas jogadas para a figura original.

Na segunda figura, você pode acrescentar as novas peças em qualquer uma das extremidades, portanto existem muitas soluções. Mas você não pode criar mais de uma sequência de peças conectadas em nenhum momento, porque então haverá ao menos 2 espaços sem nenhuma peça, e cada espaço leva ao menos a 1 círculo que não poderá ser coberto.

•• Qual era a idade de Diofanto?

Diofanto morreu com 84 anos. Seja x sua idade. Então

$$\frac{x}{6} + \frac{x}{12} + \frac{x}{7} + 5 + \frac{x}{2} + 4 = x$$

Portanto,

$$\frac{9}{84}x = 9$$

E $x = 84$.

•• A esfinge é um réptil

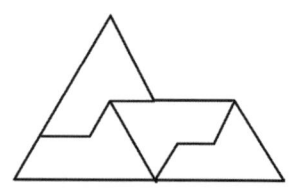

Quatro esfinges formam uma esfinge maior.

•• Cubos de Langford

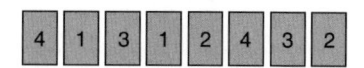

| 4 | 1 | 3 | 1 | 2 | 4 | 3 | 2 |

Cubos de Langford com quatro cores.

•• Estrelas mágicas

Este arranjo – também girado ou refletido – é a única solução:

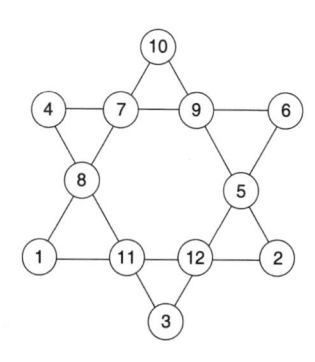

Estrela mágica de seis pontas.

•• Curvas de largura constante

Surpreendentemente, a circunferência não é a única curva de largura constante. A curva mais simples de largura constante além da circunferência é um triângulo equilátero com os lados arredondados:

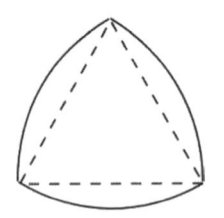

(à esquerda) Triângulo de largura constante.
(à direita) Moeda de vinte pence.

Cada lado é o arco de uma circunferência com centro no vértice oposto. Duas moedas britânicas, a de 20 e a de 50 centavos, são curvas de largura constante de 7 lados; essa forma foi escolhida porque as torna apropriadas para uso em máquinas e porque as distingue das moedas circulares de outros valores – o que é especialmente útil para os deficientes visuais.

•• Conectando cabos

A principal ideia é *não* conectar a lava-louças primeiro, com um cabo reto. Isso isola os outros aparelhos de suas tomadas, tornando a solução impossível. Se você conectar a geladeira e o fogão primeiro, o modo de conectar a lava-louças torna-se óbvio.

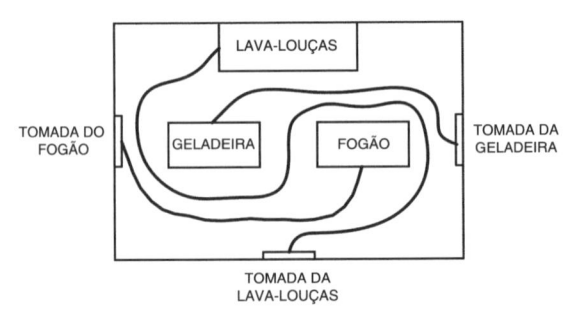

Como formar as conexões.

Troca de moedas

Uma solução consiste em trocar sucessivamente os seguintes pares: HK, HE, HC, HA, IL, IF, ID, KL, GJ, JA, FK, LE, DK, EF, ED, EB, BK. Há muitas outras.

• • O carro roubado

Ternagem pagou $900 pelo carro e mais $100 ao padre. Ele contou todas as despesas, mas esqueceu de incluir os ganhos correspondentes. Todas as outras transações se anulam, portanto ele perdeu $1 mil.

• • Compensando erros

Os números eram 1, 2 e 3. Pois $1 + 2 + 3 = 6 = 1 \times 2 \times 3$. Essa é a única solução para 3 números inteiros positivos.

Com 2 números, a única possibilidade é $2 + 2 = 4 = 2 \times 2$. Com 4 números, a única solução é $1 + 1 + 2 + 4 = 8 = 1 \times 1 \times 2 \times 4$.

Com mais números, geralmente existem muitas soluções, mas em alguns casos especiais há apenas uma. Se a soma de k números inteiros positivos é igual a seu produto, e apenas 1 conjunto de k números tem essa propriedade, então k é um dos números 2, 3, 4, 6, 24, 114, 174 ou 444, ou, no mínimo, 13.587.782.064.

Não se conhecem exemplos acima desse número, mas sua possível existência continua em aberto.

• • Cruzando o rio 2 – Desconfiança conjugal

Uma solução gráfica é um pouco complicada de desenhar, porque lida com um hipercubo de 6 dimensões no espaço $marido_1$-$marido_2$-$marido_3$-$esposa_1$-$esposa_2$-$esposa_3$. Felizmente, existe uma alternativa. Eliminando as travessias inadequadas e usando um pouco de lógica, chegamos a uma solução em 11 jogadas, que é o menor número possível. Aqui, os maridos são A, B, C, e as esposas correspondentes são a, b, c.

Esta margem	No barco	Direção	Outra margem
A C a c	B b	→	–
A C a c	B	←	b
A B C	a c	→	b
A B C	a	←	b c
A a	B C	→	b c
A a	B b	←	C c
a b	A B	→	C c
a b	c	←	A B C
b	a c	→	A B C
b	B	←	A C a c
–	B b	→	A C a c

Existem pequenas variações desta solução, nas quais os casais são trocados.

•• Por que és tu, Borromeu?

No 2º arranjo, os 2 anéis de baixo estão ligados. No 3º arranjo, todos os 3 anéis estão ligados. No 4º arranjo, o anel de cima está ligado ao da esquerda, que por sua vez está ligado ao da direita.

Há muitas versões com 4 anéis. Aqui está uma:

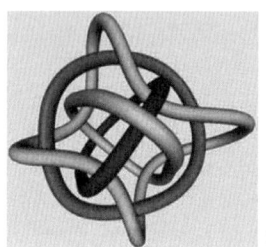

Um conjunto com quarto anéis de Borromeu.

Existem arranjos análogos para qualquer número finito de anéis. Foi provado que anéis perfeitamente circulares (e, portanto, planos) jamais poderão ser borromeicos. Este é um fenômeno topológico.

•• Jogo de percentagens

O lucro e o prejuízo não se anulam. A bicicleta que ele vendeu a Bettany custou $400 (ele perdeu $100, que é 25% de $400). A que vendeu a Gemma custou $240 (ele ganhou $60, que é 25% de $240). No total, ele pagou $640 e recebeu $600, portanto perdeu $40.

•• *Newmerologia*

Estabeleça os valores

E	F	G	H	I	L	N	O	R	S	T	U	V	W	X	Z
3	9	6	1	–4	0	5	–7	–6	–1	2	8	–3	7	11	10

Então

$Z+E+R+O = 0$

$O+N+E = 1$

$T+W+O = 2$

$T+H+R+E+E = 3$

$F+O+U+R = 4$

$F+I+V+E = 5$

S+I+X = 6
S+E+V+E+N = 7
E+I+G+H+T = 8
N+I+N+E = 9
T+E+N = 10
E+L+E+V+E+N = 11
T+W+E+L+V+E = 12

•• Erros de grafia

Há 4 erros *de grafia*, nas palavras "esistem", "herros", "nexta" e "fraze". O 5º erro é a afirmação de que há 5 erros, quando, na verdade, há 4.

Mas... isso significa que se a frase for verdadeira, deverá ser falsa, mas se for falsa, deverá ser verdadeira. Opa!

•• Universo em expansão

Talvez seja surpreendente, mas a *Indefensible* de fato *chega* à margem do universo... mas leva cerca de 10^{434} anos para fazê-lo. A essa altura, o universo já atingiu um raio de aproximadamente 10^{437} anos-luz.

Vejamos por quê.

Em cada etapa, quando o universo se expande, a fração da distância que a *Indefensible* já percorreu não se altera. Isso sugere que, se pensarmos nas frações, deve ser mais fácil encontrar a resposta.

No primeiro ano-luz, a nave percorre 1/1 mil da distância até a margem. No ano seguinte, percorre 1/2 mil da distância. No terceiro ano, percorre 1/3 mil da distância, e assim por diante. No *n*-ésimo ano, percorre 1/1 mil*n* da distância. Assim, a fração total percorrida após *n* anos é

$$\frac{1}{1000}\left(1 + \frac{1}{2} + \frac{1}{3} + \frac{1}{4} + \ldots \frac{1}{n}\right) = \frac{1}{1000}H_n$$

O que demonstra a relevância dos números harmônicos. Em particular, o número de anos necessário para atingir a margem é o primeiro valor de *n* que torne esta fração maior que 1 – isto é, que torne H_n maior que 1 mil. Não existe nenhuma fórmula conhecida para o valor de H_n em termos de *n*, e esse valor aumenta muito lentamente com o crescimento de *n*. No entanto, podemos provar que, se *n* for suficientemente alto, o valor de H_n pode aumentar indefinidamente – em particular, tornando-se maior que 1. Assim, a *Indefensible* de fato chega à margem se *n* for suficientemente alto.

Para descobrir o valor, usamos a dica. Para que $H_n > 1$ mil, é preciso que $\log n + \gamma > 1$ mil, de modo que $n > e^{1.000-\gamma}$. Assim, o número de anos necessário para chegar à margem do universo é muito próximo de $e^{999,423}$, que é arredondado para 10^{434}. A essa altura, o universo já terá atingido um raio de $n + 1$ mil anos-luz, que é bastante próximo de 10^{437} anos-luz.

Inicialmente, a distância restante cresce a cada ano; porém, ao final, a nave começa a alcançar a margem do universo em expansão. Sua "fração" de expansão cresce à medida que ela avança mais para o exterior, e a longo prazo acaba por se tornar maior que a taxa de expansão fixa de 1 mil anos-luz por ano do universo. O "longo prazo", aqui, é muito longo: são necessários cerca de $e^{999-\gamma} = 10^{433,61}$ anos até que a distância remanescente comece a diminuir – aproximadamente a metade da viagem.

•• Festa de família

O menor número possível de convidados é 7: 2 meninas e 1 menino, sua mãe e seu pai, e seu avô e avó paternos.

•• Não solte!

Seu corpo e a corda formam uma alça fechada. Há um teorema topológico que afirma ser impossível dar um nó em uma alça fechada deformando-a continuamente, portanto o problema não pode ser resolvido se você segurar a corda da maneira "normal". Em vez disso, você deve primeiro dar um nó *com os braços*. Isso pode parecer difícil, mas qualquer um é capaz de fazê-lo: basta cruzar os braços normalmente em frente ao peito. Agora, incline-se para a frente, de modo que a mão que está sobre um braço possa pegar uma das extremidades da corda, e apanhe a outra extremidade com a outra mão. Descruze os braços, e o nó aparecerá.

•• Möbius fazendo fita

Se você cortar uma fita de Möbius ao meio, ela se mantém como uma fita única – veja o segundo *limerick*. A fita resultante tem um giro de 360°.

Se você cortar uma fita de Möbius a 1/3 da largura, vai ficar com duas fitas ligadas. Uma é uma fita de Möbius, a outra (mais longa) tem um giro de 360°.

Se você cortar uma fita com um giro de 360° ao meio, ficará com duas fitas ligadas com giros de 360°.

•• **Mais três rapidinhas**

(1) Cinco dias. (Cada cão cava um buraco em 5 dias.)

(2) O papagaio é surdo.

(3) A resposta habitual é que um dos hemisférios do planeta é formado por terra e o outro por água, portanto o continente e a ilha são idênticos. Mas é fácil "trapacear" em problemas assim, encontrando-se brechas nas condições. Por exemplo, pode ser que Nff viva no continente mas sua casa fique na ilha, e Pff coma casas no almoço. Ou então, em Nff-Pff a terra se mexe – afinal de contas, quem sabe o que acontece em um mundo alienígena? *Ou...*

Nff e Pff em seu planeta, Nff-Pff.

•• **Ladrilhos aos montes**

Esqueci de acrescentar uma condição adicional: os ladrilhos devem se encontrar nos cantos. Os cantos de alguns podem encontrar os cantos de outros. Isso não altera a resposta, mas complica ligeiramente a prova.

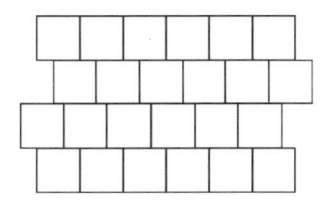

Esqueci deste tipo de coisa.

•• **Après-le-Ski**

Os cabos se cruzam à altura de 240m.

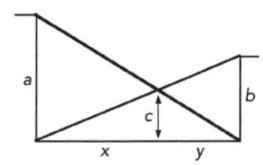

Generalizando...

É mais simples abordar um problema mais geral, cujas distâncias são apresentadas na figura. Por triângulos semelhantes,

$$\frac{x+y}{a} = \frac{y}{c} \quad \text{e} \quad \frac{x+y}{b} = \frac{x}{c}$$

Somando, obtemos

$$(x+y)\left(\frac{1}{a} + \frac{1}{b}\right) = \frac{x+y}{c}$$

Dividindo por $x + y$, obtemos

$$\frac{1}{a} + \frac{1}{b} = \frac{1}{c}$$

O que leva a

$$c = \frac{ab}{a+b}$$

Vemos assim que c não depende de x nem de y, o que é interessante, pois o problema não nos dizia isso. Sabemos que $a = 600$ e $b = 400$, portanto

$$c = \frac{600 \times 400}{1.000} = 240$$

•• O teorema de Pick

O polígono reticulado ilustrado tem $F = 21$ e $I = 5$, portanto sua área é de $14\frac{1}{2}$ unidades quadradas.

•• Paradoxo perdido

Na minha opinião, este paradoxo não se sustenta quando analisado. Ambos os litigantes estão fazendo uma mistura de conceitos – em um momento, presumem que o acordo é válido, mas no outro, presumem que a decisão da corte pode anular o acordo. Por que levar uma questão como essa à corte? Porque a função da corte é resolver quaisquer possíveis ambiguidades no contrato, anulando-o se necessário, e então decidindo o que deve ser feito a seguir. Se a corte decidir que o aluno deve pagar, assim terá que ser; e se decidir que ele não deve pagar, então Protágoras não terá onde se apoiar.

• • Seis currais

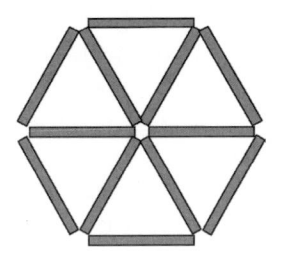

12 pedaços de cerca formando 6 currais.

• • Lógica hipopotâmica

Portanto crescerão carvalhos na África.

    Por quê? Suponha, ao contrário, que não crescerão carvalhos na África. Então os esquilos hibernam no inverno, e os hipopótamos comem bolotas. Portanto vou comer o meu chapéu. Mas eu não vou comer o meu chapéu, uma contradição. Portanto (*reductio ad absurdum*), meu pressuposto de que não crescerão carvalhos na África deve ser falso. Portanto crescerão carvalhos na África.

• • Porco amarrado

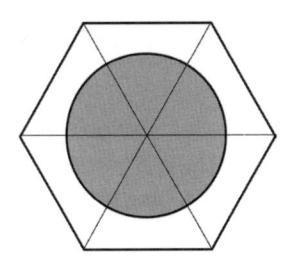

6 cópias simplificam a geometria.

Para simplificar o problema, faça 6 cópias do campo, com 6 cópias da região (sombreada) à qual o porco tem acesso. Então, queremos que o círculo sombreado tenha a metade da área do hexágono. A área do círculo é πr^2, onde r é o raio. O hexágono tem lados de 100m de comprimento, portanto sua área é 10 mil × $3\sqrt{3}/2$. O círculo, então terá a metade dessa área, ou seja, $7500\sqrt{3}$. Assim, $\pi r^2 = 7500\sqrt{3}$ e

$$r = \sqrt{\frac{1500\sqrt{3}}{\pi}}$$

O que resulta em aproximadamente 64,3037m.

• • Prova surpresa

O paradoxo da prova surpresa é um caso muito interessante de algo que parece um paradoxo, mas não é.

Segundo meu raciocínio, há uma afirmação logicamente equivalente, que é obviamente verdadeira – mas totalmente desinteressante.

Suponha que, a cada manhã, os alunos anunciem, confiantes, "A prova será hoje". Então, em algum momento eles acabarão por dizer isso no dia da prova, e nesse momento poderão dizer que não foi surpresa nenhuma.

Não vejo nenhuma objeção lógica a essa técnica, mas se trata obviamente de uma trapaça. Se você espera que algo aconteça todos os dias, é claro que não vai ficar surpreso quando a coisa acontecer. Minha opinião – e já discuti com muitos matemáticos não matemáticos que não concordaram, portanto estou ciente de que há espaço para divergências – é a de que o suposto paradoxo da prova surpresa é furado. Ele não passa dessa estratégia óbvia, disfarçada de modo a parecer misteriosa. Não é uma trapaça evidente, porque tudo se passa na intuição em vez de na ação, mas na verdade é a *mesma* trapaça.

Deixe-me estreitar as condições, pedindo aos alunos que digam, a cada manhã antes do início das aulas, se acham que a prova será naquele dia. Com essa condição, para que os alunos *saibam* que a prova não poderá ser na sexta-feira, eles precisam reservar a opção de anunciar na sexta-feira de manhã: "Será hoje". E o mesmo vale para quinta, quarta, terça e segunda-feira. Portanto, terão que anunciar que "será hoje" um total de 5 vezes – 1 vez por dia. Isso faz sentido: se permitirmos aos alunos que revejam sua previsão a cada dia, eles acabarão por acertar.

Porém, se estreitarmos as condições só um pouquinho mais, a estratégia dos alunos se despedaça. Por exemplo, suponha que só lhes seja permitido anunciar 1 vez o dia da prova. Se a sexta-feira chegar e eles ainda não tiverem usado seu palpite, poderão realmente fazer o anúncio nesse dia. Mas se *já* tiverem usado o palpite, então eles se deram mal. E o que é pior, eles não podem esperar até a sexta-feira para usar o palpite, porque a prova poderá ser na segunda, terça, quarta ou quinta-feira.

Na verdade, mesmo se permitirmos que façam 4 palpites, eles ainda assim terão problemas. Eles só conseguirão prever o dia correto se permitirmos que deem 5 palpites. Mas qualquer trouxa conseguiria acertar assim.

Na verdade, estou sugerindo duas coisas. A menos interessante é que o "paradoxo" depende do que chamamos de "surpresa". A mais interessante é que, *independentemente* do que chamemos de "surpresa", há duas maneiras logicamente equivalentes de apresentarmos a estratégia de previsão dos alunos. A primeira – a maneira habitual de apresentarmos o enigma – parece indicar um paradoxo genuíno. A segunda – descrever a estratégia a partir das ações reais, em vez de a partir das hipotéticas – o transforma em algo correto, porém trivial, destruindo inteiramente o elemento paradoxal.

Equivalentemente, podemos piorar a coisa, deixando que o professor acrescente mais uma condição. Suponha que os alunos tenham péssimas memórias, de modo que, a cada noite, eles se esqueçam de tudo o que estudaram para a prova na noite anterior. Se, como alegam os alunos, a prova não for surpresa nenhuma, então deveriam poder se safar com muito pouco estudo: bastava esperarem até a véspera da prova, então estudar feito loucos, passar e esquecer tudo. Mas o professor, do alto de sua sabedoria, sabe que isso não vai funcionar. Se não estudarem na noite de domingo, a prova poderá ser na segunda-feira, e se assim for, eles serão reprovados. Idem de terça a quinta-feira. Portanto, ainda que afirmem que a prova não foi surpresa, os alunos terão que estudar durante 5 noites seguidas.

•• Cone antigravidade

O movimento ladeira acima é uma ilusão. Enquanto o cone se move "para o alto", seu centro de gravidade desce, porque o apoio se alarga, e o cone é sustentado cada vez mais perto das extremidades.

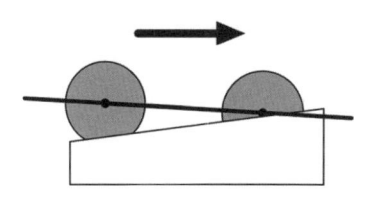

Vista lateral: enquanto o cone segue a direção da seta, que avança para cima, seu centro de gravidade desce (linha preta).

•• Qual é a forma da Lua crescente?

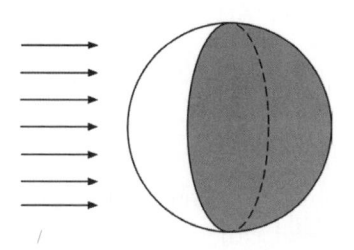

Geometria de uma esfera iluminada.

A curva do lado esquerdo da Lua crescente é um semicírculo, mas a outra margem não é o arco de um círculo. É uma "semielipse" – uma elipse cortada ao meio em seu eixo mais longo. A figura mostra os raios do Sol, que consideramos serem paralelos. Desse ponto de vista, o Sol deve estar posicionado alguma distância *atrás* do plano da página de modo a criar o crescente. As porções iluminada e escura da Lua são *hemisférios*, portanto a fronteira entre eles é um círculo; de fato, é o local onde um plano, posicionado em ângulo reto com os raios do Sol, corta a esfera. Observamos esse círculo de uma posição inclinada. Um círculo inclinado é visto como uma elipse – sua margem oculta está desenhada com uma linha pontilhada, e vemos apenas a metade da frente. (Usei o cinza, e não o preto, para mostrar essa metade oculta da elipse.)

Na verdade, a iluminação se torna muito fraca perto da fronteira entre a luz e a escuridão, e a superfície da Lua é um pouco irregular. Portanto, a forma não é tão bem definida quanto nesta discussão. Se quiser, você também pode reclamar sobre o modo como o círculo é projetado na retina.

Às vezes é possível ver no céu o crescente formado por dois arcos circulares – particularmente durante um eclipse solar, quando a Lua se sobrepõe parcialmente ao disco do Sol. Mas nesse caso é o Sol, e não a Lua, que tem a forma de um crescente.

• • Matemáticos famosos/famosos matemáticos

A pessoa que não pertence à lista é Carol Vorderman; veja abaixo.

Pierre Boulez (1925-) Compositor e maestro modernista. Estudou matemática na Universidade de Lyon, mas mudou de carreira, tornando-se músico.

Sergey Brin (1973-) Cofundador da Google®, ao lado de Larry Page. É formado em ciência da computação e matemática pela Universidade de Maryland. Tem uma renda líquida estimada em US$16,6 bilhões em 2007, o que o torna a 26ª pessoa mais rica do mundo. O mecanismo de busca do Google se baseia em princípios matemáticos.

Lewis Carroll (1832-1898) Pseudônimo de Charles Lutwidge Dodgson. Autor de *Alice no país das maravilhas*. Lógico.

J. M. Coetzee (1940-) Escritor e acadêmico sul-africano, ganhador do Prêmio Nobel de Literatura de 2003. Bacharel em Matemática pela Universidade da Cidade do Cabo, em 1961. Também Bacharel em Inglês, Cidade do Cabo, 1960.

Alberto Fujimori (1938-) Presidente do Peru de 1990 a 2000. Mestre em matemática pela Universidade de Wisconsin-Milwaukee.

Art Garfunkel (1941-) Cantor. Mestre em matemática pela Universidade Columbia. Começou seu doutorado, mas interrompeu-o para se dedicar à música.

Philip Glass (1937-) Compositor moderno de estilo "minimalista" (atualmente "pós-minimalista"). Programa universitário acelerado em Matemática e Filosofia, Universidade de Chicago, aos 15 anos de idade.

Teri Hatcher (1964-) Atriz. É uma das estrelas da série de TV americana *Desperate Housewives* e fez o papel de Lois Lane no seriado *Lois e Clark: as novas aventuras do Super-Homem*. Formada em matemática e engenharia no DeAnza Junior College.

Edmund Husserl (1859-1938) Filósofo. Doutor em matemática pela Universidade de Viena, em 1883.

Michael Jordan (1963-) Jogador de basquete. Começou a faculdade de matemática, mas mudou de curso após o segundo ano.

Theodore Kaczynski (1942-) Doutor em matemática pela Universidade de Michigan. Retirou-se para as montanhas do Montana e se tornou o notório terrorista *Unabomber*. Condenado à prisão perpétua, sem possibilidade de liberdade condicional, por assassinato.

John Maynard Keynes (1883-1946) Economista britânico, idealizador dos princípios que nortearam as conferências de Bretton Woods e, com elas, o sistema monetário internacional até recentemente. Mestre e 12th *Wrangler* (12º melhor aluno do curso) em matemática, Universidade de Cambridge.

Carole King (1942-) Prolífica compositora de música pop nos anos 1960 e 1970, mais tarde também se tornou cantora. Largou a faculdade de matemática depois de um ano de curso para se dedicar à carreira musical.

Emanuel Lasker (1868-1941) Grande Mestre de xadrez, campeão mundial de 1894 a 1921. Professor de matemática na Universidade de Heidelberg.

J. P. Morgan (1837-1913) Banqueiro, magnata do aço e ferrovias. Era tão bom em matemática que o corpo docente da Universidade de Göttingen tentou convencê-lo a se tornar profissional.

Larry Niven (1938-) Autor de *Ringworld* e muitos outros *best-sellers* de ficção científica. Formou-se em matemática.

Alexander Solzhenitsyn (1918-2008) Ganhador do Prêmio Nobel de Literatura em 1970. Autor de *Arquipélago Gulag* e outras obras literárias muito influentes. Formou-se em matemática e física pela Universidade de Rostov.

Bram Stoker (1847-1912) Autor de *Drácula*. Formou-se em matemática pelo Trinity College, Dublin.

Leon Trótski (1879-1940) Intelectual marxista e revolucionário bolchevique. Estudou matemática em Odessa, em 1897. Sua carreira matemática foi encerrada por seu encarceramento na Sibéria.

Eamon de Valera (1882-1975) Primeiro-ministro e, posteriormente, Presidente da República da Irlanda. Lecionou matemática na universidade antes da independência irlandesa.

Carol Vorderman (1960-) Exímia calculista, coapresentadora do programa *Countdown*, da televisão britânica. Estudou engenharia, portanto, a rigor, não pertence à lista.

Virginia Wade (1945-) Tenista, ganhadora do torneio feminino de simples de Wimbledon, em 1977. Formou-se em matemática e física pela Universidade de Sussex.

Ludwig Wittgenstein (1889-1951) Filósofo. Estudou lógica matemática com Bertrand Russell.

Sir Christopher Wren (1632-1723) Arquiteto, particularmente da Catedral de São Paulo, em Londres. Estudou ciências e matemática no Wadham College, em Oxford.

•• Uma divisão intrigante

A área não pode mudar quando as peças são montadas de maneira diferente. Quando formamos um retângulo, as peças não se encaixam perfeitamente; na verdade resta um paralelogramo longo e fino – exagerei o efeito para demonstrar esse fato.

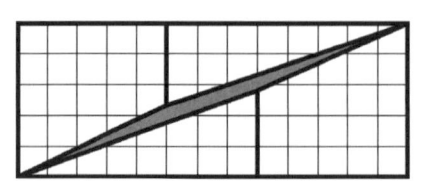

Por que a área não é 65?

Com efeito, se calcularmos a inclinação das retas inclinadas, a da esquerda, acima, tem inclinação de 2/5 = 0,4, e a da direita, acima, tem inclinação de 3/8 = 0,375. São diferentes, e a primeira é um pouco maior, portanto a reta da esquerda, acima, é um pouco mais inclinada que a da direita. Essencialmente, não são dois pedaços da mesma reta.

A chave do quebra-cabeça está nos comprimentos 5, 8 e 13 – números de Fibonacci consecutivos (p.107). Você pode criar um quebra-cabeça semelhante usando outros conjuntos de números de Fibonacci consecutivos.

•• **Nada nesta manga...**

A ideia topológica é que, como o paletó tem buracos*, o barbante não está efetivamente ligado ao seu corpo e nem ao paletó. Ele só parece estar. Para ver isso, imagine que seu corpo encolheu, tornando-se do tamanho de uma noz, de modo que ela deslize pela sua manga e caia no bolso. Agora, você poderá obviamente retirar o barbante, porque seu punho não estará mais bloqueando o espaço entre a manga e o bolso. No entanto, esse método é pouco prático, portanto precisamos de um substituto.

Veja como.

Em primeiro lugar, puxe o barbante por dentro da manga, pelo lado de fora de seu braço, como indicado pela seta na figura da direita. Puxe uma parte do barbante pela gola e a passe por cima da cabeça, chegando à posição mostrada na figura da direita. A seguir, puxe o barbante para baixo pelo lado de fora do outro braço, por dentro da manga, como mostrado pela seta na figura da direita. Puxe-o por sobre a mão e o traga de volta, subindo pela manga. Agora segure o barbante pela parte em que passa na frente da sua cabeça e o puxe para baixo em frente ao peito, por dentro do paletó. O barbante sairá dos buracos das mangas, e se remexendo um pouco, você conseguirá fazê-lo cair até seus tornozelos, podendo se livrar dele dando um passo.

•• **Nada nesta perna...**

Depois dos mesmos movimentos que resolvem o problema anterior, o barbante termina enroscado ao redor da sua cintura, e ainda está enroscado ao redor do braço. Agora, repita a sequência de ações, mas trocando o paletó pela calça: desça o barbante pela perna oposta ao bolso em que está sua mão, tire-o por

---

* Os buracos das mangas, e não os das traças.

baixo do pé, volte pela perna – e finalmente o retire pela outra perna. Tudo isso é incrivelmente degradante, por isso certamente irá divertir a plateia. A topologia pode ser divertida.

•• Duas perpendiculares

Os teoremas euclidianos não têm nada de errado. O meu é que tem.

O erro está no pressuposto de que P e Q são pontos diferentes. Na verdade, P e Q *coincidem* – essa é uma dedução a partir dos teoremas de Euclides, e é perfeitamente razoável se você desenhar uma figura precisa.

•• Questão de casal

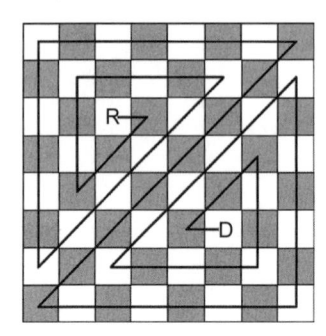

Solução em 15 jogadas.

O menor número de jogadas é 15. O caminho ilustrado, e sua reflexão em diagonal, são as únicas soluções (lembre-se – cada casa é visitada *exatamente 1 vez*; ou seja, não pode haver cruzamentos no trajeto).

•• Que dia é hoje?

Hoje é sábado (como falei logo no início, a conversa aconteceu ontem). As respostas de Darren indicam que o dia da conversa só pode ser sexta, segunda ou quinta-feira. As de Delia indicam que é sábado, domingo ou sexta-feira. O único dia em comum é a sexta-feira. Portanto, *o dia em que a conversa aconteceu* é sexta-feira.

•• Lógico ou não?

A lógica está errada. Se o tempo estiver ruim, os porcos não voam. Consequentemente, não sabemos se eles têm asas. Portanto não sabemos se devemos levar um guarda-chuva.

Pode parecer estranho que uma dedução seja ilógica quando – como aqui – a conclusão é perfeitamente razoável. Na verdade, isso é muito comum. Por exemplo:

$$2 + 2 = 22 = 2 \times 2 = 4$$

Essa sentença não faz nenhum sentido no que diz respeito à lógica, mas a resposta está correta. Todos os matemáticos sabem que podemos criar provas falsas de afirmações corretas. O que não podemos fazer – se a matemática for logicamente consistente, como esperamos fervorosamente que seja – é dar provas corretas de afirmações falsas.

• • Uma questão de criação

Sabemos que Gato cria porcos.

Hamster não cria porcos, hamsters, caninos e nem zebras. Portanto, ele cria gatos.

Pois bem, K. Nino cria hamsters ou zebras; Porco cria cães, hamsters ou zebras; Zebra cria cães ou hamsters. Como o homônimo dos animais de Zebra cria hamsters, Zebra deve criar cães. Portanto, K. Nino cria hamsters, e Porco cria zebras.

• • Divisão justa

Eis o método de Steinhaus. Sejam as 3 pessoas Arthur, Belinda e Charlie:

(1) Arthur corta o bolo em 3 pedaços (que, em sua opinião, são todos justos, portanto subjetivamente iguais).

(2) Belinda deve então
- *Passar* (se achar que ao menos dois dos pedaços são justos) ou
- *Marcar* dois pedaços (que, em sua opinião, são injustamente pequenos) como "ruins".

(3) Se Belinda passou, então Charlie escolhe um pedaço (que, em sua opinião, é justo). Então Belinda escolhe um pedaço (que, em sua opinião, é justo). Finalmente, Arthur pega o último pedaço.

(4) Se Belinda marcou 2 pedaços como "ruins", então Charlie recebe as mesmas opções que Belinda – passar ou marcar 2 pedaços como "ruins". Ele não fica sabendo dos pedaços marcados por Belinda.

(5) Se Charlie não fez nada no passo 4, os participantes escolhem os pedaços na ordem Belinda, Charlie, Arthur (usando a mesma estratégia do passo 3).

(6) Caso contrário, tanto Belinda quanto Charlie marcaram 2 pedaços como "ruins". Deve haver ao menos 1 pedaço que *ambos* considerem "ruim". Arthur fica com esse (para ele, todos os pedaços são justos, portanto não pode reclamar).

(7) Os outros 2 pedaços são empilhados. (Charlie e Belinda acreditam que a soma dos 2 pedaços restantes perfaz ao menos 2/3 do bolo.) Agora, Charlie e Belinda jogam eu-corto-você-escolhe com a pilha, dividindo tudo o que restou entre eles (recebendo assim o que, na opinião de cada um, é um pedaço justo).

• • O sexto pecado capital

No início dos anos 1960, John Selfridge e John Horton Conway descobriram independentemente um método para dividir um bolo sem inveja entre 3 pessoas. Aqui vai:

(1) Arthur corta o bolo em 3 pedaços, que em sua opinião são "justos" – de igual tamanho *para ele*.

(2) Belinda deve então
- *Passar* (se achar que no mínimo 2 pedaços estão empatados, sendo maiores que o 3°) ou
- *Aparar* o pedaço maior, de modo a fazer com que 2 pedaços fiquem empatados em 1° lugar. Os pedaços aparados por Belinda são chamados de "restos", sendo guardados à parte.

(3) Charlie, Belinda e Arthur, nessa ordem, escolhem um pedaço (que, em sua opinião, seja o maior, ou esteja empatado com o outro pedaço maior). Se Belinda não passou no passo 2, ela deve escolher o pedaço que aparou, a menos que Charlie o escolha antes.

Neste ponto, todo o bolo, a não ser pelos restos, foi dividido sem inveja em 3 pedaços – uma "alocação parcial sem inveja".

(4) Se Belinda passou no passo 2, não existem restos, e o problema está resolvido. Caso contrário, ou Belinda ou Charlie ficaram com o pedaço aparado. Chamemos essa pessoa de "não cortador", e a outra de "cortador". O cortador divide os restos em 3 pedaços (que sejam iguais para si).

Arthur tem uma "vantagem irrevogável" sobre o não cortador, no seguinte sentido. O não cortador recebeu o pedaço aparado, e mesmo que ele/ela fique com todos os restos, Arthur ainda pensará que essa pessoa não recebeu um pedaço maior que o seu, pois para ele, todos os pedaços originais eram justos.

Assim, como quer que dividamos os restos, Arthur não ficará com inveja do não cortador.

(5) Os 3 pedaços de restos são escolhidos pelos participantes na ordem: não cortador, Arthur, cortador (cada um escolhe o pedaço maior, ou empatado com o maior, entre os disponíveis). O não cortador escolhe primeiro entre os restos, portanto ele não tem nenhum motivo para sentir inveja. Arthur não tem inveja do não cortador, devido a sua vantagem irrevogável; ele não tem inveja do cortador, porque escolhe antes. O cortador não tem inveja de ninguém, pois foi ele/ela que dividiu os restos.

Recentemente, Steven Brams, Alan Taylor e outros encontraram métodos muito complicados para fazer divisões sem inveja entre qualquer número de pessoas.

No que diz respeito à divisão de bolos, o mais complicado, na minha experiência, é evitar o segundo pecado capital.*

•• Estranha aritmética

O *resultado* está correto, ainda que, como explicou o professor, Henry deva dividir o numerador e o denominador por 9, simplificando a fração para 2/5. Mas o *método* usado por Henry deixa muito a desejar.

Por exemplo,

$$\frac{3}{4} \times \frac{8}{5} = \frac{38}{45}$$

está errado.

Então, quando é que este método funciona? Uma maneira fácil de encontrar outra solução é inverter o cálculo de Henry de cabeça para baixo:

$$\frac{4}{1} \times \frac{5}{8} = \frac{45}{18}$$

Mas existem outras soluções. Levando em consideração os limites do enunciado quanto ao número de algarismos, estamos tentando resolver a equação

$$\frac{a}{b} \times \frac{c}{d} = \frac{10a + c}{10b + d}$$

---

* A gula.

que é igual a

$$ac(10b + d) = bd(10a + c)$$

onde *a, b, c* e *d* podem ser qualquer número de 1 a 9, inclusive. Há 81 soluções triviais nas quais $a = b$ e $c = d$. Além destas, temos 14 soluções, nas quais (*a, b, c, d*) = (1, 2, 5, 4), (1, 4, 8, 5), (1, 6, 4, 3), (1, 6, 6, 4), (1, 9, 9, 5), (2, 1, 4, 5), (2, 6, 6, 5), (4, 1, 5, 8), (4, 9, 9, 8), (6, 1, 3, 4), (6, 1, 4, 6), (6, 2, 5, 6), (9, 1, 5, 9) e (9, 4, 8, 9). Essas soluções formam 7 pares (*a, b, c, d*) e (*b, a, d, c*), que correspondem à inversão das frações de cabeça para baixo.

•• Qual é a profundidade do poço?

A profundidade do poço é

$$s = \frac{1}{2}gt^2 = \frac{1}{2}10(6)^2 = 180\text{m}$$

O que corresponde muito bem à medida tomada pelo *Time Team* (cerca de 168m) quando levamos em consideração a dificuldade de medir o tempo da queda à mão. Um número mais preciso para *g* é 9,8 m/s², que leva a uma profundidade de 176m. Presume-se que o tempo exato fosse ligeiramente abaixo de 6 segundos.

Sim, o poço realmente era *bem* fundo. Como foi que o cavaram, há tanto tempo? É intrigante.

•• Quadrados de McMahon

Os 24 quadrados podem ser montados como na figura. Existem outras 17 soluções, além de rotações e reflexões.

Uma das 18 soluções
basicamente diferentes.

Uma característica dos quadrados em particular ajuda-nos a descobrir a maneira de montá-los. Escolha uma cor para a borda. Digamos, cinza. Há 4 quadrados que têm 2 triângulos cinzentos em lados opostos e nenhum outro triângulo cinza. Os triângulos restantes são cinza/cinza, preto/preto, branco/branco e preto/branco. A única maneira de encaixar esses quadrados é empilhar 4 deles na direção do lado mais curto do retângulo:

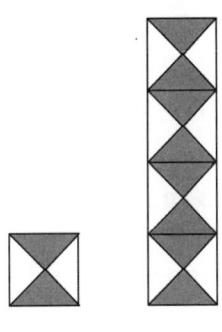

As quatro peças semelhantes à da esquerda deverão ser empilhadas uma sobre a outra. Os triângulos brancos poderão ser qualquer combinação de preto e branco.

A partir daí, ainda restam muitas maneiras de continuar, mas essa observação ajuda a restringir as possibilidades. Há 18 soluções basicamente diferentes, que levam a 216 soluções no total se trocarmos cores, girarmos a figura ou a refletirmos. Observe a pilha, na 3ª coluna da solução apresentada acima.

•• Arquimedes, seu velho embusteiro!

Digamos que Arquimedes consiga exercer uma força suficiente para erguer seu próprio peso, de 100Kg. A massa da Terra é de aproximadamente 6×10^{24}Kg. Para simplificar a análise, suponha que o pivô está a 1m de distância da Terra. Nesse caso, a lei da alavanca diz que a distância de Arquimedes ao pivô é de 6×10^{22}m, e sua alavanca tem $1 + 6 \times 10^{22}$m – cerca de 1,6 milhões de anos-luz, ou 2/3 da distância até a Galáxia de Andrômeda. Se Arquimedes abaixar sua ponta da alavanca em 1m, a Terra se moverá $1/(6 \times 10^{22}) = 1{,}66 \times 10^{-23}$m.

Bem, um próton tem diâmetro de 10^{-15}m...

Sim, mas ainda assim ela se *mexe*, droga!

É verdade. Mas suponha que, em vez de usar esse apetrecho enorme e improvável, Arquimedes fique em pé na superfície da Terra e *pule*. Para cada metro que ele subir, a terra descerá $1{,}66 \times 10^{-23}$m (ação/reação). Pular tem exatamente o mesmo efeito de sua alavanca hipotética. Portanto, basta que ele fique em pé sobre a Terra – mas não parado!

•• O símbolo que faltava

Pois bem, os símbolos +, –, × e ÷ não funcionam, porque 4 + 5 e 4 × 5 são grandes demais, e 4 ÷ 5 é pequeno demais. O sinal de raiz quadrada, $\sqrt{}$, também não funciona, porque $4\sqrt{5} = 8,94$, que também é grande demais.

Desiste? Que tal a vírgula decimal, 4,5?

•• Pedra sobre pedra

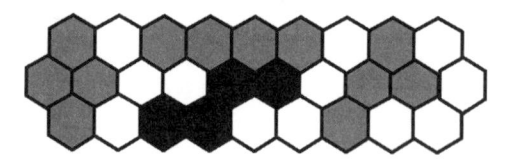

Como construir o muro.

Rotação e reflexão geram 3 outras soluções. As partes componentes são chamadas *tetrahexes*.

•• Conectando serviços

Não é possível. Da forma como foi posto – e sem trapacear, digamos, trabalhando em uma superfície que não seja um plano, passando cabos por dentro de uma casa ou algo assim –, o problema não tem solução.

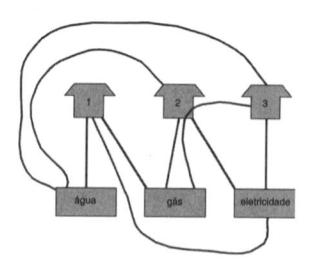

Um truque – passar um cabo por dentro de uma das casas.

Se você experimentar, logo ficará convencido de que é impossível – mas os matemáticos exigem provas. Para encontrar uma, primeiro conectamos as partes sem nos preocuparmos com os cruzamentos, desta forma:

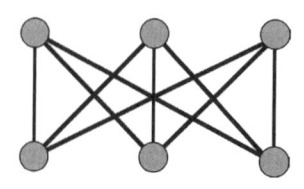

Isto poderia ser redesenhado sem cruzamentos?

Enquanto isso, substituí as construções por pontos.

Agora, suponha que pudéssemos redesenhar esta figura, mantendo todas as conexões, de modo a eliminar os cruzamentos. Nesse caso, as linhas formariam uma espécie de mapa no plano. Esse mapa teria A = 9 arestas (as 9 conexões) e V = 6 vértices (os 6 pontos). A fórmula de Euler para os mapas (p.186) diz que se F é o número de faces, então

$$F - A + V = 2$$

Portanto, F − 9 + 6 = 2 e F = 5. Uma dessas faces é infinitamente grande, formando a parte externa de toda a figura.

Agora contamos as arestas de outra maneira. Cada face tem uma fronteira formada por arestas que formam um polígono fechado. Você pode verificar que os polígonos possíveis na figura contêm sempre 4 ou 6 arestas diferentes. Portanto, há 6 possibilidades para o número de arestas nas 5 faces:

```
4 4 4 4 4
4 4 4 4 6
4 4 4 6 6
4 4 6 6 6
4 6 6 6 6
6 6 6 6 6
```

Que totalizam, respectivamente, 20, 22, 24, 26, 28 e 30. Mas cada aresta forma a fronteira entre 2 faces, portanto o número de faces tem que ser igual à metade de um desses números, 10, 11, 12, 13, 14 ou 15.

Entretanto, já sabemos que deve haver 9 faces. Isso é uma contradição, portanto não podemos redesenhar o diagrama de modo que não haja nenhum cruzamento.

As pessoas muitas vezes dizem que "Não se pode provar uma negação". Na matemática, certamente podemos.

• • Fuja do bode

Sim é melhor mudar a escolha. O participante duplica sua chance de ganhar se mudar de ideia. Mas isso é verdade *apenas* sob os pressupostos citados. Por exemplo, suponha que o apresentador (que, lembre-se, sabe onde está o carro) ofereça ao participante a chance de mudar de ideia *somente* quando ele escolheu a porta que contém o carro. Nesse caso extremo, o participante sempre perderá se mudar de ideia. No outro extremo, se ele oferecer ao participante a chance de mudar de ideia somente quando escolheu a porta que tem o bode, ele sempre vencerá.

Muito bem – mas o que acontece se meus pressupostos iniciais forem válidos? O argumento de que a chance de ganhar é de 50% parece convincente, mas está errado. O motivo é que a ação do apresentador faz com que a chance não seja de 50%.

Quando o participante faz sua escolha inicial, a probabilidade de que escolha a porta certa é de 1 em 3. Assim, em média e a longo prazo, ele ganhará o carro em 1/3 das vezes. Nada do que aconteça posteriormente poderá alterar esse fato (a menos que a equipe da televisão troque secretamente os prêmios... Certo, mas vamos presumir que isso também não aconteça).

Depois que um bode é revelado, o participante ainda tem duas portas. O carro deve estar atrás de uma delas (o apresentador nunca revela o carro). Em 1/3 das vezes, essa porta é a que o participante escolheu. Nos outros 2/3 das vezes, deve estar atrás da *outra* porta. Assim, se ele não mudar de ideia, ganhará o carro em 1/3 das vezes. Se mudar, vai ganhá-lo em 2/3 das vezes – o dobro de chance.

O problema com esse raciocínio é que, a menos que você passe muito tempo aprendendo teoria das probabilidades, nem sempre é claro o que funciona e o que não. Você pode fazer um experimento, usando um dado para decidir onde está o carro: se cair em 1 ou 2, o carro estará atrás da 1ª porta, se cair em 3 ou 4, estará atrás da 2ª, e se cair em 5 ou 6, atrás da 3ª. Se você repetir o experimento 20 ou 30 vezes, logo ficará claro que mudar de ideia aumenta a chance de vitória. Certa vez, recebi um e-mail de algumas pessoas que estavam discutindo o problema em um bar, até que uma delas puxou um laptop e o programou para simular um milhão de tentativas. "Sem mudar de ideia" venceu em aproximadamente 333.300 vezes. "Mudando de ideia" venceu nas demais 666.700 ocasiões. É fascinante que vivamos em um mundo no qual podemos fazer esse tipo de simulação em poucos minutos, dentro de um bar. E a maior parte do tempo é gasta escrevendo-se o programa no computador – o cálculo em si leva menos de 1 segundo.

Ainda não convencido? As pessoas às vezes veem a luz quando o problema é levado aos extremos. Pegue um baralho normal, de 52 cartas, com as faces viradas para baixo. Peça a um amigo que puxe uma carta do baralho, sem vê-la, e a coloque sobre a mesa. Ele vence se essa carta for o ás de espadas (carro) e perde se for qualquer outra carta (cabra). Então, agora temos um carro e 51 bodes, atrás de 52 portas (cartas). Mas agora, pegue as outras 51 cartas, segurando-as de modo que você veja os números, mas seu amigo não. Descarte então 50 dessas cartas, sem descartar o ás de espadas. Resta uma carta na sua mão; a outra está na mesa. Será *realmente* verdade que ambas as cartas têm 50% de chance de ser o ás de espadas? Então, por que você foi tão cuidadoso, atendo-se a essa carta em particular, dentre as 51 com as quais começou? Claramente, você tem uma grande vantagem em relação a seu amigo. Ele escolheu a carta sem vê-la. Você tinha uma escolha de 51 cartas, e *pôde* vê-las. Seu amigo tem uma chance de 1/52 de estar certo; você tem uma chance de 51/52. Este é um jogo *justo*? Escolha a outra!

Todos os triângulos são isósceles

O erro está na afirmação inocente de que X está dentro do triângulo. Se você desenhar a figura com precisão, verá que não está. E, de fato, *exatamente 1* dos pontos D e E também está fora do triângulo. Neste caso em particular, D não está entre A e C. Mas o outro ponto está "dentro" do triângulo – bem, está exatamente sobre um dos lados, mas não chega a estar fora. Aqui, E se encontra entre B e C. A figura esclarece o que estou dizendo:

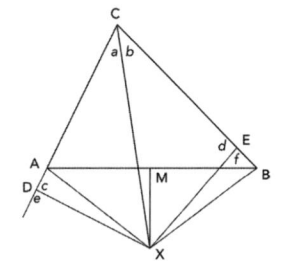

A imagem correta.

Agora o argumento cai por terra. Ainda temos que CE = CD e DA = EB (passos 5 e 9). Mas no passo 10, CA = CD – DA, e não CD + DA. Entretanto, CB ainda é CE + EB. Portanto, não podemos concluir que as retas CA e CB são iguais.

Falácias como essa explicam por que os matemáticos são tão obcecados com os pressupostos lógicos ocultos das provas.

• • Ano quadrado

Estamos em busca de quadrados antes ou depois de 2001. Com alguma experimentação descobrimos que $44^2 = 1936$, e $45^2 = 2025$. Com esses números, o pai de Betty nasceu em 1936 – 44 = 1892 (portanto, morreu em 1992), e Alfie nasceu em 2025 – 45 = 1980.

Para descartar qualquer outra resposta: a primeira data possível antes disso para o nascimento do pai de Betty seria $43^2 – 43 = 1806$, portanto ele teria morrido em 1906, e com isso Betty teria muito mais de 60 anos. A seguinte data possível para Alfie seria $46^2 – 46 = 2070$, portanto em 2001 ele ainda não teria nascido.

•• Riqueza infinita

Qualquer quantia que você ganhe, será *finita* (a menos que o jogo prossiga para sempre, e que você sempre jogue coroas; nesse caso, você ganharia uma quantidade infinita de dinheiro, mas teria que esperar um tempo infinito para recebê-lo. Portanto, é tolice pagar um preço de entrada infinito. A dedução correta é que, qualquer que seja a quantia finita a ser paga para poder jogar, o ganho esperado sempre será maior. Naturalmente, sua chance de ganhar muito dinheiro será muito pequena, mas o ganho é tão grande que compensa a pequena chance de sucesso.

Mas isso ainda parece bobagem, e foi aí que os matemáticos da época começaram a coçar as cabeças. O principal problema é que o ganho esperado forma uma *série divergente* – uma série que não tem uma soma bem definida –, o que pode não fazer muito sentido.

Em termos práticos, as somas em questão são limitadas por duas características que o modelo matemático simples não leva em consideração: a maior quantia que a banca poderá de fato pagar, e a quantidade de tempo disponível para jogar o jogo – no máximo, uma vida humana. Se a banca dispuser de apenas 2^{20}, por exemplo, que é \$1.048.576, justifica-se uma aposta de \$20. Se a banca tiver 2^{50}, que é \$1.125.899.906.842.624 – um pouco mais de um quatrilhão, o que, seja a moeda o real, o euro, a libra, o dólar, excede o PIB Global –, justifica-se uma aposta de \$50.

Mas há uma questão mais filosófica: é razoável pensar no ganho médio (esperado) *a longo prazo* quando o "longo prazo" é muito mais longo que o tempo disponível para qualquer jogador? Se você está jogando contra uma banca que tem 2^{50} em seu cofre, geralmente precisará de 2^{50} tentativas para tirar a sorte grande que compensará a aposta inicial de \$50, que dirá uma quantia ainda maior. As decisões humanas sobre o risco são mais sutis que a computação impensada de esperanças de longo prazo, e as sutilezas são importantes justamente quando o ganho (ou perda) é muito grande, mas sua probabilidade é muito pequena.

Uma questão relacionada é a relevância das médias de longo prazo após experimentos numerosos se, na prática, joga-se apenas uma vez, ou umas poucas vezes. Nesse caso, a chance de obter um grande ganho é extraordinariamente pequena, e a decisão pragmática consiste em não gastar dinheiro com algo tão improvável.

Por outro lado, nos casos em que a esperança *converge* para uma soma finita, isso pode fazer mais sentido. Suponha que você ganhe \$$n$ se a primeira cara surgir na n-ésima jogada. Agora, a esperança é

$$\frac{1}{2} \times \frac{1}{2} + 2\frac{1}{2^2} + 3 \times \frac{1}{2^3} + 4 \times \frac{1}{2^4} + \ldots$$

Valor que converge para 2. Portanto, agora você deve pagar $2 para não ter lucro nem prejuízo, o que parece bastante justo.

•• Qual é a forma de um arco-íris?

Os arcos são partes de circunferências. Para cada cor, o arco em questão é muito fino. Todas as circunferências têm o mesmo centro – que frequentemente se encontra abaixo da linha do horizonte. A pergunta interessante é – por quê? A resposta, na verdade, é singularmente complicada, ainda que muito elegante. A professora estava certa em dirigir a nossa atenção para as cores, ainda que tenha perdido a oportunidade de ensinar uma geometria realmente interessante.

Considere a luz de um único comprimento de onda (cor), e veja o corte transversal de uma gota de chuva. As gotas de chuva são esferas, portanto, quando cortadas transversalmente, temos um círculo. Um raio de luz do Sol acerta um dos lados da gota, é refratado (inclinado em um certo ângulo) pela água, é então refletido no fundo da gota, refratado uma segunda vez ao deixar a gota e retorna mais ou menos de onde veio.

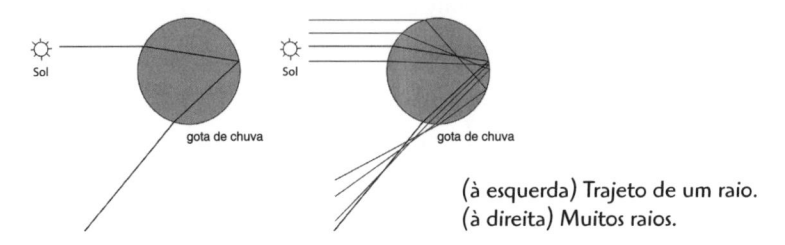

(à esquerda) Trajeto de um raio.
(à direita) Muitos raios.

Isso é o que ocorre com um raio, mas na realidade, há muitos. Os raios estão muito próximos, e geralmente acertam a mesma gota, mas retornam em ângulos ligeiramente diferentes. Porém, existe um efeito de foco, e a maior parte da luz retorna ao longo de uma única "direção crítica". Tendo em mente a geometria esférica da gota, o resultado final é que, efetivamente, cada gota emite um *cone* de luz da direção escolhida. O eixo do cone aponta na direção do Sol. O ângulo do vértice do cone é de aproximadamente 42° para uma gota de chuva, mas depende da cor da luz.

Quando um observador olha para o céu na direção da chuva, observa apenas a luz das gotas cujos cones encontram seu olho. Um pouco de geometria mostra que essas gotas também se encontram em um cone, cuja ponta está no olho do observador, e cujo eixo é a linha que une o olho ao Sol. Novamente, o ângulo do vértice é de aproximadamente 42°, conforme a cor da luz.

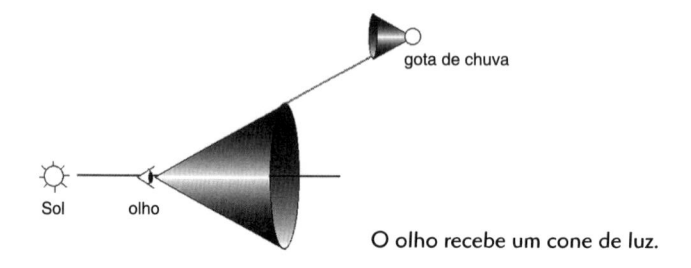

O olho recebe um cone de luz.

Se você levar um cone ao olho e olhar através dele, o que verá será a margem de sua base circular. Mais precisamente, as *direções* da luz que se aproxima são percebidas como se a luz estivesse sendo emitida pela base circular. Assim, o resultado é que o olho "vê" um arco circular. O arco não está lá em cima, no céu: trata-se de uma ilusão, causada pelas direções dos raios de luz que se aproximam.

Geralmente, o olho vê apenas uma parte desse arco circular. Se o Sol estiver alto no céu, a maior parte do arco está abaixo do horizonte. Se o Sol estiver baixo, o olho vê praticamente um semicírculo. De um avião, às vezes é possível ver um círculo completo. Se a chuva estiver próxima, o arco poderá parecer estar na frente de outras partes da paisagem. O arco muitas vezes é parcial – você vê a luz refletida somente quando há chuva nessa direção.

Como as diferentes cores da luz levam a diferentes ângulos nos vértices do cone, cada cor aparece em um arco ligeiramente diferente, mas todas têm o mesmo centro. Por isso vemos arcos "paralelos" de cores.

Às vezes vemos um segundo arco-íris, separado do primeiro, que é formado da mesma maneira, mas cuja luz é desviada mais vezes antes de sair da gota. O ângulo do vértice do cone é diferente, e as cores estão em ordem invertida. O céu é mais iluminado dentro do arco-íris principal, muito escuro entre este e o arco-íris "secundário", e relativamente escuro fora deste. Novamente, tudo isso pode ser explicado pela geometria dos raios de luz. René Descartes o fez em 1637.

Um site muito informativo é en.wikipedia.org/wiki/Rainbow

• • Abdução alienígena

Cada alienígena está perseguindo o porco que, inicialmente, está mais perto de si. Se eles perseguirem o *outro* porco, logo o pegarão.

Por quê? A maneira de pegar um porco é conduzi-lo até um canto. Se a posição for como a da figura a seguir, e for a vez do porco de se mexer, ele será abduzido. Entretanto, se for a vez do alienígena, o porco conseguirá escapar.

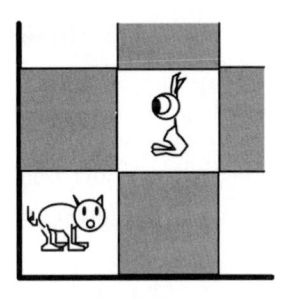

Como pegar seu porco – desde que seja a vez dele de se mexer.

O que determina qual das duas situações ocorrerá é a *paridade* (par ou ímpar) da distância (em movimentos) do alienígena até o porco. Se o porco estiver a um número par de casas de distância – como ocorre se cada alienígena perseguir o porco que tem à frente –, sempre conseguirá escapar. Se o número for ímpar – como ocorrerá se os alienígenas trocarem os porcos que estão perseguindo –, o porco poderá ser encaminhado a um canto e abduzido.

• • Refutação da hipótese de Riemann

O argumento está logicamente correto. No entanto, ele não refuta a hipótese de Riemann! As informações dadas são contraditórias: elas implicam que um elefante ganhou no jogo de *Senha*, e também que não ganhou. Podemos agora provar que a hipótese de Riemann é falsa por contradição:

(1) Presuma, ao contrário, que a hipótese de Riemann é verdadeira.

(2) Então, um elefante ganhou no jogo de *Senha*.

(3) Mas um elefante não ganhou no jogo de *Senha*.

(4) Isto é uma contradição. Portanto, nosso pressuposto de que a hipótese de Riemann é verdadeira está errado.

(5) Então, a hipótese de Riemann é falsa.

O mesmo argumento, naturalmente, prova que a hipótese de Riemann é verdadeira.

• • Assassinato no parque

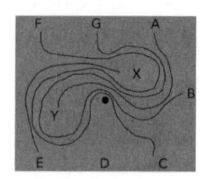

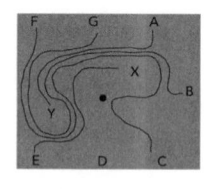

Os dois tipos topológicos possíveis de caminhos.

Topologicamente falando, só temos 2 casos a considerar. No 1º, o zelador passou pelo norte de Y ao se dirigir a X (figura da direita); no 2º, passou pelo sul (figura da direita). O guarda florestal deve então ter passado pelo sul (ou norte, respectivamente) de X ao se dirigir a Y.

As pegadas do jovem e da mulher do baleiro devem ser as indicadas na figura, talvez com ziguezagues adicionais. No 1º caso, o caminho da mulher do baleiro de C a F corta o caminho do jovem da parte do parque onde está o corpo. De fato, somente ela e o zelador poderiam ter se aproximado do lugar onde está o corpo de Hastings. O mesmo vale no 2º caso. Como o zelador tem um álibi confirmado, o assassino deve ser a mulher do baleiro.

• • O cubo de queijo

Os cantos do hexágono se encontram em diversos pontos médios dos lados do cubo, desta forma:

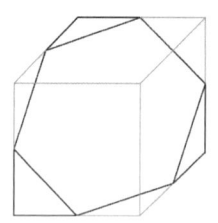

Corte hexagonal de um cubo.

• • Desenhando uma elipse – e mais?

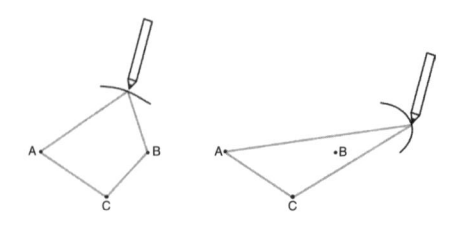

O lápis desenha arcos de várias elipses.

Quando o lápis está na posição mostrada à esquerda, o comprimento do barbante AC + CB é constante, portanto o lápis se move como se você houvesse enroscado um barbante mais curto ao redor de A e B. Portanto, desenhará o arco de uma elipse com focos A e B. Quando o lápis chega à posição mostrada à direita, passa a desenhar o arco de uma elipse com focos em A e C. A curva completa, portanto, é formada por 6 arcos de elipses unidos. Como o desenho não traz nada de essencialmente novo, os matemáticos não estão (terrivelmente) interessados nele.

• • O problema do caixote de leite

O leiteiro está certo para 1, 4, 9, 16, 25 e 36 garrafas, mas errado para 49 e qualquer número maior que este.

Se você raciocinar corretamente, verá que é óbvio que quando o número de garrafas se tornar suficientemente alto, o arranjo quadrado não poderá continuar sendo o melhor (é horrivelmente difícil calcular qual é o melhor arranjo, e ninguém o conhece). O arranjo quadrado deve falhar quando temos um grande número de garrafas, porque um hexagonal embala garrafas de maneira mais compacta. Quando não há muitas garrafas, os espaços perdidos perto das bordas do caixote nos impedem de explorar esse fato de modo a ocupar menos espaço, mas à medida que o número aumenta, esses espaços se tornam desprezíveis.

E o ponto em que isso acontece calha de ser próximo de 49 garrafas.

Foi provado que é possível encaixar 49 garrafas de diâmetro unitário em um caixote cujo lado seja ligeiramente menor que 7 unidades. A diferença é pequena demais para ser vista a olho nu, mas você pode facilmente ver grandes regiões de círculos dispostos em arranjo hexagonal.

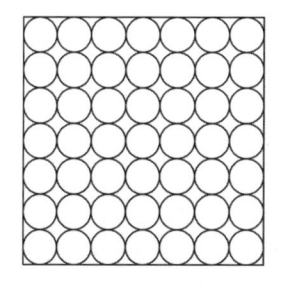

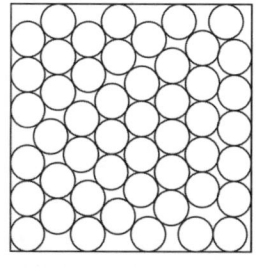

(à esquerda) 49 garrafas de diâmetro unitário num quadrado de 7 × 7. (à direita) Como encaixar as mesmas garrafas num quadrado ligeiramente menor.

Por sinal, este exemplo mostra que um encaixe *rígido* – no qual nenhum dos círculos consegue se mover – não precisa ser o encaixe mais compacto possível. O arranjo quadrado é rígido para qualquer número de garrafas dentro de um caixote bem ajustado. Ou também no plano infinito.

•• Rede de estradas

A rede mais curta de estradas traz 2 novas encruzilhadas e faz com que as estradas se encontrem ali em um ângulo de *exatamente* 120°. O mesmo arranjo girado em 90° é a única opção alternativa. A distância total é de 100(1 + √3) = 273Km, aproximadamente:

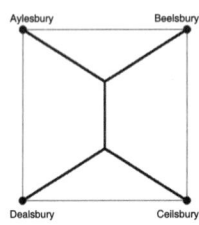

A rede mais curta.

•• A curva do dragão

Podemos formar curvas do dragão dobrando repetidamente uma tira de papel ao meio – sempre dobrando da mesma maneira – e depois abrindo-a, de modo que todas as dobras sejam ângulos retos.

Como fazer curvas do dragão, dobrando uma tira de papel.

Estas curvas definem um fractal (p.199). De fato, o limite infinito é uma curva capaz de preencher o espaço (p.91), mas a região preenchida tem uma forma complicada, semelhante a um dragão. A sequência de curvas à direita (D) e esquerda (E) na curva é a seguinte:

Passo 1 **D**
Passo 2 D **D** E
Passo 3 D D E **D** D E E
Passo 4 D D E D D E E **D** D D E E D E E

Temos aqui um padrão simples: cada sequência é formada pela anterior, colocando-se um D a mais ao final, seguido pela sequência anterior invertida, trocando-se os Ds pelos Es. Marquei o D adicional em negrito.

A curva do dragão foi descoberta por John Heighway, Bruce Banks e William Harter – todos físicos da Nasa – e foi mencionada na coluna de jogos matemáticos de Martin Gardner da revista *Scientific American* em 1967. Ela tem muitas características curiosas – veja en.wikipedia.org/wiki/Dragon_curve.

•• Contragiro

Suponha que existe um número ímpar de peças pretas – assim, existe ao menos uma. Com a progressão do jogo, as peças removidas criam espaços, que rompem a fileira de peças em pedaços conectados, que chamarei de *correntes*. Vamos começar com uma corrente.

Afirmo que qualquer corrente com número ímpar de peças pretas poderá ser removida. Eis um método que sempre funciona (o exemplo apresentado nem sempre o acompanha, portanto outros métodos também funcionam).

Começando em uma das pontas da corrente, encontre a primeira peça preta. Afirmo que se você virar essa peça, haverá 3 possibilidades:

(1) A corrente era originalmente formada por uma peça preta isolada, e, quando a viramos, ela é removida, sem causar nenhum efeito nas outras peças.

(2) Temos agora 1 corrente mais curta, que tem um número ímpar de peças pretas.

(3) Temos agora 2 correntes mais curtas, cada uma com um número ímpar de peças pretas.

Se esta afirmação for verdadeira, sempre poderemos repetir o procedimento nas correntes mais curtas. O número de correntes pode crescer, mas elas ficam mais curtas a cada etapa. Por fim, todas serão tão curtas que chegaremos ao caso 1, e elas poderão ser removidas inteiramente.

Podemos provar a afirmação vendo o que acontece em 3 casos de uma única corrente, o que esgota as possibilidades:

(1) A corrente em questão é formada por uma única peça preta. Ela não tem vizinhos, portanto desaparece ao ser virada.

(2) A corrente tem uma peça preta em uma das pontas. Virando a peça da ponta, obtemos uma corrente mais curta que tem um número ímpar de peças pretas.

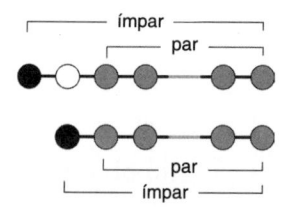

As peças em cinza podem ser brancas ou pretas. A peça preta da ponta desaparece, e sua vizinha (aqui mostrada em branco) muda de cor. A mudança geral no número de peças pretas é de 0 ou 2, e assim continuamos com um número ímpar de peças pretas.

(3) A corrente tem peças brancas nas duas pontas. Virando a primeira peça preta a partir de uma das pontas (não importa qual), ficamos com 2 correntes

mais curtas. Uma delas tem uma única peça preta (que é ímpar) e a outra tem um número ímpar de peças pretas.

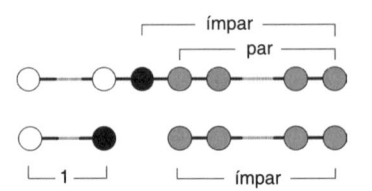

A primeira peça preta (a partir da esquerda) desaparece, e suas vizinhas (uma branca, uma cinza – ou seja, preta ou branca) mudam de cor. São criadas duas correntes; uma delas tem apenas uma peça preta, a outra tem um número ímpar de peças pretas.

A escolha da peça preta a ser virada faz diferença. Por exemplo, se a corrente tem ao menos 4 peças, com 3 peças pretas adjacentes e as demais todas brancas, virar a peça preta do meio é um erro. Se o fizermos, ficaremos com ao menos uma corrente sem nenhuma peça preta, que não poderá ser removida.

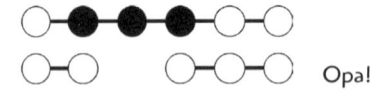

Opa!

Para completar a análise, veja por que o problema não pode ser resolvido se o número inicial de peças pretas for par:

(1) Se não houver peças pretas (zero é par!) não poderemos nem começar.

(2) Se o número inicial de peças pretas for par (e diferente de zero), independentemente da peça preta que virarmos, sempre criaremos ao menos uma corrente mais curta que também terá um número par de peças pretas. Repetindo o processo, acabaremos por fim com uma corrente que não tem peças pretas, mas que tem ao menos uma peça branca. Essa corrente não pode ser removida, pois não temos por onde começar.

• • Pão esférico fatiado

Todas as fatias têm exatamente a mesma quantidade de casca.

Isso parece improvável à primeira vista, mas as fatias mais próximas do topo e do fundo têm maior inclinação que as do meio, portanto têm mais casca do que poderíamos pensar. A inclinação compensa exatamente o tamanho menor das fatias.

Com efeito, o matemático grego Arquimedes descobriu que a área da superfície de uma fatia de uma esfera é igual à da fatia correspondente de um cilindro no qual a esfera se encaixa. É óbvio que fatias paralelas de um pão cilíndrico, de igual grossura, têm todas a mesma quantidade de casca... pois todas têm a mesma forma e tamanho.

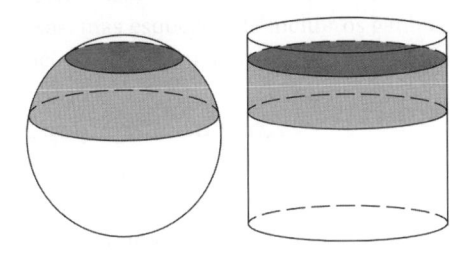

A área de superfície da banda esférica (cinza claro) é igual à da banda correspondente num cilindro onde a esfera se encaixe perfeitamente.

• • Teologia matemática

Pedi a você que começasse de 2 + 2 = 5 e provasse que 1 = 1 e também que 1 = 42. Há muitas respostas válidas (na verdade, infinitas). Estas duas resolvem o problema:

Como 2 + 2 = 4, deduzimos que 4 = 5. Dobrando os dois lados temos 8 = 10. Subtraindo 9 de cada lado temos que –1 = 1. Elevando os dois lados ao quadrado, obtemos 1 = 1.

Como 2 + 2 = 4, deduzimos que 4 = 5. Subtraindo 4 de cada lado, temos 0 = 1. Multiplicando os dois lados por 41, temos 0 = 41. Somando 1 a cada lado, temos 1 = 42.

1ª EDIÇÃO [2009] 11 reimpressões

ESTA OBRA FOI COMPOSTA POR MARI TABOADA EM FAIRFIELD
E ITC HIGHLANDER E IMPRESSA PELA GRÁFICA PAYM EM
OFSETE SOBRE PAPEL ALTA ALVURA DA SUZANO S.A.
PARA A EDITORA SCHWARCZ EM ABRIL DE 2023

A marca FSC® é a garantia de que a madeira utilizada na fabricação do papel deste livro provém de florestas que foram gerenciadas de maneira ambientalmente correta, socialmente justa e economicamente viável, além de outras fontes de origem controlada.